Otto Bruhns
Theodor Lehmann

Elemente der Mechanik III

Kinetik

Otto Bruhns
Theodor Lehmann

Elemente der Mechanik III

Kinetik

Mit 146 Abbildungen

Die Deutsche Bibliothek – CIP-Einheitsaufnahme

Bruhns, Otto:
Elemente der Mechanik / Otto Bruhns; Theodor Lehmann. –
Braunschweig; Wiesbaden: Vieweg
Frühere Ausg. u. d. T.: Lehmann, Theodor: Elemente der Mechanik

NE: Lehmann, Theodor:

3. Kinetik: mit 146 Abbildungen. – 1994

ISBN 978-3-528-03049-0 ISBN 978-3-663-09919-2 (eBook)
DOI 10.1007/978-3-663-09919-2

Gedruckt auf säurefreiem Papier

Vorwort

Der nun vorliegende 3. Band schließt die Reihe der „Elemente der Mechanik“ab. Er enthält im wesentlichen eine Grundlegung der Kinetik des Massen-Mittelpunktes (Punkt-Kinetik) und der Kinetik starrer Körper.

Die im Vorwort zum 1. Band angesprochene didaktische Linie wird auch hier weiter verfolgt: Von einfachen Sachverhalten ausgehend wird sorgfältig eine allgemeine Methodik der Beschreibung dieser Sachverhalte entwickelt, die dann systematisch auf komplexere Probleme übertragen wird. Dieser Linie folgend beginnen die Betrachtungen – nach einer kurzen Erörterung der allgemeinen Grundlagen der klassischen Mechanik – mit der Kinetik des Massen-Mittelpunktes und setzen sich dann fort über die Kinetik der ebenen und der räumlichen Bewegung starrer Körper bis hin zur analytischen Mechanik der Systeme starrer Körper. Eine gesonderte, ausführliche Betrachtung ist dem Übergang zu einem anderen Koordinatensystem gewidmet. Diese über den üblichen Rahmen hinausgehenden Überlegungen sollen zu einem tieferen Verständnis der hier vorliegenden Problematik beitragen. Auch die Überlegungen im Zusammenhang mit den Stoßproblemen gehen über den üblichen Rahmen der Behandlung in der Technischen Mechanik hinaus. Den Abschluß bildet schließlich eine einführende, systematische Betrachtung von Schwingungsproblemen – hier exemplarisch dargestellt am Schwinger mit einem Freiheitsgrad.

Viele meiner Mitarbeiter, die schon an der Abfassung der beiden ersten Bände beteiligt waren, haben auch an der Überarbeitung und der Erstellung des Schriftsatzes für diesen dritten Band mitgewirkt. Von ihnen seien hier abermals lediglich die Hauptbeteiligten genannt.

Die sorgfältige Herstellung des Textes hatte Frau Bayreuther übernommen, die Zeichnungen wurden von Frau Brockmeyer und Herrn Grundmann ausgeführt. Herr Dr. Meyers hat durch kritisches Korrekturlesen sehr zur endgültigen Fassung des Buches beigetragen. Ihnen allen möchte ich an dieser Stelle recht herzlich danken.

Bochum, im März 1994 *Otto Bruhns*

Inhaltsverzeichnis

1 Allgemeines zur Kinetik

1.1 Vorbemerkungen

In Band I der *Elemente der Mechanik* haben wir nach einigen einführenden Überlegungen zur Lehre von den Kräften (Dynamik) und den Bewegungen (Kinematik) das Grundgesetz der Mechanik erörtert (Band I, Kapitel 6). Dabei haben wir uns im Rahmen der klassischen Mechanik bewegt, also vorausgesetzt,

1. daß Raum und Zeit unabhängig vom physikalischen Geschehen in ihnen und unabhängig vom Beobachter des Geschehens sind (Indifferenz-Prinzip für Raum und Zeit) und
2. daß die Körper als materielle Kontinua betrachtet werden können, deren Bewegungen und Deformationen durch die Angabe der Ortsveränderungen der Körperpunkte gegenüber einem geeignet definierten Bezugsraum vollständig zu beschreiben sind (Punkt-Kontinua).

Die sich aus diesen Einschränkungen ergebenden Folgerungen haben wir in Band I in den Kapiteln 1 und 6 erörtert. Darauf sei hier verwiesen.

Bei den Anwendungen des Grundgesetzes haben wir uns in den Bänden I und II auf solche Fälle beschränkt, bei denen alle an einem Körper angreifenden Kräfte jeweils ein Gleichgewichtssystem bilden. Das gilt auch für jene Fälle, in denen wir nicht nur einen bestimmten Zustand eines Körpers, sondern auch Zustandsänderungen – etwa Änderungen des Spannungs- bzw. des Verzerrungszustandes – ins Auge gefaßt haben. Wir haben dabei stets vorausgesetzt, daß diese Zustandsänderungen quasistatisch erfolgen, so daß wir sie als eine Folge mechanischer Gleichgewichtszustände betrachten können.

In diesem dritten Band wollen wir nun diese Voraussetzung, daß die an einem Körper angreifenden Kräfte ein Gleichgewichtssystem bilden, fallen lassen. Wir gehen damit zur Kinetik über, wollen uns aber im wesentlichen auf zwei Problemkreise beschränken, nämlich

a) die Kinetik des Massen-Mittelpunktes (Punkt-Kinetik) und

b) die Kinetik solcher Körper, die wir idealisierend als starr betrachten können.

In beiden Fällen bleiben die Formänderungen der Körper außer Betracht: im ersten, weil wir uns auf Aussagen über die Bewegung des Massen-Mittelpunktes beschränken, im zweiten, weil wir die Formänderungen als vernachlässigbar klein ansehen. Unter welchen Voraussetzungen wir so verfahren können, wird im einzelnen noch zu erörtern sein.

Die für die Punkt-Kinetik und für die Kinetik starrer Körper erforderlichen allgemeinen Grundlagen stellen wir in den folgenden Abschnitten noch einmal zusammen. Dabei greifen wir auf die Ausführungen in Band I, Kapitel 6 und Band II, Kapitel 1 zurück.

1.2 Das Grundgesetz der Mechanik

In diesem Abschnitt wollen wir noch einmal kurz die allgemeinen Voraussetzungen für die Formulierung des Grundgesetzes der klassischen Mechanik zusammenstellen und dieses Grundgesetz dann in seinen verschiedenen Fassungen angeben – soweit sie für das Folgende von Bedeutung sind. Unter Hinweis auf Band I, Kapitel 6 können wir uns dabei kurz fassen.

Wir setzen voraus, daß wir bei der Beschreibung der zu betrachtenden mechanischen Vorgänge im Rahmen der klassischen Mechanik bleiben können, gehen also von der Gültigkeit

1. des Indifferenz-Prinzips für Raum und Zeit aus und wollen ferner
2. die Körper als Punkt-Kontinua betrachten.

An die zweite Voraussetzung knüpfen wir eine weitere Einschränkung, daß

3. a) flächenhaft verteilt wirkende Momente (unter Nahwirkung) und
   b) volumenhaft verteilt wirkende Momente (unter Fernwirkung)

aus dem Kreis unserer Betrachtungen auszuschließen seien (*Boltzmann*-Axiom).

Die Frage, welches Bezugssystem wir der Formulierung des Grundgesetzes zugrunde legen, lassen wir hier offen. Fürs erste können wir uns auf die Feststellung zurückziehen, daß bei Gültigkeit des Indifferenz-Prinzips für Raum und Zeit der Kern der Aussage des Grundgesetzes nicht von der zufälligen Wahl des Bezugssystems abhängen kann. Wir werden diese Frage später (in Kapitel 4) aber noch einmal aufgreifen.

Unter diesen Voraussetzungen können wir nun formulieren (vgl. Band I, Kapitel 6):

Satz 1.1: *Grundgesetz der Mechanik, Teil A; Impulssatz für Körperelemente*

Differentialform:

Der substantielle zeitliche Differentialquotient der Bewegungsgröße eines Körperelementes ist gleich der vektoriellen Summe der an dem Element angreifenden Kräfte:

$$\mathrm{d}\boldsymbol{F} = \frac{\mathrm{D}}{\mathrm{d}t}(\mathrm{d}\boldsymbol{B}) = \frac{\mathrm{D}}{\mathrm{d}t}(\mathrm{d}m\boldsymbol{v}) = \mathrm{d}m\dot{\boldsymbol{v}}.$$

Integralform:
Der in einem Zeitintervall t_1 bis t_2 einem Körperelement zugeführte resultierende Impuls ist gleich der Differenz der Bewegungsgrößen des Körperelementes zu den Zeitpunkten t_2 und t_1:

$$\int_{t_1}^{t_2} \mathrm{d}\boldsymbol{F}\,\mathrm{d}t = \mathrm{d}m\boldsymbol{v}(t_2) - \mathrm{d}m\boldsymbol{v}(t_1).$$

Satz 1.2: *Grundgesetz der Mechanik, Teil B; Drallsatz für Körperelemente*

Differentialform:
Der substantielle zeitliche Differentialquotient des Dralls eines Körper elementes in bezug auf einen raumfesten Punkt 0 ist gleich dem resultierenden Moment der an dem Körperpunkt angreifenden Kräfte in bezug auf den gleichen Punkt 0:

$$\mathrm{d}\boldsymbol{M}_{(0)} = \frac{\mathrm{D}}{\mathrm{d}t}(\mathrm{d}\boldsymbol{H}_{(0)}) = \frac{\mathrm{D}}{\mathrm{d}t}(\boldsymbol{r} \times \mathrm{d}m\boldsymbol{v}) = \boldsymbol{r} \times \mathrm{d}m\dot{\boldsymbol{v}}.$$

Integralform:
Der in einem Zeitintervall t_1 bis t_2 einem Körperelement zugeführte resultierende Drehimpuls in bezug auf einen raumfesten Punkt 0 ist gleich der Differenz der Dralle des Körperelementes zu den Zeitpunkten t_2 und t_1 in bezug auf den gleichen Punkt 0:

$$\int_{t_1}^{t_2} \mathrm{d}\boldsymbol{M}_{(0)}\,\mathrm{d}t = \boldsymbol{r}(t_2) \times \mathrm{d}m\boldsymbol{v}(t_2) - \boldsymbol{r}(t_1) \times \mathrm{d}m\boldsymbol{v}(t_1).$$

Die entsprechenden Definitionen aus Band I, Abschnitt 6.3 sowie die Grundbegriffe der Kinematik (Definition der Verschiebung $\boldsymbol{u}$, der Geschwindigkeit $\boldsymbol{v}$ usw.; vgl. Band I, Kapitel 5) setzen wir dabei als bekannt voraus.

Impulssatz und Drallsatz stellen zwei voneinander unabhängige Aussagen dar. Zwar erhalten wir aus dem Impulssatz durch vektorielle Multiplikation von links mit $\boldsymbol{r}$

$$\boldsymbol{r} \times \mathrm{d}\boldsymbol{F} = \boldsymbol{r} \times \mathrm{d}m\dot{\boldsymbol{v}}.$$

Es ist jedoch nur dann

$$\boldsymbol{r} \times \mathrm{d}\boldsymbol{F} = \mathrm{d}\boldsymbol{M}_{(0)},$$

wenn das *Boltzmann*-Axiom gilt, weil nur dann im Grenzübergang $\Delta V \to 0$ die an dem Körperelement angreifenden Kräfte in jedem Fall ein zentrales Kräftesystem (mit Angriffspunkt am Körperelement) bilden.

Integrieren wir die beiden Teile des Grundgesetzes über den ganzen Körper, so erhalten wir als globale Aussagen für den Körper:

Satz 1.3: *Impulssatz für Körper; Massen-Mittelpunktsatz*
Differentialform:

$$\mathrm{d}\boldsymbol{F}^{(a)} = \frac{\mathrm{D}}{\mathrm{d}t}\underbrace{(m\boldsymbol{v}_M)}_{\boldsymbol{B}} = m\dot{\boldsymbol{v}}_M = m\ddot{\boldsymbol{r}}_M,$$

Integralform:

$$\int_{t_1}^{t_2} \boldsymbol{F}^{(a)}\,\mathrm{d}t = m\boldsymbol{v}_M(t_2) - m\boldsymbol{v}_M(t_1) = \boldsymbol{B}(t_2) - \boldsymbol{B}(t_1).$$

Satz 1.4: *Drallsatz für Körper in bezug auf einen raumfesten Punkt* 0
Differentialform:

$$\boldsymbol{M}_{(0)}^{(a)} = \frac{\mathrm{D}}{\mathrm{d}t}\boldsymbol{H}_{(0)},$$

Integralform:

$$\int_{t_1}^{t_2} \boldsymbol{M}_{(0)}\,\mathrm{d}t = \boldsymbol{H}_{(0)}(t_2) - \boldsymbol{H}_{(0)}(t_1).$$

---

wobei wir abermals auf die Definitionen aus Band I, Abschnitt 6.4 zurückgreifen.

Der Massen-Mittelpunktsatz (Satz 1.3) beschreibt die Bewegung des Massen-Mittelpunktes. Er gilt sowohl für starre als auch für deformierbare Körper. Zu beachten ist jedoch, daß nur bei starren Körpern der Massen-Mittelpunkt körperfest ist. Der Drallsatz (Satz 1.4) gilt in dieser Form ebenfalls für starre und für deformierbare Körper. Beide Sätze zusammen reichen jedoch nur für starre Körper aus, um den Bewegungsablauf vollständig zu bestimmen. Sie bilden damit die allgemeine Grundlage der Kinetik starrer Körper.

Für die praktischen Anwendungen ist es oft vorteilhaft, den Drallsatz für Körper nicht in bezug auf einen festen Raumpunkt 0, sondern in bezug auf den (bewegten) Massen-Mittelpunkt M anzuschreiben. Dazu formen wir den Drallsatz 1.4 um. Wir setzen (vgl. Bild 1.1)

$$\boldsymbol{r} = \boldsymbol{r}_M + (\boldsymbol{r} - \boldsymbol{r}_M).$$

Gehen wir damit in den Drallsatz, so erhalten wir zunächst

$$\begin{aligned}\boldsymbol{M}_{(0)}^{(a)} = \int_V \boldsymbol{r} \times \mathrm{d}\boldsymbol{F} &= \int_V \boldsymbol{r}_M \times \mathrm{d}\boldsymbol{F} + \int_V (\boldsymbol{r} - \boldsymbol{r}_M) \times \mathrm{d}\boldsymbol{F} \\ &= \boldsymbol{r}_M \times \boldsymbol{F}^{(a)} + \boldsymbol{M}_{(M)}^{(a)},\end{aligned}$$

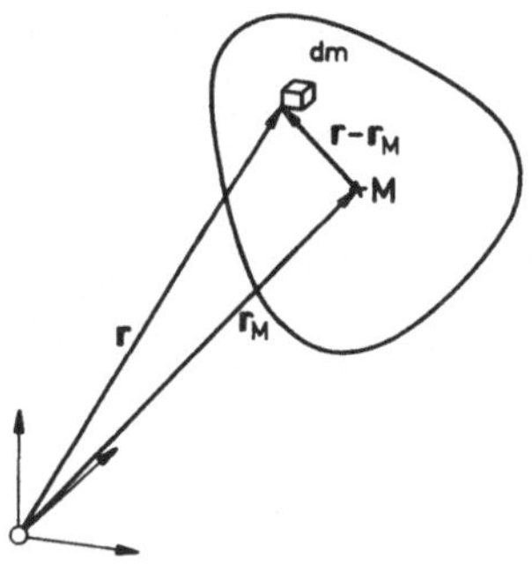

Bild 1.1
Körper mit Massen-Mittelpunkt M

sowie

$$\frac{\mathrm{D}}{\mathrm{d}t}\boldsymbol{H}_{(0)} = \frac{\mathrm{D}}{\mathrm{d}t}\int_V \boldsymbol{r} \times \mathrm{d}m\boldsymbol{v} = \frac{\mathrm{D}}{\mathrm{d}t}\int_V \boldsymbol{r}_M \times \mathrm{d}m\boldsymbol{v} + \frac{\mathrm{D}}{\mathrm{d}t}\int_V (\boldsymbol{r} - \boldsymbol{r}_M) \times \mathrm{d}m\boldsymbol{v}.$$

Dabei ist

$$\frac{\mathrm{D}}{\mathrm{d}t}\int_V \boldsymbol{r}_M \times \mathrm{d}m\boldsymbol{v} = \dot{\boldsymbol{r}}_M \times \int_V \mathrm{d}m\boldsymbol{v} + \boldsymbol{r}_M \times \int_V \underbrace{\mathrm{d}m\dot{\boldsymbol{v}}}_{\mathrm{d}\boldsymbol{F}}$$
$$= \underbrace{\boldsymbol{v}_M \times m\boldsymbol{v}_M}_{0} + \boldsymbol{r}_M \times \boldsymbol{F}^{(a)}.$$

Ferner können wir analog zur Definition des Dralls in bezug auf einen raumfesten Punkt 0 festlegen:

Def. 1.1: Es ist

$$\int_V (\boldsymbol{r} - \boldsymbol{r}_M) \times \mathrm{d}m\boldsymbol{v} = \boldsymbol{H}_{(M)}$$

der Drall des Körpers in bezug auf den Massen-Mittelpunkt M.

Damit erhalten wir dann aus

$$\boldsymbol{M}^{(a)}_{(0)} = \frac{\mathrm{D}}{\mathrm{d}t}\boldsymbol{H}_{(0)}$$

durch Einsetzen der vorstehenden Umformungen den

Satz 1.5: *Drallsatz für Körper in bezug auf den Massen-Mittelpunkt M*

Differentialform:

$$\boldsymbol{M}^{(a)}_{(M)} = \frac{\mathrm{D}}{\mathrm{d}t}\boldsymbol{H}_{(M)} = \frac{\mathrm{D}}{\mathrm{d}t}\int_V (\boldsymbol{r} - \boldsymbol{r}_M) \times \mathrm{d}m\boldsymbol{v},$$

Integralform:

$$\int_{t_1}^{t_2} \boldsymbol{M}_{(M)}\,\mathrm{d}t = \boldsymbol{H}_{(M)}(t_2) - \boldsymbol{H}_{(M)}(t_1).$$

Die Drallsätze in bezug auf einen festen Raumpunkt 0 und in bezug auf den Massen-Mittelpunkt M lauten formal gleich, obwohl sich der Massen-Mittelpunkt im allgemeinen gegenüber dem Bezugsraum bewegt. Diese formale Gleichheit ist eine Folge davon, daß es sich beim Massen-Mittelpunkt um einen besonders ausgezeichneten Punkt handelt. Würde man den Drallsatz in bezug auf einen beliebigen bewegten Punkt anschreiben, so ginge die formale Gleichheit verloren, wie man anhand der vorstehenden Ableitung leicht nachprüfen kann.

1.3 Allgemeines über Kräfte; Energiebetrachtungen

Die von außen auf einen Körper einwirkenden, flächenhaft oder volumenhaft verteilt angreifenden Kräfte unterteilen wir in eingeprägte Kräfte und in Reaktionskräfte (kürzer: Reaktionen). Zu den eingeprägten Kräften zählen alle die Kräfte, die auf allgemein physikalischen Beziehungen beruhen, wie z.B. Gewichtskräfte, elektro-magnetische Kräfte oder Federkräfte. Reaktionen sind die Folge von kinematischen Bindungen, die den Freiheitsgrad der Bewegungsmöglichkeit eines Körpers einschränken.

Die eingeprägten Kräfte können, wie wir gesehen haben, sehr verschiedene physikalische Ursachen haben und deshalb in verschiedener Weise gegeben sein. So können diese Kräfte etwa zeitabhängig sein, wie z.B. bei Antrieben, die nach einem Zeitplan gesteuert werden, oder sie können eine Funktion des Ortes sein, wie beispielsweise Gewichtskräfte oder elektro-statische Kräfte. Sie können aber auch von der Geschwindigkeit der Körperelemente abhängen, wie z.B. elektro-magnetische Kräfte. Schließlich können auch alle Formen der Abhängigkeit zugleich auftreten, wie es etwa beim Bewegungswiderstand für einen Körper in einem ihn umgebenden Medium mit orts- und zeitabhängiger Dichte der Fall ist.

Die Begriffe Leistung P_i bzw. Arbeit A_i einer Kraft $\boldsymbol{F}_i$ haben wir in Band I, Abschnitt 6.5 definiert. Wir können diese Definitionen auch auf die Differentiale $\mathrm{d}\boldsymbol{F}$ der flächenhaft und volumenhaft verteilt angreifenden Kräfte übertragen, haben dann nur entsprechend P_i durch $\mathrm{d}P_i$ und A_i durch $\mathrm{d}A_i$ zu ersetzen.

Bei der Betrachtung der Arbeit, die von der Gesamtheit aller Kräfte geleistet wird, haben wir zu unterscheiden (vgl. Band II, Abschnitt 1.5) zwischen

a) der Formänderungsarbeit, die von den inneren flächenhaft verteilt angreifenden Kräften herrührt, und
b) der Arbeit aller übrigen Kräfte.

Die Formänderungsarbeit bezeichnen wir mit W, die Arbeit der übrigen Kräfte mit A (gegebenenfalls mit entsprechenden Zusätzen $A_A^{(a)}$, $A_V^{(a)}$, $A_V^{(i)}$). Diese Bezeichnungsweise dient der besseren Unterscheidung, insbesondere im Hinblick auf die Belange der Mechanik der deformierbaren Körper.

Die Integration aller an den Körperelementen geleisteten Arbeiten führt dann auf

---

Satz 1.6: *Energiesatz der Mechanik (Differentialform):*
Es ist

$$\mathrm{D}A_A^{(a)} + \mathrm{D}A_V = \mathrm{D}W + \mathrm{D}E,$$

wobei

$A_A^{(a)}$ die Arbeit der flächenhaft verteilt angreifenden äußeren Kräfte,
A_V die Arbeit aller volumenhaft verteilt angreifenden Kräfte,
W die Formänderungsarbeit,
E die kinetische Energie

bezeichnet.

---

mit den Definitionen der Formänderungsarbeit aus Band II und der kinetischen Energie aus Band I.

Für starre Körper ist nun allerdings

$$\mathrm{D}W = 0, \qquad \mathrm{D}A_V^{(i)} = 0.$$

Deshalb gilt für starre Körper

Satz 1.7: *Energiesatz der Mechanik für starre Körper (Differentialform):*

$$\underbrace{\mathrm{D}A_A^{(a)} + \mathrm{D}A_V^{(a)}}_{\mathrm{D}A^{(a)}} = \mathrm{D}E.$$

Anzumerken ist noch, daß die Arbeit der Reaktionen bei zeitlich unveränderlichen Bindungen stets herausfällt, weil solche Reaktionen entsprechend ihrer Definition grundsätzlich keine Arbeit leisten. Deshalb können wir die Aussage des Energiesatzes der Mechanik auch dahingehend ergänzen, daß in Satz 1.7 $\mathrm{D}A_A^{(a)}$ nur die Arbeit der eingeprägten, flächenhaft verteilt angreifenden äußeren Kräfte umfaßt, sofern die kinematischen Bindungen zeitunabhängig sind.

Wir können dem Energiesatz der Mechanik einen anderen Satz an die Seite stellen, der sich formal aus dem Impulssatz für Körper (Satz 1.3) ableiten läßt. Multiplizieren wir diesen Satz skalar mit dem Differential $\mathrm{D}\boldsymbol{r}_M$ der Verschiebung des Massen-Mittelpunktes, so erhalten wir

$$\boldsymbol{F}^{(a)} \cdot \mathrm{D}\boldsymbol{r}_M = m\dot{\boldsymbol{v}}_M \cdot \boldsymbol{v}_M \,\mathrm{d}t = \frac{\mathrm{D}}{\mathrm{d}t}\left(\frac{1}{2} m v_M^2\right) \mathrm{d}t.$$

Formal definieren wir nun:

Def. 1.2: Es ist

$$\mathrm{D}A_M^{(a)} = \boldsymbol{F}^{(a)} \cdot \mathrm{D}\boldsymbol{r}_M$$

das (substantielle) Inkrement der Arbeit aller äußeren Kräfte, die der

Verschiebung des Massen-Mittelpunktes zugeordnet ist, und

$$E_M = \frac{1}{2} m v_M^2$$

die der Geschwindigkeit des Massen-Mittelpunktes zugeordnete kinetische Energie.

Dann erhalten wir

Satz 1.8: Es ist

$$\mathrm{D}A_M^{(a)} = \mathrm{D}E_M.$$

Dieser Satz gilt allgemein. Wir werden später sehen, daß er für starre Körper identisch ist mit dem Energiesatz für die Translationsbewegung starrer Körper. Für deformierbare Körper hat er dagegen nur formale Bedeutung. Er beschreibt bei solchen Körpern nicht den wirklichen Austausch mechanischer Energie und hat deshalb auch nicht die Bedeutung eines Energie-Erhaltungssatzes. Dennoch stellt dieser Satz eine wichtige Folgerung aus dem Grundgesetz der Mechanik dar, die sich in der Anwendung bei vielen Problemen als hilfreiches Werkzeug erweist.

Die Berechnung der von einer Kraft in einem Zeitintervall an einem Körper geleisteten Arbeit setzt in der Regel voraus, daß der Bewegungsablauf in diesem Zeitintervall hinreichend bekannt ist, gegebenenfalls aufgrund von Berechnungen. Einen Sonderfall bilden die Potentialkräfte. Dies sind eingeprägte Kräfte, die nur von der Lage des betreffenden Körperelementes im Bezugsraum abhängen, also sogenannte Feldkräfte, bei denen überdies die von ihnen im betrachteten Zeitintervall geleistete Arbeit nur von der Anfangs- und der Endlage des Körperelementes abhängt, also unabhängig von der durchlaufenen Bahn ist. Solche Kräfte lassen sich durch den Gradienten einer skalaren Funktion der Ortskoordinaten, des sogenannten Potentials $\Phi(\boldsymbol{r})$ entsprechend der allgemeinen Beziehung

$$\boldsymbol{F}(\boldsymbol{r}) = -\operatorname{grad}\Phi = -\nabla\Phi$$

ausdrücken. Daher rührt der Name Potentialkräfte. Zum Nachweis dieses Zusammenhanges bilden wir

$$\int_{t_1}^{t_2} \boldsymbol{F}\cdot\boldsymbol{v}\,\mathrm{d}t = -\int_{\boldsymbol{r}(t_1)}^{\boldsymbol{r}(t_2)} \nabla\Phi\cdot\mathrm{D}\boldsymbol{r}.$$

In einem kartesischen Bezugssystem, das wir der Einfachheit halber den folgenden Betrachtungen zugrunde legen wollen, ist

$$\operatorname{grad}\Phi = \nabla\Phi = \frac{\partial\Phi}{\partial x}\boldsymbol{e}_x + \frac{\partial\Phi}{\partial y}\boldsymbol{e}_y + \frac{\partial\Phi}{\partial z}\boldsymbol{e}_z,$$

also

$$\nabla\Phi \cdot \mathrm{D}\boldsymbol{r} = \frac{\partial\Phi}{\partial x}\,\mathrm{D}x + \frac{\partial\Phi}{\partial y}\,\mathrm{D}y + \frac{\partial\Phi}{\partial z}\,\mathrm{D}z = \mathrm{D}\Phi.$$

Deshalb wird

$$\int_{t_1}^{t_2} \boldsymbol{F} \cdot \boldsymbol{v}\,\mathrm{d}t = -\int_{\Phi(\boldsymbol{r}_1)}^{\Phi(\boldsymbol{r}_2)} \mathrm{D}\Phi = \Phi(\boldsymbol{r}_1) - \Phi(\boldsymbol{r}_2).$$

Eine notwendige und hinreichende Bedingung dafür, daß sich ein Kraftfeld $\boldsymbol{F}(\boldsymbol{r})$ von einem Potential ableiten läßt, ist

$$\operatorname{rot} \boldsymbol{F} = \nabla \times \boldsymbol{F} = \boldsymbol{0},$$

d.h.

$$\frac{\partial F_x}{\partial y} - \frac{\partial F_y}{\partial x} = 0$$

$$\frac{\partial F_y}{\partial z} - \frac{\partial F_z}{\partial y} = 0$$

$$\frac{\partial F_z}{\partial x} - \frac{\partial F_x}{\partial z} = 0.$$

Der Nachweis für diese Behauptung ist zu führen, indem man zunächst zeigt, daß alle Kraftfelder, für die $\boldsymbol{F} = -\operatorname{grad} \Phi$, also $F_x = -\frac{\partial\Phi}{\partial x}$ usw. gilt, die obige Bedingung identisch befriedigen. Der zweite Schritt besteht dann darin, nachzuweisen, daß sich alle Lösungen der obigen Gleichungen in der Form $\boldsymbol{F} = -\operatorname{grad} \Phi$ darstellen lassen.

Als Ergebnis unserer Betrachtungen halten wir fest:

Satz 1.9: Ist in einem Kraftfeld $\boldsymbol{F}(\boldsymbol{r})$

$$\operatorname{rot} \boldsymbol{F} = \nabla \times \boldsymbol{F} = \boldsymbol{0},$$

d.h.

$$\boldsymbol{F} = -\operatorname{grad} \Phi$$

mit dem Potential $\Phi = \Phi(\boldsymbol{r})$, so wird die Arbeit dieser Feldkräfte unabhängig vom Weg, d.h.

$$\int_{t_1}^{t_2} \boldsymbol{F} \cdot \boldsymbol{v}\,\mathrm{d}t = \Phi(\boldsymbol{r}_1) - \Phi(\boldsymbol{r}_2).$$

Potentialkräfte können volumenhaft oder flächenhaft verteilt angreifen. Unter bestimmten Voraussetzungen können wir auch Potentiale für (resultierende) Einzelkräfte angeben. Die Größenart (Dimension) der Potentiale ist allerdings in den einzelnen Fällen verschieden (s. Tabelle 1.1):

Potentialkraft	Bezeichnung des Potentials	Größenart
volumenhaft verteilt (bezogen auf $\mathrm{d}m$)	φ_V	$[\mathrm{L^2Z^{-2}}] = [\mathrm{KLM^{-1}}]$
flächenhaft verteilt (bezogen auf $\mathrm{d}A$)	φ_A	$[\mathrm{MZ^{-2}}] = [\mathrm{KL^{-1}}]$
Einzelkraft (bzw. resultierende Kraft)	Φ	$[\mathrm{ML^2Z^{-2}}] = [\mathrm{KL}]$

Tabelle 1.1 Verschiedene Potentialformen

Die Ermittlung des Potentials eines Kraftfeldes geht von der Beziehung

$$\Phi(\boldsymbol{r}) - \Phi(\boldsymbol{r}_0) = -\int_{\boldsymbol{r}_0}^{\boldsymbol{r}} \boldsymbol{F}(\boldsymbol{r}) \cdot \mathrm{d}\boldsymbol{r}$$

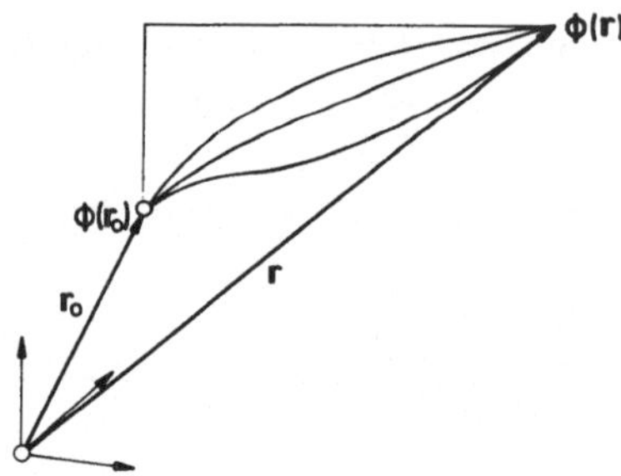

Bild 1.2
Potential eines Kraftfeldes

aus. Bei der Auswertung dieses Integrals können wir den Integrationsweg beliebig wählen, da das Ergebnis wegunabhängig ist (Bild 1.2). Aus dem gleichen Grunde können wir das substantielle Differential $\mathrm{D}\boldsymbol{r}$ jetzt auch durch das räumliche Differential $\mathrm{d}\boldsymbol{r}$ ersetzen. Ferner können wir $\Phi(\boldsymbol{r}_0)$ beliebig festsetzen, da es stets nur auf Potential-Differenzen ankommt. Die folgenden Beispiele sollen die Ermittlung des Potentials näher erläutern.

1. Beispiel: Homogenes Schwerefeld (Bild 1.3)

Für Bewegungen, die auf einen relativ kleinen Raum in der Nähe der Erdoberfläche beschränkt bleiben, können wir die Erdoberfläche als eben und das Schwerefeld als homogen, d.h. die auf die Masse bezogene Schwerkraft (spezifische Gewichtskraft)

$$\boldsymbol{f} = \boldsymbol{g} = -g\boldsymbol{e}_z = \text{konst.}$$

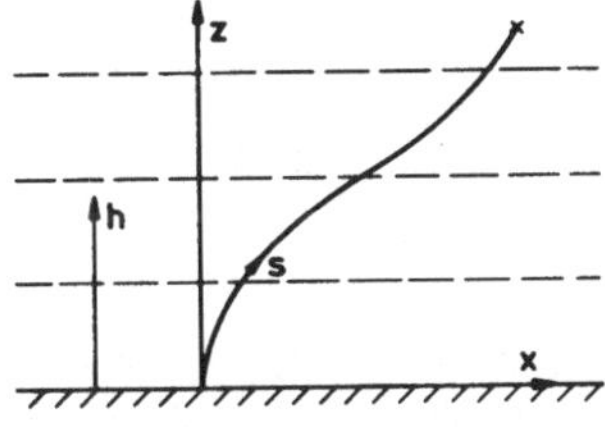

Bild 1.3
Homogenes Schwerefeld mit verschiedenen Äquipotentialflächen

ansehen. Dieses Schwerefeld genügt den Bedingungen für die Existenz eines Potentials, da alle Ableitungen nach den Ortskoordinaten identisch verschwinden. Zur Ermittlung des Potentials für die spezifische Gewichtskraft gehen wir aus von

$$\varphi_V(x,y,z) - \varphi_V(0,0,0) = -\int_0^{\boldsymbol{r}(s)} (-g\boldsymbol{e}_z) \cdot \underbrace{\left\{ \frac{\mathrm{d}x}{\mathrm{d}s}\boldsymbol{e}_x + \frac{\mathrm{d}y}{\mathrm{d}s}\boldsymbol{e}_y + \frac{\mathrm{d}z}{\mathrm{d}s}\boldsymbol{e}_z \right\} \mathrm{d}s}_{\mathrm{d}\boldsymbol{r}}$$

$$= g\int_0^{z(s)} \frac{\mathrm{d}z}{\mathrm{d}s}\,\mathrm{d}s,$$

wobei wir den Integrationsweg $x(s)$, $y(s)$, $z(s)$ beliebig wählen können.

Die Auswertung dieses Integrals ergibt, wenn wir $\varphi_V(0,0,0) = 0$ setzen,

$$\varphi_V(x,y,z) = g\int_0^z \mathrm{d}z = gz = \varphi_V(z) \qquad [\mathrm{L^2Z^{-2}}].$$

Das Potential der spezifischen Schwerkraft hängt also nur von z bzw. von der Höhe h über der Erdoberfläche ab. Die Flächen des gleichen Potentials, d.h. die sogenannten Äquipotential-Flächen sind die Flächen $h =$ konst.

Im vorliegenden Fall können wir unsere Überlegungen gleich auf Körper übertragen. Für einen Körper mit der Masse m gilt

$$\Phi(\boldsymbol{r}) = -\int_V \int_0^{\boldsymbol{r}} (-g\boldsymbol{e}_z) \cdot \mathrm{d}\boldsymbol{r}\,\rho\,\mathrm{d}V$$

$$= g\int_V \int_0^z \mathrm{d}z\,\mathrm{d}m = g\int_V z\,\mathrm{d}m = mg\,z_M = mg\,h_M \qquad [\mathrm{ML^2Z^{-2}}],$$

wobei z_M bzw. h_M die Lage des Massen-Mittelpunktes (der im vorliegenden Fall mit dem Schwerpunkt identisch ist) über der Erdoberfläche bezeichnet. Die von der Gewichtskraft in einem homogenen Schwerefeld an einem Körper geleistete Arbeit A_G ist mithin, wenn dieser beispielsweise von einer Höhe h_{M_1} auf eine Höhe h_{M_2} herabfällt,

$$A_G = -\{\Phi_2 - \Phi_1\} = \Phi_1 - \Phi_2 = mg\,(h_{M_1} - h_{M_2}).$$

Die Differenz $\Phi_2 - \Phi_1$ bezeichnen wir auch als Änderungen der potentiellen Energie des Körpers. Diese Beziehungen gelten im übrigen für starre wir für deformierbare Körper. Wir dürfen sie jedoch nicht ohne weiteres auf inhomogene Schwerefelder übertragen (vgl. Band I, Abschnitt 7.3),

2. Beispiel: Elastisches Lager (Bild 1.4)
Wir nehmen an, daß wir die flächenhaft verteilt angreifenden Lagerkräfte zu einer resultierenden Einzelkraft $\boldsymbol{F}$ zusammenfassen und die elastischen Eigenschaften des Lagers durch Angabe der Federkonstanten c beschreiben können. Dann gilt

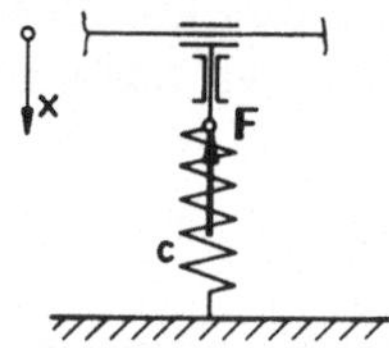

Bild 1.4
Elastisches Lager

$$\boldsymbol{F} = -cx\boldsymbol{e}_x,$$

wenn x die Auslenkung des Lagers bezeichnet und für $x = 0$ die (das Lager repräsentierende) Feder entspannt ist. In diesem Fall erhalten wir für das Potential der Lagerkraft

$$\Phi = -\int_0^x (-cx)\,\mathrm{d}x = \frac{1}{2}cx^2 \qquad [\mathrm{ML^2Z^{-2}}] = [\mathrm{KL}].$$

Sind alle an einem Körper flächenhaft verteilt angreifenden äußeren sowie alle inneren und äußeren volumenhaft verteilt angreifenden Kräfte Potentialkräfte, so gilt

---

Satz 1.10: *Energiesatz der Mechanik für Potentialkräfte (Differentialform):*

$$\mathrm{D}A_A^{(a)} + \mathrm{D}A_V = -\mathrm{D}\Phi = \mathrm{D}W + \mathrm{D}E$$

bzw.

$$\mathrm{D}\Phi + \mathrm{D}E + \mathrm{D}W = 0.$$

Für starre Körper folgt daraus wegen $\mathrm{D}W = 0$

Satz 1.11: *Energiesatz der Mechanik für konservative Systeme starrer Körper:*

$$\mathrm{D}(E + \Phi) = 0.$$

d.h.

$$E + \Phi = \text{konst.}$$

Im Hinblick darauf, daß $E + \Phi$ für solche Systeme konstant bleibt, sprechen wir von einem konservativen System. Die Summe aus potentieller und kinetischer Energie bleibt in einem solchen System bei allen Energie-Austauschvorgängen erhalten (konserviert).

Der Begriff konservatives System läßt sich nicht ohne weiteres auch auf den allgemeineren Fall (Satz 1.10) anwenden. Die Summe aller mechanischen Energie bleibt in diesem Fall nämlich nur dann erhalten, wenn sich auch die flächenhaft verteilt angreifenden inneren Kräfte (die Spannungen σ_{ik}) von einem Potential ableiten lassen.

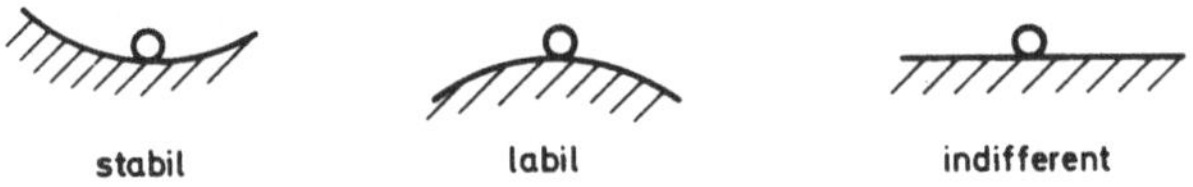

stabil labil indifferent

Bild 1.5 Verschiedene Gleichgewichtslagen

Aus der Untersuchung der Bewegung eines Körpers bzw. eines Systems von Körpern in der Umgebung einer Gleichgewichtslage können wir für konservative Systeme folgern (Bild 1.5):

Satz 1.12: Bei konservativen Systemen gilt für die potentielle Energie Φ beim Durchgang durch eine Gleichgewichtslage

$$\mathrm{D}\Phi = 0.$$

Dementsprechend gilt auch für die kinetische Energie in diesem Fall

$$\mathrm{D}E = 0.$$

Φ und E nehmen also beim Durchgang durch Gleichgewichtslagen Extremwerte bzw. stationäre Werte an. Je nach Art der Gleichgewichtslage gilt:

stabiles Gleichgewicht:	Φ = Min., E = Max.,
labiles Gleichgewicht:	Φ = Max., E = Min.,
indifferentes Gleichgewicht:	Φ und E sind stationär.

---

2 Kinetik des Massen-Mittelpunktes: Punkt-Kinetik

2.1 Allgemeines

Wir beschränken uns in diesem Kapitel darauf, die Bewegung des Massen-Mittelpunktes eines Körpers zu beschreiben. Dabei können wir – gestützt auf den Massen-Mittelpunktsatz (Satz 1.3) – abstrahierend so verfahren, daß wir uns die gesamte Masse m des Körpers im Massen-Mittelpunkt vereinigt denken und alle an dem Körper von außen angreifenden Kräfte diesem Punkt zuordnen. Wir ersetzen also den realen Körper und die an ihm angreifenden Kräfte durch ein vereinfachtes Modell bestehend aus einem diskreten Massenpunkt mit der Masse m, dem alle Kräfte ohne Rücksicht auf ihren wirklichen Angriffspunkt zugeordnet werden (Bild 2.1). Dabei können wir alle Kräfte $\boldsymbol{F}_{i(M)}$, die in diesem Ersatz-Modell ein zentrales Kräftesystem bilden, zu einer resultierenden Kraft $\boldsymbol{F}_{(M)}$ zusammenfassen. Die zugehörigen Energiebetrachtungen reduzieren sich dann auf die Aussage von Satz 1.8.

Fragen nach der Dralländerung des Körpers, nach den mit der Bewegung verbundenen Formänderungen oder den damit verknüpften inneren Spannungen sind mit diesem Ersatz-Modell natürlich nicht zu beantworten. Aber immer dann, wenn diese Fragen für das vorliegende Problem unerheblich erscheinen, dürfen wir auf das Ersatz-Modell der Punkt-Kinetik zurückgreifen. Dies setzen wir hier voraus. Unter diesen Umständen können wir dann auch die Schreibweise dahingehend vereinfachen, daß wir den Index M fortlassen, also einfach $\boldsymbol{v}$ statt $\boldsymbol{v}_M$ oder $\boldsymbol{F}_i$ statt $\boldsymbol{F}_{i(M)}$ schreiben.

Bei den zu betrachtenden Beispielen können wir zwei Grundaufgaben unterscheiden:

(A) Bei gegebenen eingeprägten Kräften ist der Bewegungsablauf zu ermitteln.
(B) Aus dem bekannten Bewegungsablauf sind die auf den Körper einwirkenden

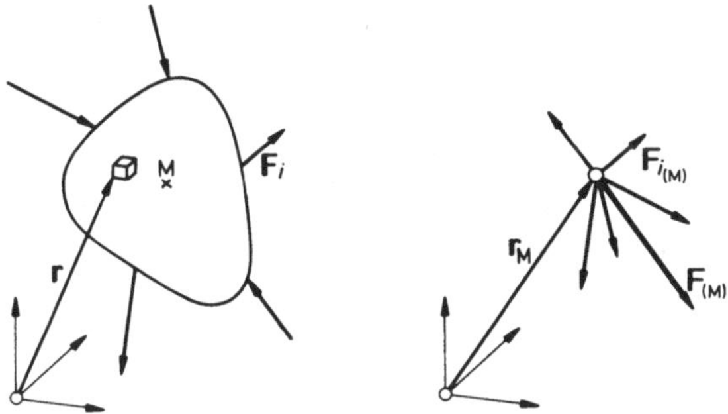

Bild 2.1 Starrer Körper und Ersatz-Modell

Kräfte abzuleiten.

Neben diesen Grundaufgaben treten aber auch andere Probleme auf, bei denen nur ein Teil der Kräfte, oder nur gewisse Angaben über den Bewegungsablauf, bekannt sind. Dann hängt es jeweils vom Einzelfall ab, wie wir vorzugehen haben.

2.2 Kinetik der eindimensionalen Bewegung eines Massenpunktes

Wir wollen zunächst nur solche Bewegungen eines Massenpunktes betrachten, bei denen die (geradlinige oder gekrümmte) Bahn des Massenpunktes im voraus bekannt oder durch kinematische Bindungen gegeben ist, so daß wir die Lage des Massenpunktes im Raum mit einer Orts-Koordinate eindeutig beschreiben können. Zu dieser Klasse von Bewegungen gehören zunächst die geradlinigen Bewegungen. Als freie Bewegungen sind sie nur möglich, wenn die Wirkungslinie der resultierenden Kraft $\boldsymbol{F}$ zu allen Zeiten mit der Richtung der Anfangsgeschwindigkeit $\boldsymbol{v}_0$ übereinstimmt (Bild 2.2a). Ist die Bewegung in einer geraden Bahn geführt, so können wir auch eingeprägte Kräfte senkrecht zur Bahn zulassen. Diese bilden dann mit der Reaktion der kinematischen Bindung, d.h. mit der Führungskraft F_N, ein Gleichgewichtssystem (Bild 2.2b) und können gesondert betrachtet werden. Für den Bewegungsablauf ist nur die tangentiale Komponente F_t der resultierenden Kraft maßgebend.

Ist die Bewegung in einer gekrümmten Bahn geführt, so gelten für den Zusammenhang zwischen der tangentialen Komponente F_t der eingeprägten Kräfte mit dem Bewegungsablauf längs der Bahn dieselben Beziehungen wie für die geradlinige Bewegung. Die Führungskraft F_N bildet in diesem Fall jedoch nicht mehr ein Gleichgewichtssystem mit der Normal-Komponente F_n der eingeprägten Kräfte; F_N kann erst aus der vollständigen Analyse der (im allgemein räumlichen) Bewegung ermittelt werden (Bild 2.2c). Darauf werden wir in Abschnitt 2.3 zurückkommen.

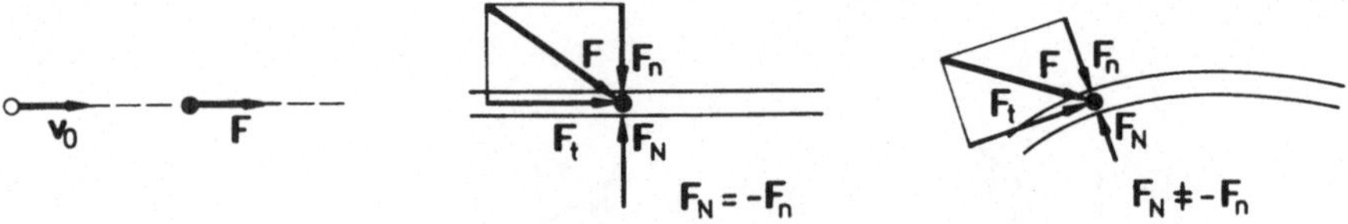

Bild 2.2 Verschiedene eindimensionale Bewegungen

2.2.1 Kinematik der eindimensionalen Punkt-Bewegung

Zur Beschreibung der Lage des Massenpunktes führen wir die längs der Bahn verlaufende Koordinate s ein. Bei geradlinigen Bewegungen werden wir gelegentlich auch x, bei vertikalen Bewegungen h als Koordinate benutzen.

Für die (skalare) Bahngeschwindigkeit, d.h. für die Geschwindigkeit in der Bahn, gilt

$$v_t = \dot{s} \qquad (v_t \lesseqgtr 0)$$

und für die (skalare) Bahnbeschleunigung, d.h. für die Beschleunigung in Bahnrichtung (tangential zur Bahn), erhalten wir

$$a_t = \dot{v}_t = \ddot{s} \qquad (a_t \lesseqgtr 0).$$

Während die Bahngeschwindigkeit v_t bis auf das Vorzeichen stets mit dem Betrag der (vektoriellen) Geschwindigkeit $\boldsymbol{v}$ identisch ist, d.h.

$$v_t = \pm|\boldsymbol{v}|,$$

gilt hinsichtlich der Beschleunigung nur für geradlinige Bewegung

$$a_t = \pm|\boldsymbol{a}| = \pm|\dot{\boldsymbol{v}}|$$

und

$$\dot{v}_t = \pm|\dot{\boldsymbol{v}}|\,.$$

Bei gekrümmter Bahn ist dagegen

$$a_t \neq \pm|\boldsymbol{a}| = \pm|\dot{\boldsymbol{v}}|$$

und

$$\dot{v}_t \neq \pm|\dot{\boldsymbol{v}}|,$$

weil bei gekrümmter Bahn neben der Bahnbeschleunigung a_t auch noch eine Beschleunigungskomponente a_n senkrecht zur Bahn auftritt. Diese Zusammenhänge werden wir in Abschnitt 2.3.1 noch näher untersuchen.

Wir wollen uns vorerst auf geradlinige Bewegungen beschränken und vereinbaren, daß wir bei solchen Bewegungen den Index t fortlassen. Zu beachten haben wir lediglich, daß v bzw. a als skalare Größen und nicht als Beträge von $\boldsymbol{v}$ bzw. $\boldsymbol{a}$ zu betrachten sind. Im übrigen wollen wir jedoch im Auge behalten, daß alle Überlegungen auch auf Bewegungen mit gekrümmter Bahn übertragen werden können, wenn wir wiederum v durch v_t und a durch a_t ersetzen.

Für die Darstellung des Bewegungsablaufes bieten sich im wesentlichen zwei Möglichkeiten an (vgl. Bild 2.3):

1. Möglichkeit:
Wir beschreiben den Bewegungsablauf in der Bahn als Funktion der Zeit:

$$s = s(t).$$

Aus dieser Darstellung sind unmittelbar abzuleiten

$$\dot{s} = v(t)$$

und

$$\ddot{s} = \dot{v}(t) = a(t).$$

Aus einem Vergleich der Funktionsverläufe lesen wir u.a. die folgenden bekannten Beziehungen ab:

a) Wo $s(t)$ extremal wird, ist $v(t) = 0$;
b) wo $s(t)$ einen Wendepunkt hat, wird $v(t)$ zum Extremum und $a(t) = 0$;
c) wo $v(t)$ einen Wendepunkt hat, wird $a(t)$ zum Extremum.

2. Möglichkeit:
Wir beschreiben den Bewegungsablauf in der Bahn durch die Angabe

$$\dot{s} = v(s)$$

und nennen dies die Darstellung der Bewegung in der Phasenebene, weil $\dot{s}$ und s die jeweilige Phase der Bewegung kennzeichnen.

Die Darstellung in der Phasenebene ist der Darstellung $s(t)$ äquivalent. Aus der Beziehung $\dot{s} = v(s)$ folgt nämlich durch Trennung der Variablen

$$\int_{t_0}^{t} \mathrm{d}t = \int_{s_0}^{s} \frac{\mathrm{D}s}{v(s)} = f(s; s_0),$$

d.h.

$$t = t_0 + f(s; s_0) = t(s; s_0, t_0),$$

und daraus durch Umkehr

$$s = s(t; s_0, t_0)$$

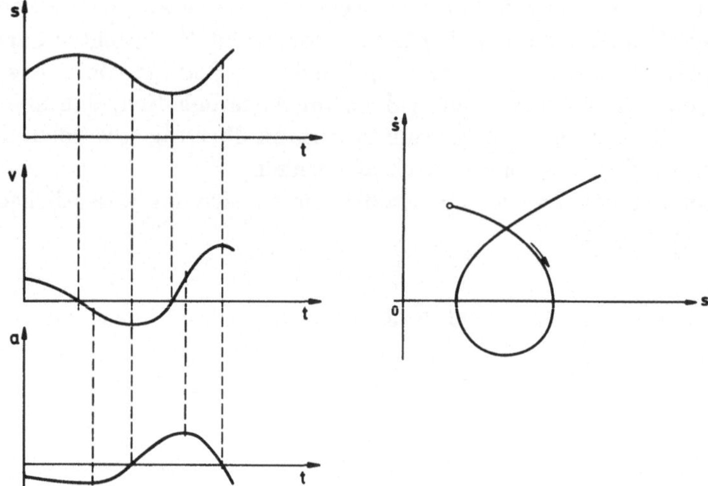

Bild 2.3 Darstellung als Funktion der Zeit (links) bzw. in der Phasenebene (rechts)

bzw.

$$s = s(t),$$

wenn wir s_0 und t_0 als fest gegeben betrachten.

Aus der Darstellung in der Phasenebene leiten wir ferner leicht

$$\ddot{s} = a(s)$$

ab. Es ist nämlich

$$\ddot{s} = \frac{\mathrm{D}\dot{s}}{\mathrm{D}s}\,\frac{\mathrm{D}s}{\mathrm{d}t} = \frac{\mathrm{D}\dot{s}}{\mathrm{D}s}\,\dot{s} = a(s).$$

Das kinematische Bewegungsgesetz der eindimensionalen Bewegung, insbesondere das einer geradlinigen Bewegung, kann uns in verschiedener Weise gegeben sein. Wir können dabei zunächst vier Grundfälle unterscheiden.

1. Grundfall:

Gegeben sei $s = s(t)$ (bzw. $\dot{s}(t)$ oder $\ddot{s}(t)$). Dies entspricht der oben erörterten 1. Darstellungsmöglichkeit des Bewegungsablaufes. Aus $s(t)$ erhalten wir durch Differentiation nach der Zeit

$$\dot{s}(t) = v(t)$$

und weiter

$$\ddot{s}(t) = \dot{v}(t) = a(t).$$

Ist $\dot{s}(t) = v(t)$ gegeben, so gewinnen wir $s(t)$ durch Integration über die Zeit

$$s(t) = s_0 + \int_{t_0}^{t} v(t)\,\mathrm{d}t.$$

$\ddot{s}(t)$ ermitteln wir dagegen wiederum durch Differentiation nach der Zeit.

In der dritten Variante ist zunächst $\ddot{s}(t) = a(t)$ vorgegeben. Dann erhalten wir $v(t)$ bzw. $s(t)$ durch einmalige bzw. zweimalige Integration von $a(t)$ über die Zeit. Die Umkehr von $s(t)$ liefert

$$t = t(s).$$

Setzen wir das in $v(t)$ bzw. $a(t)$ ein, so können wir

$$v = v(s) \qquad \text{bzw.} \qquad a = a(s)$$

angeben. In manchen Fällen mag es schließlich auch noch interessant sein,

$$a = a(v) \qquad \text{bzw.} \qquad v = v(a)$$

zu kennen. Wir erreichen dies, indem wir aus $v(t)$ und $a(t)$ bzw. aus $v(s)$ und $a(s)$ die Zeit t bzw. den Weg s eliminieren.

2. Grundfall:

Gegeben sei $\dot{s} = v(s)$. Dies entspricht der oben erörterten 2. Darstellungsmöglichkeit des Bewegungsablaufes in der Phasenebene. Wie dort gezeigt, können wir aus $v(s)$ zunächst durch Differentiation

$$a(s) = \frac{\mathrm{D}v(s)}{\mathrm{D}s}\, v(s)$$

und durch Integration

$$t(s) = t_0 + \int_{s_0}^{s} \frac{\mathrm{D}s}{v(s)}$$

gewinnen. Die Umkehr von $t(s)$ liefert dann $s(t)$. Durch Einsetzen von $s(t)$ in $v(s)$ und $a(s)$ bzw. durch Differentiation von $s(t)$ nach der Zeit erhalten wir dann $v(t)$ und $a(t)$ und durch Elimination von s oder t schließlich auch $a(v)$ bzw. $v(a)$.

3. Grundfall:

Gegeben sei $\ddot{s} = a(s)$. Da

$$a(s) = v(s)\, \frac{\mathrm{D}v(s)}{\mathrm{D}s}$$

ist, können wir daraus durch Integration über s, d.h. durch

$$\int_{v_0}^{v} v(s) \underbrace{\frac{\mathrm{D}v(s)}{\mathrm{D}s}\,\mathrm{D}s}_{\mathrm{D}v} = \int_{s_0}^{s} a(s)\,\mathrm{D}s,$$

$$\frac{1}{2}v^2(s) = \frac{1}{2}v_0^2 + \int_{s_0}^{s} a(s)\,\mathrm{D}s$$

oder

$$v(s) = \sqrt{v_0^2 + 2\int_{s_0}^{s} a(s)\,\mathrm{D}s}$$

ermitteln. Von da an können wir dann wie im 2. Grundfall fortfahren.

4. Grundfall:

Gegeben sei $\ddot{s} = a(v)$. Setzen wir

$$\ddot{s} = \frac{\mathrm{D}v}{\mathrm{D}s}\,v,$$

so können wir dies umformen zu

$$\mathrm{D}s = \frac{v\,\mathrm{D}v}{a(v)}$$

und erhalten daraus durch Integration

$$s(v) = s_0 + \int_{v_0}^{v} \frac{v\,\mathrm{D}v}{a(v)}\,.$$

Die Umkehr liefert $\dot{s} = v(s)$. Damit haben wir das Problem auf den 2. Grundfall zurückgeführt.

Setzen wir dagegen

$$\ddot{s} = \frac{\mathrm{D}v}{\mathrm{d}t},$$

so ergibt die Umformung dieses Ausdruckes zunächst

$$\mathrm{d}t = \frac{\mathrm{D}v}{a(v)}\,.$$

Die Integration beider Seiten führt dann auf

$$t(v) = t_0 + \int_{v_0}^{v} \frac{\mathrm{D}v}{a(v)}\,.$$

Die Umkehr dieser Funktion liefert

$$\dot{s} = v(t)$$

und führt uns damit auf den 1. Grundfall.

Mit diesen vier Grundfällen sind die Möglichkeiten, wie uns das kinematische Bewegungsgesetz gegeben sein kann, allerdings noch nicht erschöpft. So kann das Bewegungsgesetz z.B. auch in der Form

$$\ddot{s} = a(s, v)$$

vorliegen. Wir müssen dann von Fall zu Fall überlegen, wie wir ein solches Bewegungsgesetz integrieren und auf einen der Grundfälle zurückführen können.

2.2.2 Beispiele für geradlinige, freie Bewegungen eines Massenpunktes

1. Beispiel: Senkrechter Wurf ohne Luftwiderstand (Bild 2.4)

Beim senkrechten Wurf von der Erdoberfläche aus (oder von einem Punkt nahe der Erdoberfläche) können wir, sofern die Steighöhe des geworfenen Körpers klein bleibt gegenüber dem Erdradius, das Schwerefeld als homogen ansehen. Für kompakte Körper, deren mittlere Dichte sehr groß ist im Verhältnis zur Luftdichte, können wir zudem den hydrostatischen Auftrieb gegenüber dem Gewicht des Körpers vernachlässigen. Ferner können wir für derartige Körper, sofern die Flugdauer die Zeit von wenigen Sekunden nicht übersteigt, den Luftwiderstand außer Acht lassen.

Bild 2.4
Senkrechter Wurf ohne Luftwiderstand

Gegeben seien die Anfangsbedingungen

$$t = 0: \quad h = 0$$
$$\qquad\quad v = v_0.$$

Die an dem Körper angreifende resultierende Schwerkraft ist im homogenen Schwerefeld mg. Der Impulssatz (Massen-Mittelpunktsatz) liefert deshalb

$$m\,\frac{\mathrm{D}v}{\mathrm{d}t} = -mg \qquad (g = \text{konst.}).$$

Mit

$$v = \dot{h}$$

erhalten wir somit als Bewegungsgesetz

$$\ddot{h} = -g.$$

Dieses Bewegungsgesetz können wir – wegen g = konst. – sowohl Grundfall 1 ($\ddot{h} = a(t)$) wie auch Grundfall 3 ($\ddot{h} = a(h)$) oder Grundfall 4 ($\ddot{h} = a(v)$) zuordnen und entsprechend integrieren. Wir entscheiden uns hier zunächst für Grundfall 1 und erhalten durch ein- bzw. zweimalige Integration über die Zeit

$$\dot{h}(t) = v_0 - \int_0^t g \,\mathrm{d}t = v_0 - gt$$

$$h(t) = \underbrace{h_0}_{0} + \int_0^t (v_0 - gt)\,\mathrm{d}t = v_0 t - \frac{1}{2} g t^2.$$

Die Steigzeit T ermitteln wir aus der Bedingung, daß im Gipfelpunkt der Wurfbewegung $v = 0$ wird, also

$$v_0 - gT = 0.$$

Das ergibt

$$T = \frac{v_0}{g}.$$

Setzen wir die Steigzeit T in die allgemeine Beziehung für $h(t)$ ein, so erhalten wir die Steighöhe H

$$h(T) = H = v_0 T - \frac{1}{2} g T^2 = \frac{v_0^2}{g} - \frac{1}{2} g \left(\frac{v_0}{g}\right)^2,$$

d.h.

$$H = \frac{1}{2} \frac{v_0^2}{g}.$$

Wir können die Steigzeit T und die Steighöhe H auch unmittelbar berechnen, wenn wir das Bewegungsgesetz dem Grundfall 4 zuordnen. Die entsprechenden Integrationen bis $v = 0$ ergeben dann (vgl. Abschnitt 2.2.1)

$$H = \int_{v_0}^{0} \frac{v \,\mathrm{D}v}{-g} = \frac{1}{2} \frac{v_0^2}{g}, \qquad T = \int_{v_0}^{0} \frac{\mathrm{D}v}{-g} = \frac{v_0}{g}.$$

Zur Untersuchung der Wurfbewegung können wir auch den Energiesatz heranziehen, der hier besonders vorteilhaft ist, weil das homogene Schwerefeld ein Potential besitzt, aus dem sich leicht die resultierende Schwerkraft für den ganzen Körper ableiten läßt (vgl. Abschnitt 1.3). Es ist, wenn wir $\Phi(0) = 0$ setzen,

$$\Phi(h) = mgh.$$

Aus dem für die Punkt-Kinetik geltenden Satz 1.8 folgt hier (der Index M wird vereinbarungsgemäß fortgelassen) mit

$$\mathrm{D}A = -\mathrm{D}\Phi$$

$$\mathrm{D}E = \mathrm{D}\,\frac{m}{2}\,v^2$$

die Beziehung

$$\mathrm{D}(E+\Phi) = \mathrm{D}\left(\frac{m}{2}\,v^2 + mgh\right) = 0,$$

d.h.

$$E+\Phi = \frac{m}{2}\,v^2 + mgh = \text{konst.}$$

Durch Vergleich mit dem Anfangszustand ($t = 0$)

$$\Phi_0 = 0\,, \qquad E_0 = \frac{m}{2}\,v_0^2$$

erhalten wir somit

$$\frac{m}{2}\,v_0^2 = \frac{m}{2}\,v^2 + mgh$$

oder

$$v = \pm\sqrt{v_0^2 - 2gh}.$$

Das +-Zeichen gilt dabei für das Steigen, das −-Zeichen für das Fallen. Aus der obigen Beziehung lesen wir auch ab, daß es für $h > H = v_0^2/2g$ keine reellen Lösungen mehr für v gibt, H deshalb die Steighöhe markiert.

Das Beispiel lehrt uns ferner, daß der Energiesatz stets die Geschwindigkeit in Abhängigkeit von der Lage (Ortskoordinate) liefert und sich deshalb besonders dann als brauchbares Werkzeug erweist, wenn nach der Abhängigkeit der Geschwindigkeit von der Lage gefragt wird.

Wir wollen an das vorstehende Beispiel noch eine allgemeine Betrachtung anschließen. Die Aussage $E + \Phi =$ konst. gilt nach Satz 1.11 zunächst nur für konservative Systeme starrer Körper. Sie läßt sich jedoch – wie die vorstehenden Überlegungen zeigen – auch auf die Bewegung des Massenmittelpunktes deformierbarer Körper übertragen, sofern die potentielle Energie des Körpers nur von der Lage des Massen-Mittelpunktes abhängt (wie z.B. im homogenen Schwerefeld). E ist in diesem Fall als die der Geschwindigkeit des Massen-Mittelpunkts zugeordnete kinetische Energie E_M zu interpretieren. Wir fassen dieses Ergebnis zusammen zu

---

Satz 2.1: Hängt in einem konservativen System die potentielle Energie Φ eines Körpers nur von der Lage des Massen-Mittelpunktes ab, so gilt

$$\mathrm{D}(\Phi + E_M) = 0,$$

d.h.

$$\Phi + E_M = \text{konst.}$$

---

2. Beispiel: Freier Fall mit Luftwiderstand (Bild 2.5)

Bei Körpern, die längere Zeit frei fallen, oder bei Körpern, die nicht kompakt sind, können wir den Luftwiderstand nicht mehr vernachlässigen. Dennoch können wir auch bei solchen Fallbewegungen innerhalb der Atmosphäre immer noch mit einem homogenen Schwerefeld rechnen, soweit es die Bewegung des Massen-Mittelpunktes betrifft. Ferner wollen wir weiterhin annehmen, daß der hydrostatische Auftrieb vernachlässigbar bleibt.

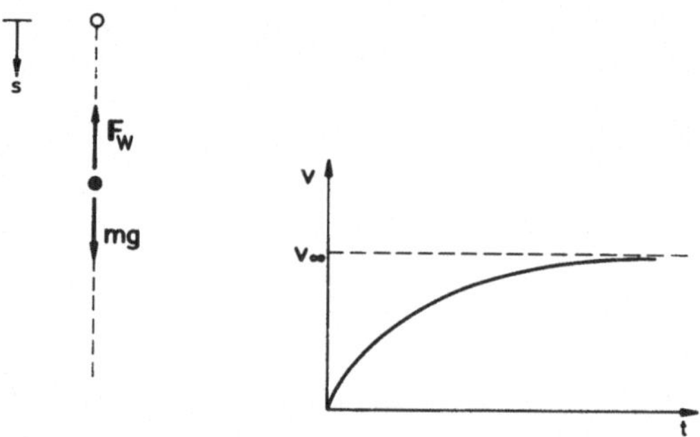

Bild 2.5 Freier Fall mit Luftwiderstand

Für den der Bewegungsrichtung entgegen wirkenden Luftwiderstand können wir näherungsweise annehmen, daß er proportional dem Quadrat der Geschwindigkeit ist

$$|\boldsymbol{F}| = cv^2.$$

Der Impulssatz liefert uns

$$m\dot{v} = mg - cv^2.$$

Daraus erhalten wir als Bewegungsgesetz

$$\ddot{s} = \frac{\mathrm{D}v}{\mathrm{d}t} = g - \frac{c}{m}v^2 = a(v)$$

mit den Anfangsbedingungen $t = 0: \quad s = 0$, $\dot{s} = 0.$

Aus dieser Beziehung lesen wir sofort ab, daß

$$\ddot{s} = \dot{v} = 0 \qquad \text{für} \qquad v = v_\infty = \sqrt{\frac{mg}{c}}$$

wird. v_∞ ist die Endgeschwindigkeit, der ein frei fallender Körper (asymptotisch) zustrebt.

Der Energiesatz ist zunächst nicht zur Lösung des vorliegenden Problems einsetzbar, weil der Luftwiderstand keine Potentialkraft ist. Es bleibt uns also nur der

Weg, das Bewegungsgesetz, das dem 4. Grundfall ($\ddot{s} = a(v)$) entspricht, gemäß den in Abschnitt 2.2.1 erörterten Möglichkeiten zu integrieren. Das führt uns einmal auf

$$\int_0^t \mathrm{d}t = \int_0^v \frac{\mathrm{D}v}{a(v)} = \int_0^v \frac{\mathrm{D}v}{g - \frac{c}{m}v^2} = \frac{1}{g}\int_0^v \frac{\mathrm{D}v}{1 - \left(\frac{v}{v_\infty}\right)^2}.$$

Die Ausführung der Integration ergibt

$$gt = v_\infty \operatorname{ar\,tanh} \frac{v}{v_\infty}$$

mit der Umkehrung

$$v(t) = v_\infty \tanh \frac{gt}{v_\infty} = \sqrt{\frac{mg}{c}} \tanh \frac{gt}{\sqrt{\frac{mg}{c}}}.$$

Die weitere Integration ergibt

$$s(t) = \frac{v_\infty^2}{g} \ln\left(\cosh \frac{gt}{v_\infty}\right).$$

Für

$$t \ll \sqrt{\frac{m}{gc}} = \frac{v_\infty}{g}$$

wird

$$v \approx gt \qquad \text{und} \qquad s \approx \frac{1}{2}gt^2.$$

Wir lesen daraus nachträglich die Bestätigung ab, daß wir für kurze Fallzeiten den Luftwiderstand vernachlässigen dürfen.

Gehen wir zum anderen von

$$\int_0^s \mathrm{D}s = \int_0^v \frac{v\,\mathrm{D}v}{a(v)} = \frac{v_\infty^2}{2g} \int_0^{\left(\frac{v}{v_\infty}\right)^2} \frac{\mathrm{D}\left(\frac{v}{v_\infty}\right)^2}{1 - \left(\frac{v}{v_\infty}\right)^2}$$

aus, so liefert die Integration zunächst

$$\frac{2gs}{v_\infty^2} = -\ln\left[1 - \left(\frac{v}{v_\infty}\right)^2\right]$$

und nach Umkehr

$$v(s) = v_\infty \sqrt{1 - e^{-\frac{2gs}{v_\infty^2}}}.$$

3. Beispiel: Sink-Geschwindigkeit in zäher Flüssigkeit (Bild 2.6)
Beobachten wir das Sinken eines kleinen Metall-Kügelchens in einer zähen Flüssigkeit (z.B. Öl), so finden wir, daß der hydrostatische Auftrieb

$$F_A = \rho_F g V \qquad (\rho_F = \text{Dichte der Flüssigkeit})$$

neben dem Gewicht des Körpers nicht mehr vernachlässigt werden kann und daß in diesem Fall der Bewegungswiderstand der Geschwindigkeit proportional ist, d.h.

$$F_W = kv.$$

Der Impulssatz ergibt

$$m\dot{v} = mg - \rho_F g V - kv.$$

Daraus folgt als Bewegungsgesetz

$$\ddot{s} = \dot{v} = g\left(1 - \frac{\rho_F V}{m}\right) - \frac{k}{m} v = a(v)$$

mit den Anfangsbedingungen $t = 0: \quad s = 0, \quad \dot{s} = 0.$

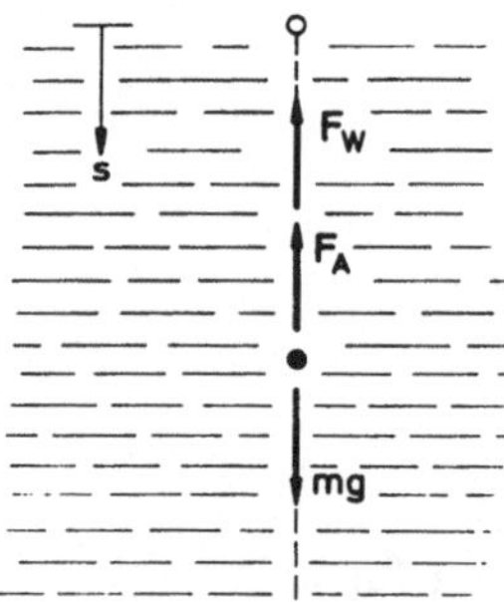

Bild 2.6
Körper in zäher Flüssigkeit

Für homogene Körper ist $m = \rho V$. Dann wird

$$\frac{\rho_F V}{m} = \frac{\rho_F}{\rho}.$$

Wir können das Bewegungsgesetz analog zum vorhergehenden Beispiel integrieren und erhalten

$$\begin{aligned}
v_\infty &= \frac{mg}{k}\left(1 - \frac{\rho_F V}{m}\right)\\
v(t) &= v_\infty\left\{1 - e^{-\frac{k}{m}t}\right\}\\
s(t) &= v_\infty\left\{t + \frac{m}{k}\left[e^{-\frac{k}{m}t} - 1\right]\right\}\\
s(v) &= -\frac{m}{k} v_\infty\left\{\frac{v}{v_\infty} + \ln\left(1 - \frac{v}{v_\infty}\right)\right\}.
\end{aligned}$$

Die Umkehrfunktion $v(s)$ ist in diesem Fall nicht mehr in geschlossener Form angebbar.

4. Beispiel: Fluchtgeschwindigkeit von der Erde (Bild 2.7)

Wir fragen danach, welche Anfangsgeschwindigkeit ein Körper erhalten muß, der von der Erdoberfläche aus in den Weltraum geschossen werden soll. Den Luftwiderstand der Atmosphäre und die Rotation der Erde wollen wir dabei vernachlässigen. Das Schwerefeld der Erde dürfen wir jetzt allerdings nicht mehr als homogen ansehen, auch wenn wir den Einfluß anderer Himmelskörper der Einfachheit halber außer Betracht lassen.

Sofern der zu betrachtende Körper sehr klein ist gegenüber der Erde, was wir bei künstlichen Flugkörpern voraussetzen dürfen, und solange wir uns auf die globale Beschreibung der Bewegung des Massen-Mittelpunktes beschränken, können wir für die resultierende, jeweils zum Erdmittelpunkt hin gerichtete Schwerkraft ansetzen

$$\boldsymbol{F} = \boldsymbol{G}(r) = -m \underbrace{g_0 \frac{R^2}{r^2}}_{g(r)} \boldsymbol{e}_r \,.$$

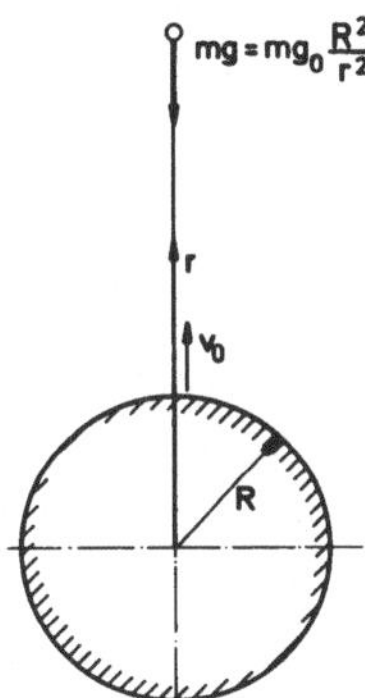

Bild 2.7
Fluchtgeschwindigkeit

wobei g_0 die Fallbeschleunigung auf der Erdoberfläche ($r = R$) bezeichnet. Die resultierende Schwerkraft läßt sich von einem Potential $\Phi(\boldsymbol{r})$ ableiten, für das

$$\Phi(r) - \Phi(R) = -\int_R^r \boldsymbol{F} \cdot \mathrm{d}\boldsymbol{r} = m g_0 R^2 \int_R^r \frac{\mathrm{d}r}{r^2} = m g_0 R \left\{ 1 - \frac{R}{r} \right\}$$

gilt. Der Energiesatz, angewendet auf den

Anfangszustand: $r = R, \quad v = v_0$ sowie den

Endzustand: $r \to \infty, \quad v \to 0,$

ergibt dann

$$\Phi(r \to \infty) - \Phi(R) = \Phi_\infty - \Phi_R = \frac{m}{2} v_0^2,$$

d.h.

$$mg_0 R = \frac{m}{2} v_0^2.$$

Für die Fluchtgeschwindigkeit erhalten wir mithin

$$v_0 = \sqrt{2g_0 R}.$$

Mit den Zahlenwerten $g_0 \approx 9{,}81\,\mathrm{ms}^{-2}, R \approx 6{,}37 \cdot 10^6\,\mathrm{m}$ ergibt das

$$v_0 \approx 11{,}2 \cdot 10^3\,\mathrm{ms}^{-1}.$$

2.2.3 Beispiele für geführte Bewegungen eines Massenpunktes

1. Beispiel: Schiefe Ebene (Bild 2.8)
In einer unter dem Winkel α gegenüber der Horizontalen geneigten Ebene sei ein Körper in einer geraden Bahn in Richtung des Gradienten dieser Ebene geführt. Die Bewegungswiderstände seien vernachlässigbar. Wir wählen die Lage des Koordinatensystems so, daß für die

$$\text{Bahn:} \quad y = z = 0$$

gilt. Ferner sollen die

$$\text{Anfangsbedingungen: } t = 0: \quad \begin{aligned} x &= 0 \\ \dot{x} &= v_0 \end{aligned}$$

gegeben sein.

Der Impulssatz liefert dann

$$\begin{aligned} m\ddot{x} &= mg \sin\alpha \\ m\ddot{y} &= F_{N_y} = 0 \\ m\ddot{z} &= F_{N_z} - mg\cos\alpha = 0. \end{aligned}$$

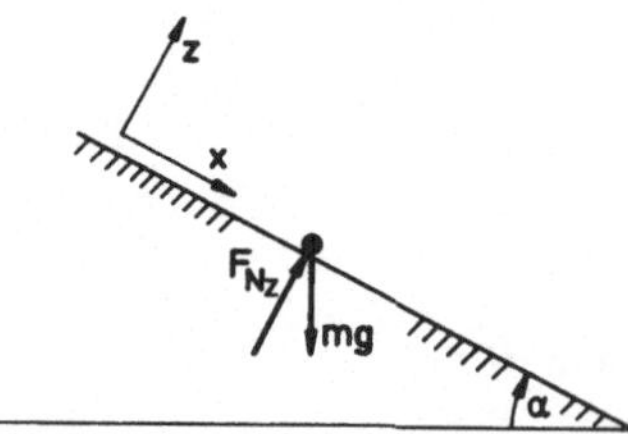

Bild 2.8
Schiefe Ebene

Aus der ersten Gleichung leiten wir als Bewegungsgesetz

$$\ddot{x} = g \sin\alpha$$

ab. die Integration dieses Bewegungsgesetzes ergibt unter Beachtung der Anfangsbedingungen (1. Grundfall)

$$\dot{x}(t) = v_0 + gt\sin\alpha$$
$$x(t) = v_0 t + \frac{1}{2}gt^2\sin\alpha\,.$$

Aus der zweiten und der dritten Gleichung erhalten wir die Führungskräfte

$$F_{N_y} = 0$$
$$F_{N_z} = mg\cos\alpha.$$

Suchen wir die Geschwindigkeit als Funktion des Ortes, so wenden wir zweckmäßig den Energiesatz an und erhalten

$$\frac{m}{2}v_0^2 = \frac{m}{2}v^2 - mgx\sin\alpha,$$

d.h.

$$v(x) = \sqrt{v_0^2 + 2gx\sin\alpha}.$$

Dasselbe Ergebnis erhalten wir auch, wenn wir das Bewegungsgesetz entsprechend dem 3. Grundfall integrieren.

2. Beispiel: Einfacher, linearer Schwinger (Bild 2.9)

Ein horizontal reibungsfrei geführter Massenpunkt ist federnd gelagert. Er wird zunächst in der Anfangslage $x = x_0$ festgehalten und dann losgelassen. Das Koordinatensystem sei so gewählt, daß für $x = 0$ die Feder entspannt ist.

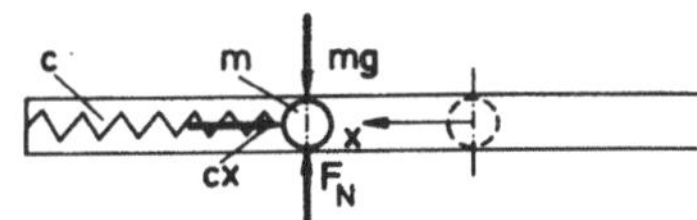

Bild 2.9
Einfacher Schwinger

Der Impulssatz liefert

$$m\ddot{x} = -cx$$
$$0 \;= F_N - mg.$$

Aus der ersten Gleichung erhalten wir das Bewegungsgesetz

$$\boxed{\begin{array}{l} \ddot{x} + \omega^2 x = 0 \qquad \left(\omega^2 = \dfrac{c}{m}\right) \\ \text{mit den Anfangsbedingungen } t = 0: \quad x = x_0 \\ \qquad\qquad\qquad\qquad\qquad\qquad\quad\;\; \dot{x} = 0. \end{array}}$$

Die allgemeine Lösung dieser homogenen linearen Differentialgleichung lautet (mit den freien Konstanten c_1 und c_2)

$$x(t) = c_1 \cos \omega t + c_2 \sin \omega t.$$

Aus den Anfangsbedingungen ermitteln wir

$$c_1 = x_0 \qquad c_2 = 0.$$

Für den Bewegungsablauf erhalten wir also

$$x(t) = x_0 \cos \omega t.$$

Der Massenpunkt führt Schwingungen mit der Frequenz

$$f = \frac{\omega}{2\pi}$$

um die Gleichgewichtslage $x = 0$ aus. Wollen wir die Geschwindigkeit des Massenpunktes in Abhängigkeit des Ortes, also $v(x)$ ermitteln, so können wir dazu den Energiesatz heranziehen

$$\underbrace{\frac{1}{2} c x_0^2}_{\Phi(x_0)} = \underbrace{\frac{1}{2} c x^2}_{\Phi(x)} + \frac{m}{2} v^2,$$

also

$$v(x) = \pm \sqrt{\frac{c}{m}} \sqrt{x_0^2 - x^2} = \pm \omega \sqrt{x_0^2 - x^2}.$$

3. Beispiel: Schieber (Bild 2.10)
Ein mit gleichförmiger Winkelgeschwindigkeit ω umlaufender Kurbel-Zapfen steu-

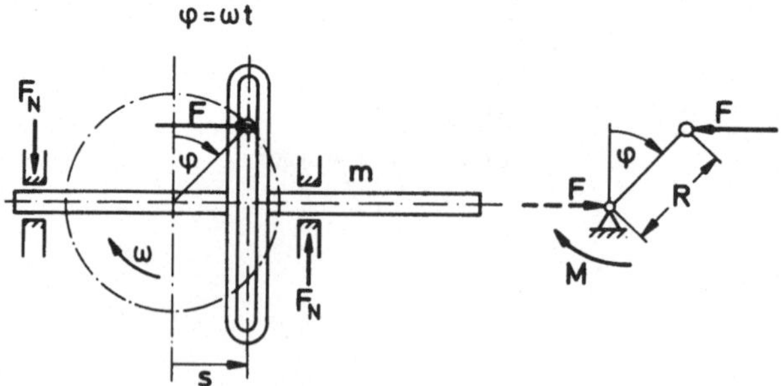

Bild 2.10 Schieber

ere einen horizontal beweglichen Schieber mit der Masse m, dessen Lage wir durch die Koordinate s beschreiben können. Wir suchen das zur Erzeugung dieser Bewegung erforderliche Kurbel-Moment M. Bewegungswiderstände wollen wir dabei vernachlässigen. Deshalb können wir auch auf die Ermittlung der auftretenden Führungskräfte in den Lagern des Schiebers und der Kurbel verzichten.

Das Bewegungsgesetz für den Schieber lautet mit den Bild 2.10 zu entnehmenden geometrischen Beziehungen

$$s(t) = R \sin \omega t.$$

Entsprechend dem 1. Grundfall leiten wir daraus ab

$$\dot{s}(t) = \omega R \cos \omega t$$
$$\ddot{s}(t) = -\omega^2 R \sin \omega t.$$

Die vom Zapfen auf den Schieber auszuübende Kraft F ist nach dem Impulssatz

$$F = m\ddot{s} = -m\omega^2 R \sin \omega t.$$

Für das Kurbel-Moment ergibt sich somit

$$M = FR\cos\varphi = -mR^2\omega^2 \sin \omega t \cos \omega t = -\frac{1}{2} mR^2\omega^2 \sin \omega t.$$

Das Kurbel-Moment oszilliert also mit der doppelten Frequenz.

4. Beispiel: Fahrzeug-Bremsweg (Bild 2.11)
Ein Fahrzeug, das sich auf einer beliebig vorgegebenen Bahn in einer horizontalen Ebene bewegt, soll von einer Anfangsgeschwindigkeit v_0 bis zum Stand abgebremst werden. Die tangentiale Bremskraft F ist begrenzt. Wir gehen davon aus, daß wir dafür (vgl. Abschnitt 3.3.1)

$$F \leqslant \mu_0 mg$$

ansetzen können. Den kürzesten Bremsweg L_0 erhalten wir, wenn beim Bremsvorgang mit der maximal möglichen Bremskraft

$$F_0 = \mu_0 mg = \text{konst.}$$

gerechnet werden kann.

Wir wollen die vorliegende Aufgabe mit Hilfe einer Energie-Betrachtung lösen. Die von der Bremskraft F_0 an dem Fahrzeug während des Bremsvorgangs geleistete Arbeit ist

$$A = -\int_{s_0}^{s_0+L_0} F_0 \,\mathrm{D}s = -F_0 L_0.$$

Nach Satz 1.8, der ganz allgemein, also auch für nicht-konservative Systeme gilt, folgt nun

$$A = E(s_0 + L_0) - E(s_0),$$

d.h.

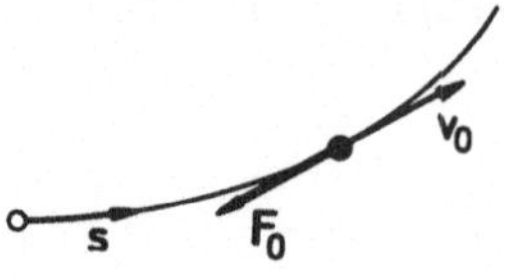

Bild 2.11
Fahrzeug-Bremsweg

$$-F_0 L_0 = -\frac{m}{2} v_0^2,$$

also

$$L_0 = \frac{1}{F_0} \frac{m}{2} v_0^2 = \frac{1}{\mu_0} \frac{v_0^2}{2g}.$$

Wir können dieses Resultat natürlich auch aus der Integration des Bewegungsgesetzes

$$\ddot{s} = -\mu_0 g$$

mit den Anfangsbedingungen $t = 0: \quad s = s_0$
$\dot{s} = v_0$

erhalten.

2.3 Kinetik der allgemeinen Bewegung des Massenpunktes

Wir lassen jetzt die Beschränkung auf eindimensionale Bewegungen fallen und betrachten allgemeine, freie oder geführte Bewegungen des Massen-Mittelpunktes eines Körpers bzw. eines Massenpunktes. Bewegungen mit vorgegebener Bahn sind dabei mit eingeschlossen. Bei der Betrachtung eindimensionaler Bewegungen in gekrümmter Bahn haben wir einige Frage noch offen gelassen, z.B. die Frage nach den auftretenden Führungskräften. Die Erörterung dieser Fragen holen wir nun bei der Untersuchung der allgemeinen Punkt-Bewegung nach.

2.3.1 Kinematik der allgemeinen Bewegung eines Massenpunktes

Zur Beschreibung allgemeiner Bewegungen eines Massenpunktes werden wir verschiedene Koordinatensysteme verwenden. Welches Koordinatensystem wir im konkreten Einzelfall wählen und wie wir es festlegen, richtet sich nach den jeweiligen Gegebenheiten und Fragestellungen. Für einige häufiger benutzte Koordinatensysteme stellen wir im folgenden die entsprechenden kinematischen Beziehungen zusammen (vgl. hierzu auch Band I, Abschnitt 5.1). Die Koordinatensysteme betrachten wir dabei als raumfest, d.h. als ruhend gegenüber dem Beobachtungsraum.

2.3.1.1 Kartesische Koordinaten (Bild 2.12)

Die zeitabhängige Lage des Massenpunktes beschreiben wir durch die Angabe von

$$\boldsymbol{r}(t) = x(t)\boldsymbol{e}_x + y(t)\boldsymbol{e}_y + z(t)\boldsymbol{e}_z.$$

Für die Geschwindigkeit des Massenpunktes leiten wir daraus ab

$$\boldsymbol{v}(t) = \frac{\mathrm{D}\boldsymbol{r}}{\mathrm{d}t} = \dot{\boldsymbol{r}}(t) = \dot{x}(t)\boldsymbol{e}_x + \dot{y}(t)\boldsymbol{e}_y + \dot{z}(t)\boldsymbol{e}_z,$$

d.h.

$$\begin{aligned} v_x(t) &= \dot{x}(t) \\ v_y(t) &= \dot{y}(t) \\ v_z(t) &= \dot{z}(t). \end{aligned}$$

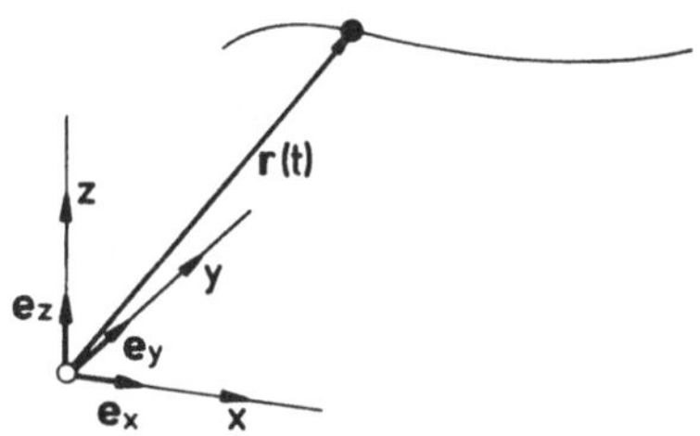

Bild 2.12
Lage des Massenpunktes in kartesischen Koordinaten

Analog erhalten wir für die Beschleunigung des Massenpunktes

$$\begin{aligned} \boldsymbol{a}(t) &= \dot{\boldsymbol{v}}(t) = \ddot{\boldsymbol{r}}(t) \\ &= \dot{v}_x(t)\boldsymbol{e}_x + \dot{v}_y(t)\boldsymbol{e}_y + \dot{v}_z(t)\boldsymbol{e}_z \\ &= \ddot{x}(t)\boldsymbol{e}_x + \ddot{y}(t)\boldsymbol{e}_y + \ddot{z}(t)\boldsymbol{e}_z, \end{aligned}$$

d.h.

$$\begin{aligned} a_x(t) &= \dot{v}_x(t) = \ddot{x}(t) \\ a_y(t) &= \dot{v}_y(t) = \ddot{y}(t) \\ a_z(t) &= \dot{v}_z(t) = \ddot{z}(t). \end{aligned}$$

Kinematische Bindungen (Führungen) der Bewegung eines Massenpunktes können holonom (= ganzgesetzlich) oder nichtholonom gegeben sein. Holonome kinematische Bindungen lassen sich durch die Angabe einer Funktion

$$f(x, y, z; t) = 0$$

beschreiben, der die Lage-Koordinaten des Massenpunktes im ganzen Bewegungsbereich zu genügen haben. Kommt in dieser Funktion die Zeit explizit nicht vor, so nennen wir die Bindung skleronom (= fest); andernfalls bezeichnen wir sie (z.B. bei Bindung an eine bewegte Fläche) als rheonom (= fließend).

Nichtholonome kinematische Bindungen sind nur in (nicht allgemein integrierbarer) Differentialform angebbar. Ein (theoretisches) Beispiel für eine solche Bindung ist

$$\mathrm{D}x + g(x, y, z; t)\,\mathrm{D}y = 0.$$

Eine Bindung dieser Art schränkt zwar "im kleinen" ein, da die Differentiale $\mathrm{D}x$ und $\mathrm{D}y$ in bestimmter, durch $g(x, y, z; t)$ festgelegter Weise aneinander gebunden werden. Dennoch bleibt die Bewegung "im großen (global)" frei, da bei entsprechendem Bewegungsablauf jeder Raumpunkt erreichbar ist. Im Rahmen der Punkt-Kinetik spielen nichtholonome kinematische Bindungen praktisch kaum eine Rolle. Wir verzichten hier deshalb auf ihre systematische Erörterung und beschränken uns im folgenden auf holonome kinematische Bindungen.

Ist die Bewegung des Massenpunktes kinematisch an eine Fläche gebunden, so existiert genau eine, diese Bindung definierende Funktion

$$f(x, y, z; t) = 0,$$

wobei die Zeit t nur explizit in Erscheinung tritt, wenn sich die Fläche bewegt bzw. deformiert. Wir können diese Funktion auch nach einer der Ortskoordinaten auflösen und die kinematische Bindung z.B. in der Form

$$z = z(x, y; t)$$

beschreiben. Eine weitere Möglichkeit besteht darin, zwei Parameter, z.B. ξ, η einzuführen, die wir als (im allgemeinen krummlinige) Koordinaten auf der Fläche deuten können, und dann die Bindung an diese Fläche in der Form

$$\begin{aligned} x &= x(\xi, \eta; t) \\ y &= y(\xi, \eta; t) \\ z &= z(\xi, \eta; t) \end{aligned}$$

darzustellen.

Ist die Bewegung des Massenpunktes kinematisch an eine Bahn gebunden, so ist diese Bindung durch die Angabe zweier Funktionen

$$\begin{aligned} f_1(x, y, z; t) &= 0 \\ f_2(x, y, z; t) &= 0 \end{aligned}$$

beschreibbar. Andere äquivalente Darstellungsformen sind z.B.

$$\begin{aligned} y &= y(x; t) \\ z &= z(x; t) \end{aligned}$$

oder auch

$$\begin{aligned} x &= x(s; t) \\ y &= y(s; t) \\ z &= z(s; t), \end{aligned}$$

wobei der Parameter s als längs der Bahn verlaufende Koordinate zu deuten ist.

Bei ebenen Bewegungen eines Massenpunktes liegt es nahe, das Koordinatensystem so einzuführen, daß die Bewegungsebene mit der Ebene $z = 0$ zusammenfällt. Dann wird $z \equiv 0$ und deshalb auch $\dot{z} = 0$ und $\ddot{z} = 0$.

Als freie Bewegung sind ebene Bewegungen nur möglich, wenn die resultierende (eingeprägte) Kraft $\boldsymbol{F}$ zu allen Zeiten in der betreffenden Ebene wirkt und auch die Anfangsgeschwindigkeit $\boldsymbol{v}_0$ in dieser Ebene liegt. Bei Bewegungen, die kinematisch an eine Ebene gebunden sind, können auch eingeprägte Kräfte senkrecht zu dieser Ebene zugelassen werden. Diese bilden dann mit der Führungskraft F_N senkrecht zu dieser Ebene ein Gleichgewichtssystem.

Das kinematische Bewegungsgesetz der allgemeinen Bewegung eines Massenpunktes kann in verschiedener Form gegeben sein. Bei der freien Bewegung eines Massenpunktes erhalten wir drei skalare Gleichungen, die im allgemeinen miteinander gekoppelt sind und deshalb – sofern es sich um Differentialgleichungen handelt – nicht einzeln integriert werden können. Nur in Sonderfällen werden sie sich unabhängig voneinander integrieren lassen. Zur Integration des Gleichungssystems bedarf es in den übrigen Fällen besonderer mathematischer Überlegungen, wie z.B. der Einführung neuer unabhängiger oder abhängiger Variabler.

Bei der Bindung der Bewegung an eine Fläche umfaßt das Bewegungsgesetz zwei skalare Gleichungen, die im allgemeinen miteinander gekoppelt sind. Bei der Bindung an eine Bahn reduziert sich das Bewegungsgesetz auf eine skalare Gleichung (vgl. Abschnitt 2.2).

In manchen Fällen können wir durch Einführung eines anderen Koordinatensystems, d.h. neuer unabhängiger Variabler, eine günstigere Form des kinematischen Bewegungsgesetzes erhalten. Darum wollen wir im folgenden die wichtigsten kinematischen Beziehungen auch für einige andere, häufig benutzte Koordinatensysteme angeben.

2.3.1.2 Zylinder-Koordinaten (Bild 2.13)

Aus Bild 2.13 lesen wir für die Beschreibung der Lage eines Massenpunktes ab

$$\begin{aligned}
\boldsymbol{r}(t) &= r(t)\boldsymbol{e}_r(t) + z(t)\boldsymbol{e}_z \\
\boldsymbol{e}_r(t) &= \boldsymbol{e}_r(\varphi(t)) \\
\boldsymbol{e}_\varphi(t) &= \boldsymbol{e}_\varphi(\varphi(t)).
\end{aligned}$$

Zur Beschreibung in kartesischen Koordinaten bestehen die folgenden Beziehungen:

$$\begin{aligned}
r(t) &= \sqrt{x^2(t) + y^2(t)} \\
\varphi(t) &= \arctan \frac{y(t)}{x(t)} \\
\boldsymbol{e}_r(t) &= \cos\varphi(t)\,\boldsymbol{e}_x + \sin\varphi(t)\,\boldsymbol{e}_y \\
\boldsymbol{e}_\varphi(t) &= -\sin\varphi(t)\,\boldsymbol{e}_x + \cos\varphi(t)\,\boldsymbol{e}_y.
\end{aligned}$$

Die Orientierung der Basis $\boldsymbol{e}_r$, $\boldsymbol{e}_\varphi$, $\boldsymbol{e}_z$ ist von der jeweiligen Lage des Massenpunktes abhängig. Die Basis ändert sich deshalb, wenn sich die Lage des Massenpunktes ändert. Für diese Änderungen gilt

$$\begin{aligned}\dot{e}_r &= -\sin\varphi\,\dot{\varphi}\,e_x + \cos\varphi\,\dot{\varphi}\,e_y \\ &= \underbrace{\{-\sin\varphi\,e_x + \cos\varphi\,e_y\}}_{e_\varphi}\dot{\varphi} \\ \dot{e}_\varphi &= -\cos\varphi\,\dot{\varphi}\,e_x - \sin\varphi\,\dot{\varphi}\,e_y \\ &= -\underbrace{\{\cos\varphi\,e_x + \sin\varphi\,e_y\}}_{e_r}\dot{\varphi},\end{aligned}$$

d.h.

$$\begin{aligned}\dot{e}_r &= \dot{\varphi}\,e_\varphi \\ \dot{e}_\varphi &= -\dot{\varphi}\,e_r.\end{aligned}$$

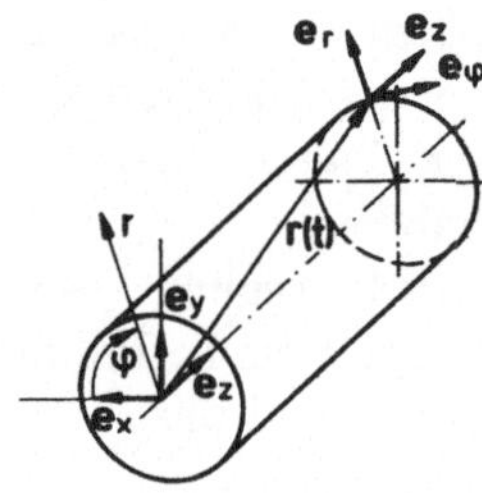

Bild 2.13
Zylinder-Koordinaten

Mit diesen Beziehungen ergibt sich für die Geschwindigkeit des Massenpunktes

$$\begin{aligned}v(t) = \dot{r}(t) &= \dot{r}\,e_r + r\,\dot{e}_r + \dot{z}\,e_z \\ &= \dot{r}\,e_r + r\dot{\varphi}\,e_\varphi + \dot{z}\,e_z,\end{aligned}$$

d.h.

$$\begin{aligned}v_r(t) &= \dot{r}(t) \\ v_\varphi(t) &= r(t)\dot{\varphi}(t) \\ v_z(t) &= \dot{z}(t).\end{aligned}$$

Durch nochmalige Differentiation nach der Zeit leiten wir daraus für die Beschleunigung des Massenpunktes ab

$$\begin{aligned}a(t) = \dot{v}(t) = \ddot{r}(t) \\ &= \ddot{r}\,e_r + \dot{r}\,\dot{e}_r + [\dot{r}\dot{\varphi} + r\ddot{\varphi}]\,e_\varphi + r\dot{\varphi}\,\dot{e}_\varphi + \ddot{z}\,e_z \\ &= \{\ddot{r} - r(\dot{\varphi})^2\}\,e_r + \{2\dot{r}\dot{\varphi} + r\ddot{\varphi}\}\,e_\varphi + \ddot{z}\,e_z,\end{aligned}$$

d.h.

$$\begin{aligned}a_r(t) &= \ddot{r} - r(\dot{\varphi})^2 \\ a_\varphi(t) &= 2\dot{r}\dot{\varphi} + r\ddot{\varphi} \\ a_z(t) &= \ddot{z}.\end{aligned}$$

Die Überlegungen zur Beschreibung von kinematischen Bindungen können wir im übrigen unter Beachtung der notwendigen formalen Änderungen unmittelbar von den kartesischen Koordinaten auf Zylinder-Koordinaten übertragen.

2.3.1.3 Kugel-Koordinaten (Bild 2.14)

Für die Beschreibung der Lage eines Massen-Mittelpunktes gilt

$$\begin{aligned} \boldsymbol{r}(t) &= r(t)\,\boldsymbol{e}_r(t) \\ \boldsymbol{e}_r(t) &= \boldsymbol{e}_r(\vartheta(t), \varphi(t)) \end{aligned}$$

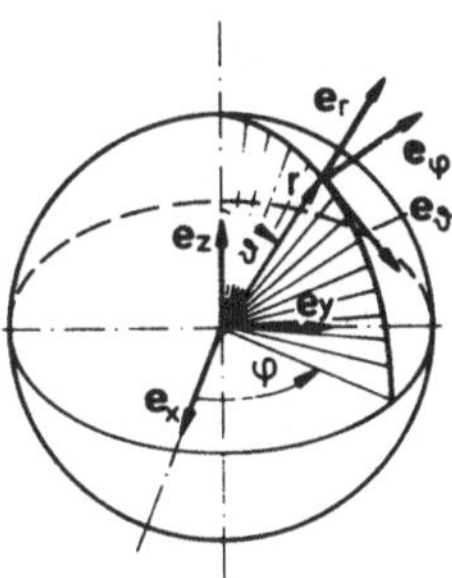

Bild 2.14
Kugel-Koordinaten

mit

$$\begin{aligned} r(t) &= \sqrt{x^2(t) + y^2(t) + z^2(t)} \\ \vartheta(t) &= \arctan \frac{\sqrt{x^2(t) + y^2(t)}}{z(t)} \\ \varphi(t) &= \arctan \frac{y(t)}{x(t)} \\ \boldsymbol{e}_r(t) &= \sin\vartheta(t)\cos\varphi(t)\boldsymbol{e}_x + \sin\vartheta(t)\sin\varphi(t)\boldsymbol{e}_y + \cos\vartheta(t)\boldsymbol{e}_z \\ \boldsymbol{e}_\varphi(t) &= -\sin\varphi(t)\boldsymbol{e}_x + \cos\varphi(t)\boldsymbol{e}_y \\ \boldsymbol{e}_\vartheta(t) &= \cos\vartheta(t)\cos\varphi(t)\boldsymbol{e}_x + \cos\vartheta(t)\sin\varphi(t)\boldsymbol{e}_y - \sin\vartheta(t)\boldsymbol{e}_z. \end{aligned}$$

Analog zum Vorgehen bei Zylinder-Koordinaten leiten wir daraus ab

$$\boxed{\begin{aligned} \boldsymbol{v}(t) &= \dot{\boldsymbol{r}}(t) \\ &= \underbrace{\dot{r}}_{v_r}\,\boldsymbol{e}_r + \underbrace{r\dot{\vartheta}}_{v_\vartheta}\,\boldsymbol{e}_\vartheta + \underbrace{r\dot{\varphi}\sin\vartheta}_{v_\varphi}\,\boldsymbol{e}_\varphi \end{aligned}}$$

$$\boxed{\begin{aligned} \boldsymbol{a}(t) = \dot{\boldsymbol{v}}(t) = \ddot{\boldsymbol{r}}(t) \\ = \underbrace{\{\ddot{r} - r(\dot{\vartheta})^2 - r(\dot{\varphi})^2\sin^2\vartheta\}}_{a_r}\,\boldsymbol{e}_r \\ + \underbrace{\{r\ddot{\vartheta} - r(\dot{\varphi})^2\sin\vartheta\cos\vartheta + 2\dot{r}\dot{\varphi}\}}_{a_\vartheta}\,\boldsymbol{e}_\vartheta \\ + \underbrace{\{r\ddot{\varphi}\sin\vartheta + 2r\dot{\varphi}\dot{\vartheta}\cos\vartheta + 2\dot{r}\dot{\varphi}\sin\vartheta\}}_{a_\varphi}\,\boldsymbol{e}_\varphi. \end{aligned}}$$

2.3.1.4 Natürliche Basis (Bild 2.15)

Ist die Bahn eines Massenpunktes gegeben oder bereits ermittelt, so erweist es sich in vielen Fällen als vorteilhaft, Geschwindigkeit und Beschleunigung auf die natürliche Basis zu beziehen, die durch

$\boldsymbol{e}_t = \dfrac{\mathrm{d}\boldsymbol{r}}{\mathrm{d}s}$	*Tangentenvektor*
$\boldsymbol{e}_n = R\,\dfrac{\mathrm{d}\boldsymbol{e}_t}{\mathrm{d}s}$	*Normalenvektor* der Bahn
$\boldsymbol{e}_b = \boldsymbol{e}_t \times \boldsymbol{e}_n$	*Bi-Normalenvektor*

definiert ist, wobei R den Krümmungsradius der Bahn bezeichnet.

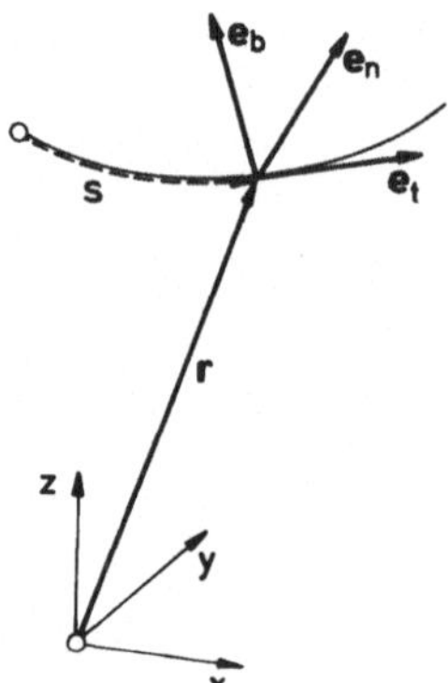

Bild 2.15
Natürliche Basis

Bei Vorgängen mit Umkehr der Bewegungsrichtung ist es zweckmäßig, die Laufrichtung der Koordinate s für die einzelnen Zeitabschnitte jeweils so zu definieren, daß stets

$$\frac{\mathrm{d}\boldsymbol{r}}{\mathrm{d}s} = \boldsymbol{e}_t = \frac{\mathrm{D}\boldsymbol{r}}{\mathrm{D}s}$$

ist. Dann weist $\boldsymbol{e}_t$ stets in Fortschrittsrichtung der Bewegung. Im Augenblick der Bewegungsumkehr selbst und für Ruhezeiten der Bewegung benötigen wir dann allerdings geeignete Zusatzdefinitionen, um die Richtung von $\boldsymbol{e}_t$ eindeutig festzulegen.

Die Lage des Massenpunktes beschreiben wir durch die Angabe von

$$\boldsymbol{r}(t) = \boldsymbol{r}(s(t)).$$

Für die Geschwindigkeit erhalten wir

$$\boxed{\boldsymbol{v}(t) = \dot{\boldsymbol{r}}(t) = \frac{\mathrm{D}\boldsymbol{r}}{\mathrm{D}s}\,\frac{\mathrm{D}s}{\mathrm{d}t} = v_t\boldsymbol{e}_t.}$$

Hierin bezeichnet

$$v_t = \frac{\mathrm{D}s}{\mathrm{d}t} = \dot{s}$$

die Bahngeschwindigkeit. Für sie gilt bei der von uns getroffenen Festlegung der Richtung von $\boldsymbol{e}_t$

$$v_t = |\boldsymbol{v}| = v \geqslant 0.$$

Diese von der in Abschnitt 2.2.1 abweichende Festlegung eignet sich besser für allgemeinere Fälle. In Abschnitt 2.2.1 waren unsere Betrachtungen auf fest gegebene Bahnen beschränkt.

Für die Beschleunigung leiten wir ab

$$\begin{aligned}\boldsymbol{a}(t) &= \dot{\boldsymbol{v}}(t) = \ddot{\boldsymbol{r}}(t) = \dot{v}\boldsymbol{e}_t + v\dot{\boldsymbol{e}}_t\\ &= \dot{v}\boldsymbol{e}_t + v\,\frac{\mathrm{D}\boldsymbol{e}_t}{\mathrm{D}s}\,\frac{\mathrm{D}s}{\mathrm{d}t}.\end{aligned}$$

Es wird also

$$\boxed{\boldsymbol{a}(t) = \dot{v}\,\boldsymbol{e}_t + \frac{v^2}{R}\,\boldsymbol{e}_n,}$$

d.h.

$$a_t = \dot{v}, \qquad a_n = \frac{v^2}{R}.$$

Aus diesem Ergebnis lesen wir ab, daß die Beschleunigung eines Massenpunktes stets in die sogenannte Schmiegungsebene seiner Bahn fällt und keine Komponente in Richtung der Bi-Normalen hat.

2.3.2 Der Flächensatz

Der Impulssatz für Körper (Satz 1.3) sagt aus, daß

$$\boldsymbol{F}^{(a)} = \frac{\mathrm{D}}{\mathrm{d}t}(m\boldsymbol{v}_M)$$

ist, wobei $\boldsymbol{F}^{(a)}$ die Vektorsumme aller äußeren Kräfte und $\boldsymbol{v}_M$ die Geschwindigkeit des Massen-Mittelpunktes bezeichnet. Multiplizieren wir diese Gleichung von links mit $\boldsymbol{r}_M$, so erhalten wir

$$\boldsymbol{r}_M \times \boldsymbol{F}^{(a)} = \boldsymbol{r}_M \times \frac{\mathrm{D}}{\mathrm{d}t}(m\boldsymbol{v}_M).$$

Die rechte Seite können wir umformen. Es ist

$$\begin{aligned}\boldsymbol{r}_M \times \frac{\mathrm{D}}{\mathrm{d}t}(m\boldsymbol{v}_M) &= \frac{\mathrm{D}}{\mathrm{d}t}(\boldsymbol{r}_M \times m\boldsymbol{v}_M) - \underbrace{\dot{\boldsymbol{r}}_M \times m\boldsymbol{v}_M}_{0}\\ &= m\,\frac{\mathrm{D}}{\mathrm{d}t}(\boldsymbol{r}_M \times \boldsymbol{v}_M).\end{aligned}$$

Den Ausdruck $\boldsymbol{r}_M \times \boldsymbol{v}_M$ können wir kinematisch anschaulich interpretieren. Dazu betrachten wir die in dem Zeit-Differential dt vom Ortsvektor $\boldsymbol{r}_M$ überstrichene Fläche. Für sie gilt (Bild 2.16)

$$\mathrm{D}A = \frac{1}{2}\,|\boldsymbol{r}_M \times \boldsymbol{v}_M|\,\mathrm{d}t.$$

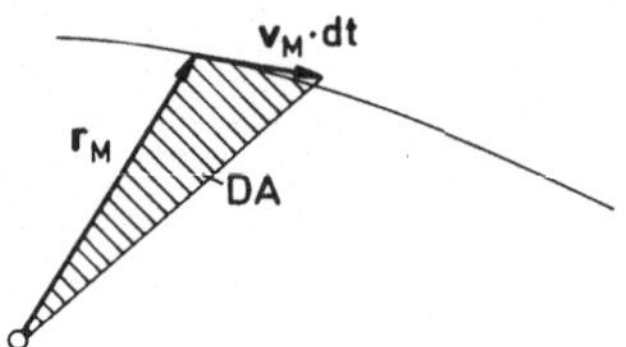

Bild 2.16
Flächensatz

Die überstrichene Fläche pro Zeiteinheit, d.h. die sogenannte Flächengeschwindigkeit ist mithin

$$\frac{\mathrm{D}A}{\mathrm{d}t} = \dot{A} = \frac{1}{2}\,|\boldsymbol{r}_M \times \boldsymbol{v}_M|.$$

Die Orientierung der Flächengeschwindigkeit im Raum können wir durch einen Richtungsvektor $\boldsymbol{e}_{\dot{A}}$ kennzeichnen, der senkrecht zu $\mathrm{D}A$ steht und mit $\boldsymbol{r}_M$ und $\boldsymbol{v}_M$ ein Rechtssystem bildet

$$\boldsymbol{e}_{\dot{A}} = \frac{\boldsymbol{r}_M \times \boldsymbol{v}_M}{|\boldsymbol{r}_M \times \boldsymbol{v}_M|}.$$

Fassen wir $\boldsymbol{e}_{\dot{A}}$ und $\frac{\mathrm{D}A}{\mathrm{d}t}$ schließlich zu einer vektoriellen Größe zusammen, so können wir definieren:

Def. 2.1: Die vektorielle Flächengeschwindigkeit ist

$$\frac{\mathrm{D}A}{\mathrm{d}t}\,\boldsymbol{e}_{\dot{A}} = \dot{\boldsymbol{A}} = \frac{1}{2}\,\boldsymbol{r}_M \times \boldsymbol{v}_M.$$

Unsere aus dem Impulssatz für Körper (Massen-Mittelpunktsatz) abgeleitete Aussage können wir deshalb auch in folgender Form zusammenfassen:

Satz 2.2: *Flächensatz:*

Es ist

$$\boldsymbol{r}_M \times \boldsymbol{F}^{(a)} = 2m\,\frac{\mathrm{D}}{\mathrm{d}t}\,(\dot{\boldsymbol{A}})$$

Der Flächensatz ist formal aus dem Impulssatz für Körper (Massen-Mittelpunktsatz) abgeleitet und gilt – wie dieser – für starre und für deformierbare Körper. Er hat die Form eines Drallsatzes. Mit dem Drallsatz für Körper, d.h. dem Satz 1.4 ist er jedoch nur dann inhaltsgleich, wenn

a) das *Boltzmann*-Axiom gilt und
b) die an dem Körper angreifenden (äußeren) Kräfte zu einer statisch äquivalenten Kraft reduziert werden können, deren Wirkungslinie durch den Massen-Mittelpunkt geht ($\boldsymbol{M}^{(a)}_{(M)} = 0$).

Andernfalls stellen Flächensatz und Drallsatz zwei unterschiedliche, aber jeweils allgemein gültige Aussagen dar.

2.3.3 Beispiele für freie Bewegungen eines Massenpunktes

1. Beispiel: Wurf ohne Luftwiderstand (Bild 2.17)

Wir betrachten den Bewegungsablauf für einen Wurf im homogenen Schwerefeld unter Vernachlässigung des Luftwiderstandes. Als Anfangsbedingungen seien gegeben:

$$\begin{aligned} t = 0: \quad & x = 0, \quad y = 0, \\ & \dot{x} = v_0 \cos\alpha_0 = v_{0_x}, \\ & \dot{y} = v_0 \sin\alpha_0 = v_{0_y}. \end{aligned}$$

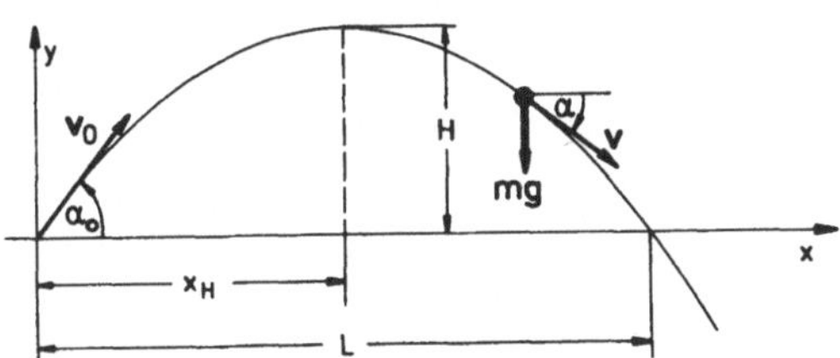

Bild 2.17 Wurf ohne Luftwiderstand

Der Impulssatz liefert

$$\begin{aligned} m\ddot{x} &= 0 \\ m\ddot{y} &= -mg. \end{aligned}$$

Als Bewegungsgesetz erhalten wir also

$$\begin{aligned} \ddot{x} &= 0 \\ \ddot{y} &= -g. \end{aligned}$$

Die beiden Gleichungen sind getrennt integrierbar. Die ein- bzw. zweimalige Integration ergibt unter Beachtung der Anfangsbedingungen

$$\begin{aligned} \dot{x} &= v_x(t) = v_{0_x} = v_0 \cos\alpha_0 \\ \dot{y} &= v_y(t) = v_{0_y} - gt = v_0 \sin\alpha_0 - gt \end{aligned}$$

$$x(t) = v_0 t \cos\alpha_0$$
$$y(t) = v_0 t \sin\alpha_0 - \frac{1}{2} g t^2.$$

Aus dieser Beschreibung des Bewegungsablaufes können wir ferner unmittelbar ableiten

$$|v| = v(t) = \sqrt{v_x^2 + v_y^2} = v_0 \sqrt{1 - 2\frac{gt}{v_0}\sin\alpha_0 + \left(\frac{gt}{v_0}\right)^2}$$
$$\tan\alpha(t) = \frac{v_y}{v_x} = \tan\alpha_0 - \frac{gt}{v_0\cos\alpha_0}.$$

Um die Bahn in der Form $y = y(x)$ zu beschreiben, eliminieren wir t, indem wir $x(t)$ nach t auflösen und dann $t(x)$ in $y(t)$ einsetzen. Das ergibt

$$y(x) = x\tan\alpha_0 - (1 + \tan^2\alpha_0)\frac{g}{2v_0^2}x^2.$$

Die Bahn ist also eine Parabel.

Die Wurfweite L in der Ebene $y = 0$ ermitteln wir, indem wir $y = 0$ und $x = L$ setzen. Das führt zunächst auf

$$y = 0 = L\tan\alpha_0 - (1 + \tan^2\alpha_0)\frac{g}{2v_0^2}L^2.$$

Die Auflösung nach L ergibt nach einfacher Umformung der Winkelfunktionen

$$L = \frac{v_0^2}{g}\sin 2\alpha_0.$$

Die maximale Wurfweite $L_{\max}$ erhalten wir bei gegebener Anfangsgeschwindigkeit v_0 für $\alpha_0 = \frac{\pi}{4}$ $(= 45^0)$ zu

$$L_{\max} = \frac{v_0^2}{g}.$$

Die Steighöhe H ergibt sich aus der Bedingung, daß im Scheitelpunkt der Bahn (d.h. für $x = x_H$) die Bahntangente horizontal wird, also

$$y' = 0 = \tan\alpha_0 - (1 + \tan^2\alpha_0)\frac{g}{v_0^2}x_H.$$

Setzen wir den daraus folgenden Wert

$$x_H = \frac{v_0^2}{g}\frac{\tan\alpha_0}{1 + \tan^2\alpha_0} = \frac{v_0^2}{2g}\sin 2\alpha_0$$

in die Bahn ein, so folgt nach kurzer Umrechnung

$$H = \frac{v_0^2}{2g}\sin^2\alpha_0 = \frac{v_0^2}{4g}(1 - \cos 2\alpha_0).$$

Die maximale Steighöhe H_{max} bei gegebener Anfangsgeschwindigkeit v_0 ergibt sich für $\alpha_0 = \frac{\pi}{2}$, d.h. beim senkrechten Wurf, zu

$$H_{max} = \frac{v_0^2}{2g}.$$

Aus der Gleichung für die Bahn $y(x)$ lesen wir ab, daß wir bei gegebener Anfangsgeschwindigkeit v_0 innerhalb des Wurfbereiches jeden Punkt x, y mit zwei verschiedenen Anfangssteigungen α_0 erreichen können. Wir erhalten die beiden Lösungen, indem wir die Bahngleichung für gegebene Wertepaare x, y nach $\tan\alpha_0$ auflösen. Das ergibt

$$\tan\alpha_0 = \frac{v_0^2}{gx}\left\{1 \pm \sqrt{1 - \frac{g^2x^2}{v_0^4} - \frac{2g}{v_0^2}y}\right\}.$$

Die Begrenzung des Wurfbereiches ergibt sich aus der Bedingung, daß der Radikand der obigen Gleichung nicht negativ werden darf, wenn $\tan\alpha_0$ reell bleiben soll. Das führt auf

$$y \leqslant \frac{v_0^2}{2g}\left\{1 - \frac{g^2x^2}{v_0^4}\right\}.$$

Die Einhüllende des Wurfbereiches ist also ebenfalls eine quadratische Parabel. Ihr Scheitel liegt auf der y-Achse bei

$$y = H_{max} = \frac{v_0^2}{2g};$$

ferner geht sie durch den Punkt ($x = v_0^2/g$, $y = 0$), in dem sie die Wurfparabel für $\alpha_0 = \frac{\pi}{4}$ tangiert.

2. Beispiel: Wurf mit Luftwiderstand (Bild 2.18)

Zusätzlich zur (ortsunabhängig angenommenen) Schwerkraft wollen wir jetzt den Luftwiderstand $\boldsymbol{F}_W$ in Rechnung stellen. Er wirkt der Bewegungsrichtung entgegen und ist geschwindigkeitsabhängig

$$\boldsymbol{F}_W = -F_W(v)\boldsymbol{e}_t.$$

Etwa auftretende Kräfte senkrecht zur Bahn (z.B. bei unsymmetrischen Körpern) setzen wir als vernachlässigbar klein voraus.

Beziehen wir den Impulssatz auf ein kartesisches Koordinatensystem, so erhalten wir zunächst

$$m\ddot{x} = m\dot{v}_x = -F_W(v)\cos\alpha$$
$$m\ddot{y} = m\dot{v}_y = -mg - F_W(v)\sin\alpha.$$

Mit

$$v = \sqrt{v_x^2 + v_y^2}$$
$$\cos\alpha = \frac{v_x}{v}$$
$$\sin\alpha = \frac{v_y}{v}$$

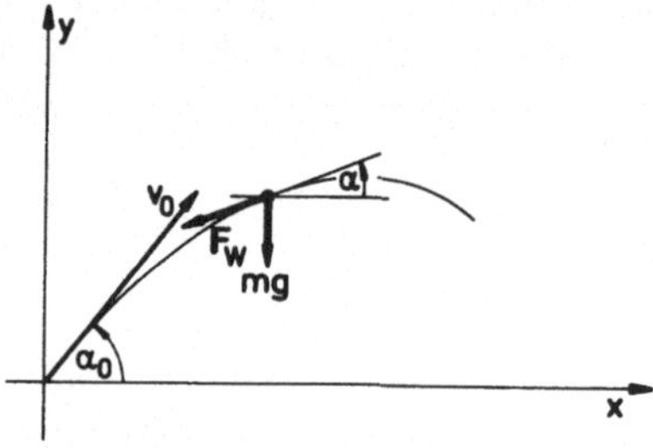

Bild 2.18
Wurf mit Luftwiderstand

folgt daraus das Bewegungsgesetz

$$\ddot{x} = \dot{v}_x = -\frac{F_W(v)}{mv} v_x$$
$$\ddot{y} = \dot{v}_y = -g - \frac{F_W(v)}{mv} v_y .$$

Diese beiden Gleichungen sind nur für den Sonderfall, daß der Luftwiderstand proportional v ist, also für

$$F_W(v) = kv,$$

getrennt integrierbar. Diesen Sonderfall, der etwa für die Bewegung sehr leichter Teilchen gelten mag (z.B. bei der Wurfsichtung, die der Trennung verschieden beschaffener Teilchen dient), wollen wir hier nicht weiter verfolgen. In allen anderen Fällen sind die beiden Differentialgleichungen wegen des Auftretens von $v = \sqrt{v_x^2 + v_y^2}$ miteinander gekoppelt.

Um mit dieser Schwierigkeit fertig zu werden, beziehen wir den Impulssatz auf die natürliche Basis. Wir erhalten dann zunächst (vgl. Abschnitt 2.3.1.4)

$$m\dot{v} = -mg\sin\alpha - F_W(v)$$
$$-mv\dot{\alpha} = mg\cos\alpha$$

Betrachten wir nun v als $v(\alpha)$, so geht die erste Gleichung über in

$$m\,\frac{\mathrm{D}v}{\mathrm{D}\alpha}\,\dot{\alpha} = -mg\sin\alpha - F_W(v).$$

Andererseits ergibt sich aus der zweiten Gleichung

$$\dot{\alpha} = -\frac{g\cos\alpha}{v} .$$

Setzen wir das in die erste Gleichung ein, so erhalten wir das Bewegungsgesetz in der Form

$$\frac{\mathrm{D}v}{\mathrm{D}\alpha} = \frac{v}{\cos\alpha}\left\{\sin\alpha + \frac{F_W(v)}{mg}\right\} = f(\alpha, v)$$

mit der Anfangsbedingung $\alpha = \alpha_0 : v = v_0$.

Das ist eine nichtlineare Differentialgleichung erster Ordnung für $v(\alpha)$ (*Bernoulli*sche Differentialgleichung). Sie läßt sich für beliebige Funktionen $F_W(v)$ graphisch oder numerisch lösen. Für den – häufig vorkommenden – Fall, daß der Luftwiderstand proportional dem Quadrat der Geschwindigkeit angenommen, d.h.

$$F_W(v) = cv^2$$

gesetzt werden darf, ist auch eine analytische Lösung möglich. Als Bewegungsgesetz erhalten wir in diesem Fall

$$\frac{\mathrm{D}v}{\mathrm{D}\alpha} = \frac{v}{\cos\alpha}\left\{\sin\alpha + \frac{cv^2}{mg}\right\}.$$

Durch Einführung einer neuen Variablen

$$w(\alpha) = \frac{1}{v^2(\alpha)}$$

läßt sich diese nichtlineare Differentialgleichung in eine lineare

$$\frac{\mathrm{D}w}{\mathrm{D}\alpha} + 2w\tan\alpha = -\frac{2c}{mg\cos\alpha}$$

überführen. Ihre Lösung ist

$$w(\alpha) = \left(\frac{\cos\alpha}{\cos\alpha_0}\right)^2\left\{w_0 - \frac{c}{mg}\cos^2\alpha_0\left[\frac{\sin\alpha}{\cos^2\alpha} - \frac{\sin\alpha_0}{\cos^2\alpha_0} + \ln\frac{\tan\left(\frac{\alpha}{2}+\frac{\pi}{4}\right)}{\tan\left(\frac{\alpha_0}{2}+\frac{\pi}{4}\right)}\right]\right\}.$$

Die Rücktransformation von w in v ergibt schließlich

$$v(\alpha) = v_0\,\frac{\cos\alpha_0}{\cos\alpha}\,\frac{1}{\sqrt{1 - \frac{c}{mg}v_0^2\cos^2\alpha_0\left[\frac{\sin\alpha}{\cos^2\alpha} - \frac{\sin\alpha_0}{\cos^2\alpha_0} + \ln\frac{\tan\left(\frac{\alpha}{2}+\frac{\pi}{4}\right)}{\tan\left(\frac{\alpha_0}{2}+\frac{\pi}{4}\right)}\right]}}$$

Für $\alpha \to -\frac{\pi}{2}$ (d.h. $t \to \infty$) geht $v(\alpha)$ gegen v_∞, d.h. gegen die Endgeschwindigkeit im freien Fall

$$\lim_{\alpha\to-\frac{\pi}{2}} v(\alpha) = v_\infty = \sqrt{\frac{mg}{c}}.$$

Aus der vorstehenden Lösung $v(\alpha)$ können wir auch die Bahn des Massenpunktes ermitteln. Aus

$$\dot{x} = \frac{\mathrm{D}x}{\mathrm{D}\alpha}\,\dot{\alpha} = v\cos\alpha$$
$$\dot{y} = \frac{\mathrm{D}y}{\mathrm{D}\alpha}\,\dot{\alpha} = v\sin\alpha$$

und

$$\dot{\alpha} = -\,\frac{g\cos\alpha}{v}$$

erhalten wir schließlich

$$x = x_0 - \frac{1}{g}\int\limits_{\alpha_0}^{\alpha} v^2(\alpha)\,\mathrm{D}\alpha$$
$$y = y_0 - \frac{1}{g}\int\limits_{\alpha_0}^{\alpha} v^2(\alpha)\tan\alpha\,\mathrm{D}\alpha .$$

Ein Zahlenbeispiel für den Flug eines Fußballs ist in Bild 2.19 dargestellt. Zum Vergleich sind die Geschwindigkeit $v(\alpha)$ und die Bahn mit eingetragen, die man ohne Berücksichtigung des Luftwiderstandes erhalten würde. Als Widerstandsbeiwert wurde gewählt:

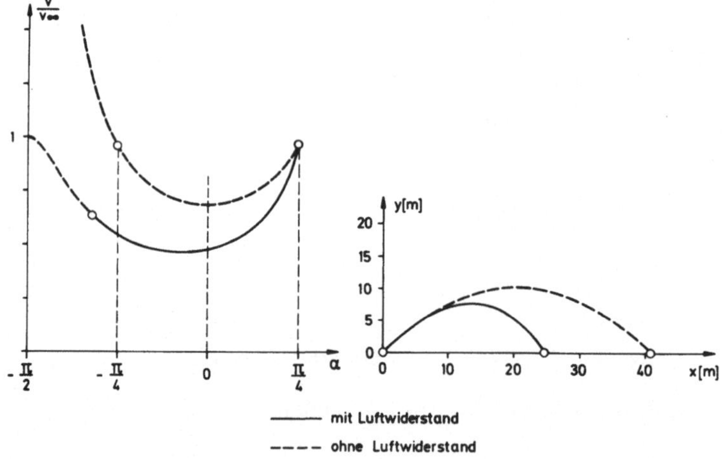

Bild 2.19 Wurf mit Luftwiderstand für einen Ball: $D = 0,22\,\mathrm{m}, m = 0,4\,\mathrm{kg}, v_0 = 20\,\mathrm{ms}^{-1}, \alpha_0 = 45^0$

$$c = 9,12 \cdot 10^{-3}\ \mathrm{kg\,m}^{-1} \qquad (\text{für } v = (0,2 \div 20)\,\mathrm{ms}^{-1})\,.$$

Die Endgeschwindigkeit ist in diesem Beispiel

$$v_\infty = \sqrt{\frac{mg}{c}} = 24,38\ \mathrm{m\,s}^{-1}.$$

3. Beispiel: Planetenbewegung

Zu Beginn einige kurze geschichtliche Anmerkungen. *Kepler* (1571-1630) leitete seine drei Gesetze über die Kinematik der Planetenbewegung aus den astronomischen Beobachtungen *Tycho de Brahes* (1546-1801) und aus eigenen Beobachtungen ab. Er stellte fest:

Satz 2.3: *1. Keplersches Gesetz* (1609)

Die Bahnen der Planeten sind Ellipsen, in deren einem Brennpunkt die Sonne steht.

Satz 2.4: *2. Keplersches Gesetz* (1609)

Der von der Sonne zu einem Planeten gezogene Radius überstreicht in gleichen Zeiten gleiche Flächen.

Satz 2.5: *3. Keplersches Gesetz* (1619)

Die Kuben der großen Halbmesser der Bahnen verhalten sich wie die Quadrate der Umlaufzeiten.

Newton (1642-1727) wurde durch die *Kepler*schen Gesetze in Verbindung mit seinen eigenen Überlegungen über die Wirkung von Kräften auf die Bewegung eines Körpers zur Entdeckung des Gravitationsgesetzes (1687) geführt. Er stellte durch den Vergleich zwischen dem freien Fall eines Apfels auf der Erde und der Bewegung des Mondes um die Erde (und allgemein der Planetenwegung) fest, daß die gegenseitige Anziehung zweier Körper umgekehrt proportional zum Quadrat ihres gegenseitigen Abstandes ist.

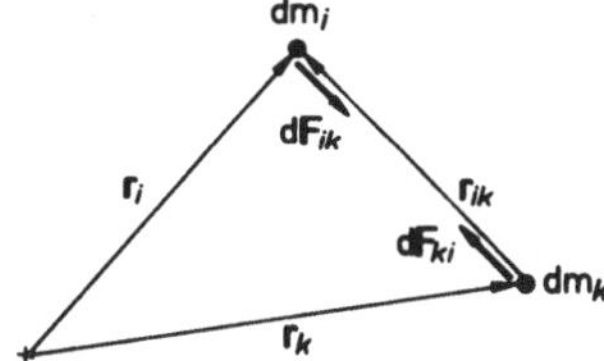

Bild 2.20
Gravitationsgesetz

Um das Gravitationsgesetz im Rahmen der klassischen Mechanik allgemein gültig zu formulieren, müssen wir es – wie schon beim Grundgesetz der Mechanik – auf Körperelemente beziehen. Wir erhalten dann (Bild 2.20)

Satz 2.6: *Gravitationsgesetz der klassischen Mechanik*

Die zwischen zwei Körperelementen i, k (des gleichen Körpers oder verschiedener Körper) wirkende Gravitationskraft ist

$$\mathrm{d}\boldsymbol{F}_{ik} = -\Gamma \frac{\mathrm{d}m_i\,\mathrm{d}m_k}{|\boldsymbol{r}_{ik}|^2} \frac{\boldsymbol{r}_{ik}}{|\boldsymbol{r}_{ik}|}.$$

Hierin bezeichnen

$\mathrm{d}m_i$, $\mathrm{d}m_k$ die Masse der betreffenden Körperelemente,

$\mathrm{d}\boldsymbol{F}_{ik}$ die am Körperelement i infolge des Körperelements k angreifende Gravitationskraft,

$\boldsymbol{r}_{ik}$ den Ortsvektor vom Körperelement k zum Körperelement i

Γ die Gravitationskonstante, deren Zahlenwert

$\Gamma = 6{,}67 \cdot 10^{-11}\mathrm{Nm}^2\mathrm{kg}^{-2}$ (Größenart: $[\mathrm{M}^{-1}\mathrm{L}^3\mathrm{Z}^{-2}]$)

ist.

Da

$$\boldsymbol{r}_{ik} = \boldsymbol{r}_i - \boldsymbol{r}_k = -(\boldsymbol{r}_k - \boldsymbol{r}_i) = -\boldsymbol{r}_{ki}$$

ist, wird auch

$$\mathrm{d}\boldsymbol{F}_{ik} = -\,\mathrm{d}\boldsymbol{F}_{ki},$$

d.h. es gilt das Wechselwirkungsprinzip.

Die resultierende Massenanziehungskraft zwischen zwei Körpern erhalten wir durch eine Integration über beide Körper. Haben die Körper eine kugelsymmetrische Massenverteilung, so ergibt die Integration

$$\boldsymbol{F}_{ik} = -\Gamma \frac{m_i m_k}{|\boldsymbol{r}_{M_{ik}}|^3} \boldsymbol{r}_{M_{ik}} = -\boldsymbol{F}_{ki}.$$

Für solche Körper können wir also das Gravitationszentrum mit dem Massen-Mittelpunkt identifizieren. Näherungsweise dürfen wir auch so verfahren, wenn *entweder* die Abmessungen der Körper sehr viel kleiner sind als ihr gegenseitiger Abstand *oder* wenigstens ein Körper eine kugelsymmetrische Massenverteilung besitzt und der andere sehr viel kleiner ist.

Der erste Fall betrifft beispielsweise die Bewegung der Himmelskörper, der zweite die Bewegung von Flugkörpern und Satelliten in Erdnähe. In jedem Fall sollten wir jedoch im Auge behalten, daß für bestimmte Fragestellungen die genaue Ermittlung der Verteilung der Gravitationskräfte wichtig werden kann. Da diese Potentialkräfte sind, lassen sie sich im übrigen stets von einem Potential ableiten.

Wir wenden uns nun der Bewegung der Planeten in ihrer Bahn um die Sonne zu. Dabei betrachten wir die Sonne als ruhend, was wir im Hinblick auf ihre große Masse näherungsweise tun dürfen. Ferner vernachlässigen wir die gegenseitige

Beeinflussung der Planeten, beschränken uns also auf das sogenannte Zwei-Körper-Problem, bei dem jeweils nur die Sonne und ein Planet ins Auge gefaßt werden. Im übrigen wollen wir hier so vorgehen, daß wir die *Kepler*schen Gesetze aus dem Gravitationsgesetz ableiten.

Den Bezugspunkt 0 unseres räumlichen Bezugssystems identifizieren wir mit dem Massen-Mittelpunkt der Sonne (Bild 2.21). Für die von der Sonne (Masse m_s) auf den Planeten (Masse m) ausgeübte Kraft gilt

$$\boldsymbol{F} = -\Gamma \frac{m_s m}{r^2} \boldsymbol{e}_r = -K \frac{m}{r^2} \boldsymbol{e}_r .$$

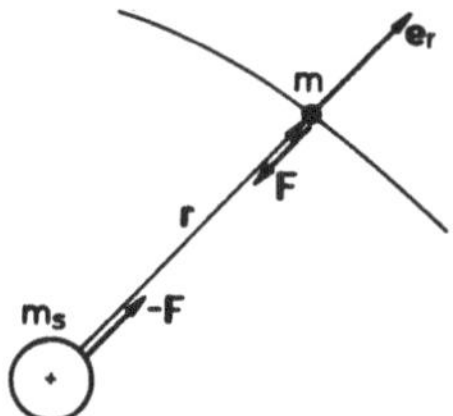

Bild 2.21
Zentralbewegung

Die Größe

$$K = \Gamma m_s \qquad [\mathrm{L}^3\mathrm{Z}^{-2}]$$

ist für alle Planetenbewegungen um die Sonne eine universelle Konstante. Da die Kraft $\boldsymbol{F}$ stets auf einen Punkt gerichtet ist, sprechen wir von einer Zentralbewegung.

Die Anwendung des Flächensatzes (Satz 2.2) auf die Planetenbewegung – wie auf alle Zentralbewegungen – ergibt

$$\boldsymbol{r} \times \boldsymbol{F} = \boldsymbol{0} = 2m \frac{\mathrm{D}\dot{\boldsymbol{A}}}{\mathrm{d}t} ,$$

d.h. Konstanz der Flächengeschwindigkeit

$$\dot{\boldsymbol{A}} = \dot{A} \boldsymbol{e}_{\dot{A}} = \text{konst.}$$

Diese Feststellung enthält zwei Teilaussagen

1. $\boldsymbol{e}_{\dot{A}}$ = konst., d.h. die Planetenbahnen sind eben.
2. $\dot{A}$ = konst., d.h. der von der Sonne zu einem Planeten gezogene Radius überstreicht in gleichen Zeiten gleiche Flächen.

Damit ist das 2. *Kepler*sche Gesetz (einschließlich der Feststellung, daß Planetenbahnen eben sind) bereits bewiesen.

Es liegt nun nahe, für die analytische Beschreibung der Planetenbewegung Polar-Koordinaten r, φ einzuführen (Bild 2.22). Für die Flächengeschwindigkeit gilt dann

$$\dot{A} = \frac{1}{2} r^2 \dot{\varphi} = \text{konst.} = \dot{A}_0 .$$

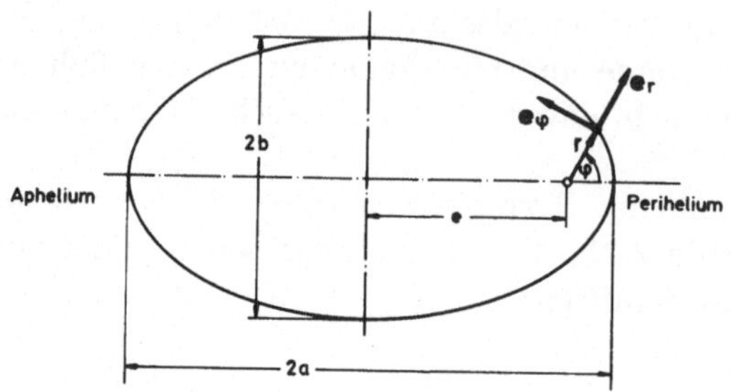

Bild 2.22 Planetenbewegung

Der Impulssatz liefert (vgl. Abschnitt 2.3.1.2) für die Bewegung in radialer Richtung

$$ma_r = m(\ddot{r} - r(\dot{\varphi})^2) = -K\,\frac{m}{r^2}\,.$$

Als Bewegungsgesetz erhalten wir mithin

$$\ddot{r} - r(\dot{\varphi})^2 = -\,\frac{K}{r^2}$$

mit $\frac{1}{2}r^2\dot{\varphi} = \dot{A}_0 = \text{konst.}$

Wir wollen aus dem Bewegungsgesetz die Bahn $r(\varphi)$ des Planeten ableiten. Dazu drücken wir zunächst $\dot{\varphi}$ mit Hilfe der Flächengeschwindigkeit aus und erhalten

$$\dot{\varphi} = \frac{2\dot{A}_0}{r^2}\,.$$

Der nächste Schritt besteht darin, auch $\ddot{r}$ durch die Flächengeschwindigkeit $\dot{A}$ auszudrücken, um damit die Zeit aus dem Bewegungsgesetz zu eliminieren. Dazu formen wir zunächst um:

$$\dot{r} = \frac{\mathrm{D}r}{\mathrm{D}\varphi}\,\dot{\varphi} = \frac{\mathrm{D}r}{\mathrm{D}\varphi}\,\frac{2\dot{A}_0}{r^2} = -2\dot{A}_0\,\frac{\mathrm{D}\left(\frac{1}{r}\right)}{\mathrm{D}\varphi}\,.$$

In gleicher Weise folgt dann

$$\ddot{r} = \frac{\mathrm{D}\dot{r}}{\mathrm{D}\varphi}\,\dot{\varphi} = \frac{\mathrm{D}\dot{r}}{\mathrm{D}\varphi}\,\frac{2\dot{A}_0}{r^2} = -\,\frac{4(\dot{A}_0)^2}{r^2}\,\frac{\mathrm{D}^2\left(\frac{1}{r}\right)}{\mathrm{D}\varphi^2}\,.$$

Das Bewegungsgesetz geht damit über in

$$-\,\frac{4(\dot{A}_0)^2}{r^2}\,\frac{\mathrm{D}^2\left(\frac{1}{r}\right)}{\mathrm{D}\varphi^2} - \frac{4(\dot{A}_0)^2}{r^3} = -\,\frac{K}{r^2}$$

bzw.

$$\frac{\mathrm{D}^2\left(\frac{1}{r}\right)}{\mathrm{D}\varphi^2} + \frac{1}{r} = \frac{K}{a(\dot{A}_0)^2} = \frac{1}{p}$$

Die allgemeine Lösung dieser Differentialgleichung ist

$$\frac{1}{r} = c_1 \cos\varphi + c_2 \sin\varphi + \frac{1}{p}\,.$$

Da wir den Anfangspunkt der Bahn willkürlich festsetzen können, dürfen wir über eine der freien Konstanten verfügen. Wir setzen $c_2 = 0$ und erhalten dann mit $\epsilon = c_1 p$ die allgemeine Bahngleichung der Planetenbewegung (Kepler-Bahnen)

$$r = \frac{p}{1 + \epsilon\cos\varphi}\,.$$

Die Bahnen sind für

$|\epsilon| > 1$ Hyperbeln
$|\epsilon| = 1$ Parabel
$|\epsilon| < 1$ Ellipsen mit $\frac{b^2}{a} = p$ und $\frac{e}{a} = \epsilon$

$\epsilon = 0$ Kreise mit $r = p$.

Damit ist auch das 1. *Kepler*sche Gesetz in allgemeiner Form bewiesen. Zum Beweis des 3. *Kepler*schen Gesetzes beachten wir, daß für einen vollen Umlauf (Umlaufzeit T) in einer Ellipsen-Bahn

$$\dot{A}_0 T = A = \pi a b$$

gilt. Wir können deshalb auch die konstante Flächengeschwindigkeit durch die Umlaufzeit ausdrücken

$$\dot{A}_0 = \frac{\pi a b}{T}\,.$$

Setzen wir das in die Beziehung

$$\frac{b^2}{a} = p = \frac{4(\dot{A}_0)^2}{K}$$

ein, so folgt daraus schließlich

$$\frac{a^3}{T^2} = \frac{K}{4\pi^2}\,,$$

das 3. *Kepler*sche Gesetz.

Die Größen p und ϵ sind hierin die Parameter der einzelnen Planetenbahnen, die sich bedingt durch die verschiedene Orientierung der vektoriellen Flächengeschwindigkeit $\dot{\boldsymbol{A}}_0 = \dot{A}_0\,\boldsymbol{e}_{\dot{A}}$ im Raum auch noch unterscheiden können.

Wir können noch danach fragen, wie sich die Bahn eines Planeten oder Satelliten ändert, wenn eine kleine Störung seiner Bewegung auftritt, wobei die Art der

Störung natürlich viele Formen annehmen kann. Insbesondere interessiert dabei, ob bei solchen Störungen der Bewegungsablauf der ursprünglichen Bewegung benachbart bleibt, also die Frage nach der kinetischen Stabilität der Bahn. Zur Untersuchung solcher Fragen eignet sich vielfach die Methode der Störungsrechnung.

Wir betrachten hier ein einfaches Beispiel. Die ungestörte Bewegung verlaufe auf einer Kreisbahn mit dem Radius r_0. Für sie folgt aus der allgemeinen Bewegungsgleichung der Planeten- bzw. Satelliten-Bewegung, d.h. aus

$$\ddot{r} - r(\dot{\varphi})^2 = -\frac{K}{r^2}$$

mit $r = r_0 = \text{konst.}$:

$$-r_0(\dot{\varphi}_0)^2 = -\frac{K}{r_0^2}.$$

Wir wollen nun solche Störungen dieser Kreisbewegung untersuchen, bei denen die Flächengeschwindigkeit konstant bleibt, also

$$r^2\dot{\varphi} = 2\dot{A}_0 = r_0^2\dot{\varphi}_0,$$

aber Bahnabweichungen auftreten. Diese können etwa durch einen radialen Impuls oder durch Abweichungen in den Anfangsbedingungen verursacht sein. Im Sinne der Störungsrechnung beschreiben wir solche Bahnabweichungen durch den Ansatz

$$r = r_0\{1 + \epsilon f(t)\} \qquad \text{mit} \qquad |\epsilon| \ll 1.$$

ϵ ist der sogenannte Störparameter. Dabei behalten wir die in der Störungsrechnung übliche Bezeichnung ϵ für den Störparameter bei, weisen zugleich aber darauf hin, daß dieser Störparameter ϵ nicht mit dem Bahnparameter ϵ identisch ist, der die Exzentrizität der allgemeinen *Kepler*-Bahnen kennzeichnet.

Gehen wir mit dem vorstehenden Ansatz für r in die allgemeine Bewegungsgleichung, so erhalten wir zunächst

$$\epsilon\ddot{f} - \frac{(2\dot{A}_0)^2}{r_0^4\{1+\epsilon f(t)\}^3} + \frac{K}{r_0^3\{1+\epsilon f(t)\}^2} = 0.$$

Entwickeln wir das zweite und dritte Glied dieser Gleichung in eine Reihe nach $\epsilon f(t)$, so folgt

$$\epsilon\ddot{f}(t) - \frac{(2\dot{A}_0)^2}{r_0^4}\{1 - 3\epsilon f(t) + 6\epsilon^2 f^2(t)\ldots\} + \frac{K}{r_0^3}\{1 - 2\epsilon f(t) + 3\epsilon^2 f^2(t)\ldots\} = 0.$$

Beachten wir nun, daß

$$-\frac{(2\dot{A}_0)^2}{r_0^3} + \frac{K}{r_0^2} = 0$$

ist und vernachlässigen zudem die Glieder höherer Ordnung in ϵ, so entsteht schließlich für $\epsilon f(t)$ die Differentialgleichung

$$\epsilon\left\{\ddot{f}+\left(\frac{2\dot{A}_0}{r_0^2}\right)^2 f\right\}=0.$$

Die allgemeine Lösung dieser Differentialgleichung ist

$$\epsilon f(t)=\epsilon_1 \sin\omega t+\epsilon_2 \cos\omega t$$

mit $\omega = \frac{2\dot{A}_0}{r_0^2} = \frac{2\pi}{T_0}$, wobei T_0 die Umlaufzeit der ungestörten Bewegung ist. Bei einer solchen Störung entstehen also kleine Schwingungen von der Größenordnung ϵ um die ungestörte Bahn, d.h. die Bahn ist stabil, da die Abweichungen begrenzt bleiben. Zur gleichen Festellung kommen wir, wenn wir allgemeinere Störungen in Betracht ziehen.

Wir können in gleicher Weise auch die anderen *Kepler*-Bahnen (Ellipsen, Parabeln, Hyperbeln) auf Stabilität untersuchen und finden dann, daß nur die Parabelbahn instabil ist. Sie schlägt bei jeder noch so kleinen Störung entweder in eine Ellipsen- oder in eine Hyperbelbahn um.

Interessant ist auch die Frage, inwieweit die Bahn-Stabilität von der Form des Gravitationsgesetzes abhängt. Setzen wir allgemein für die Gravitation

$$F_r=-K\,\frac{m}{r^n}$$

an, so zeigt sich, daß Bahn-Stabilität – von Ausnahmefällen abgesehen – nur gewährleistet ist, wenn der Exponent $n < 3$ bleibt.

2.3.4 Beispiele für geführte Bewegungen eines Massenpunktes

1. Beispiel: Sprungschanze (Bild 2.23)

Gegeben sei die Bahn des Massenpunktes

$$y=H\left(\frac{x}{a}\right)^2.$$

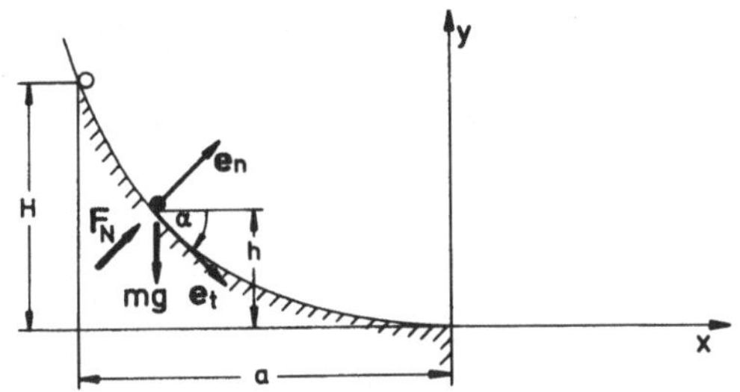

Bild 2.23
Sprungschanze

Die Anfangsbedingungen seien

$$t=0: \quad x=-a \quad \rightarrow \quad y=H$$
$$v_0=0.$$

Die Bewegungswiderstände werden als vernachlässigbar klein betrachtet. Gesucht wird die Führungskraft $F_N(x)$.

Wir führen neben dem kartesischen Koordinatensystem die natürliche Basis ein. Für die Bewegung senkrecht zur Führung liefert der Impulssatz

$$F_n = F_N - mg\cos\alpha = ma_n = m\frac{v^2}{R},$$

d.h.

$$F_N = mg\left\{\cos\alpha + \frac{v^2}{gR}\right\}.$$

Aus dem Bahnverlauf leiten wir ab

$$\cos\alpha = \frac{1}{\sqrt{1+\tan^2\alpha}} = \frac{1}{\sqrt{1+(y')^2}} = \frac{1}{\sqrt{1+\left(\frac{2Hx}{a^2}\right)^2}}$$

$$\frac{1}{R} = \frac{y''}{[1+(y')^2]^{3/2}} = \frac{\frac{2H}{a^2}}{\left[1+\left(\frac{2Hx}{a^2}\right)^2\right]^{3/2}}.$$

Der Energiesatz ergibt

$$\frac{1}{2}mv^2 = mg(H-y),$$

d.h.

$$v^2 = 2gH\left\{1-\left(\frac{x}{a}\right)^2\right\}.$$

Setzen wir das ein, so erhalten wir

$$F_N(x) = mg\left\{\frac{1}{\sqrt{1+\left(\frac{2Hx}{a^2}\right)^2}} + \left(\frac{2H}{a}\right)^2\frac{1-\left(\frac{x}{a}\right)^2}{\left[1+\left(\frac{2Hx}{a^2}\right)^2\right]^{3/2}}\right\}.$$

Speziell wird für $x = 0$

$$F_N(0) = mg\left\{1+\left(\frac{2H}{a}\right)^2\right\}.$$

2. Beispiel: Wendel-Rutsche (Bild 2.24)
Gegeben sei die Bahn des Massenpunktes in Zylinder-Koordinaten:

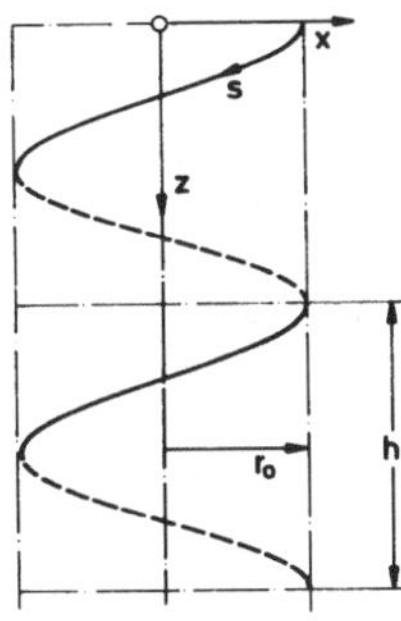

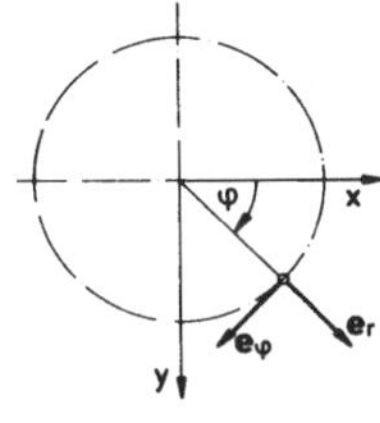

Bild 2.24
Wendel-Rutsche

$$r = r_0, \quad z = \frac{h}{2\pi}\varphi,$$

bzw. in kartesischen Koordinaten:

$$x = r_0 \cos\varphi, \quad y = r_0 \sin\varphi, \quad z = \frac{h}{2\pi}\varphi.$$

Bei dieser Bahnbeschreibung dient der Azimut-Winkel φ als Parameter, der mit s durch die Beziehung

$$\varphi = s\,\frac{\cos\alpha}{r_0} \qquad \left(\text{mit } \alpha = \arctan\frac{h}{2\pi r_0}\right)$$

verknüpft ist, wie wir unmittelbar aus Bild 2.25 ablesen, das die Abwicklung der Wendel darstellt.

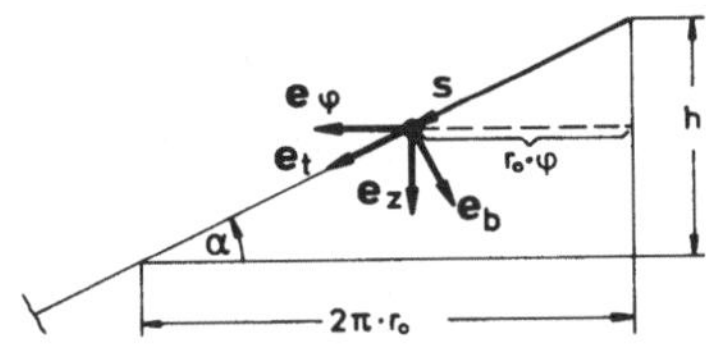

Bild 2.25
Abwicklung der Wendel

Die Anfangsbedingungen seien:

$$t = 0: \quad \varphi = 0 \quad (\text{bzw. } s = 0)$$
$$v_0 = 0.$$

Gesucht werden der Bewegungsablauf als Funktion des Ortes und der Zeit und die Führungskräfte.

Für die Ermittlung der Führungskräfte ist es zweckmäßig, auf die natürliche Basis überzugehen, die mit der (ortsabhängigen) Basis der Zylinder-Koordinaten bzw. mit der (ortsunabhängigen) Basis der kartesischen Koordinaten durch folgende Beziehungen verknüpft ist

$$\begin{aligned}
\boldsymbol{e}_t &= \cos\alpha\, \boldsymbol{e}_\varphi + \sin\alpha\, \boldsymbol{e}_z \\
&= \cos\alpha\{-\sin\varphi\, \boldsymbol{e}_x + \cos\varphi\, \boldsymbol{e}_y\} + \sin\alpha\, \boldsymbol{e}_z \\
\boldsymbol{e}_n &= -\boldsymbol{e}_r \\
&= -\{\cos\varphi\, \boldsymbol{e}_x + \sin\varphi\, \boldsymbol{e}_y\} \\
\boldsymbol{e}_b &= -\sin\alpha\, \boldsymbol{e}_\varphi + \cos\alpha\, \boldsymbol{e}_z \\
&= -\sin\alpha\{-\sin\varphi\, \boldsymbol{e}_x + \cos\varphi\, \boldsymbol{e}_y\} + \cos\alpha\, \boldsymbol{e}_z .
\end{aligned}$$

Diese Beziehungen folgen unmittelbar aus einer geometrischen Betrachtung der Bahn.

Wir können die obigen Beziehungen für $\boldsymbol{e}_t$ auch ableiten, indem wir – ausgehend von der Definition des Tangentenvektors

$$\boldsymbol{e}_t = \frac{\mathrm{d}\boldsymbol{r}}{\mathrm{d}s} = \frac{\mathrm{d}\boldsymbol{r}}{\mathrm{d}\varphi}\,\frac{\mathrm{d}\varphi}{\mathrm{d}s}$$

bilden. Für den Normalenvektor gilt definitionsgemäß

$$\boldsymbol{e}_n = R\,\frac{\mathrm{d}\boldsymbol{e}_t}{\mathrm{d}s} = R\,\frac{\mathrm{d}\boldsymbol{e}_t}{\mathrm{d}\varphi}\,\frac{\mathrm{d}\varphi}{\mathrm{d}s},$$

wobei R der Krümmungsradius der Bahn ist. Führen wir die Differentiationen aus, so erhalten wir

$$\boldsymbol{e}_n = R\cos\alpha[-\cos\varphi\, \boldsymbol{e}_x - \sin\varphi\, \boldsymbol{e}_y]\,\frac{\cos\alpha}{r_0} = -\frac{R}{r_0}\cos^2\alpha\, \boldsymbol{e}_r .$$

Andererseits hatten wir unmittelbar aus geometrischen Betrachtungen abgeleitet

$$\boldsymbol{e}_n = -\boldsymbol{e}_r .$$

Der Vergleich dieser beiden Ausdrücke liefert für die Krümmung der Bahn die Beziehung

$$\frac{1}{R} = \frac{\cos^2\alpha}{r_0} = \frac{1}{r_0}\,\frac{1}{1+\tan^2\alpha} = \frac{1}{r_0}\,\frac{1}{1+\left(\dfrac{h}{2\pi r_0}\right)^2} .$$

Nach diesen Vorarbeiten gehen wir nun daran, zunächst den Bewegungsablauf zu ermitteln.

Suchen wir die Geschwindigkeit als Funktion des Ortes, d.h. $v(\varphi)$ (bzw. $v(s)$), so ziehen wir dazu zweckmäßig den Energiesatz heran. Für die potentielle Energie der Schwerkraft gilt hier

$$\Phi(\varphi) = -mgz(\varphi) = -mg\,\frac{h}{2\pi}\,\varphi$$

mit $\Phi(0) = 0$. Wir erhalten deshalb

$$\frac{1}{2}mv^2 - mg\,\frac{h}{2\pi}\,\varphi = 0$$

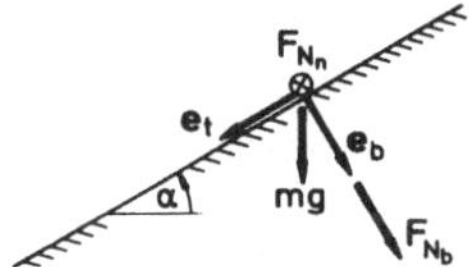

Bild 2.26
Massenpunkt mit angreifenden Kräften

d.h.

$$v(\varphi) = \sqrt{gh \frac{\varphi}{\pi}}.$$

Suchen wir dagegen v als Funktion der Zeit, d.h. $v(t)$, so integrieren wir zweckmäßig die aus dem Impulssatz folgende Bewegungsgleichung (Bild 2.26)

$$\frac{\mathrm{D}v}{\mathrm{d}t} = \frac{1}{m} F_t = g \sin\alpha.$$

Die Integration ergibt unter Berücksichtigung der Anfangsbedingungen

$$v(t) = gt \sin\alpha.$$

Die weiteren Angaben über den Bewegungsablauf (z.B. $s(t)$ usw.) lassen sich in gewohnter Weise aus $v(\varphi)$ oder $v(t)$ errechnen.

Für die Führungskräfte F_{N_n} und F_{N_b} ergibt der Impulssatz

$$F_{N_n} = ma_n = m \frac{v^2}{R} = m \frac{\cos^2\alpha}{r_0} v^2$$

mit v als $v(\varphi)$ bzw. $v(t)$ sowie

$$F_{N_b} = -mg\cos\alpha \quad (\text{wegen } a_b \equiv 0).$$

2.4 Punkt-Kinetik eines Körpers veränderlicher Masse

Wenn wir beispielsweise die Bewegung einer Rakete (Bild 2.27) untersuchen wollen, so stehen uns dazu zwei Wege offen:

1. Wir betrachten die Rakete einschließlich des von ihr ausgestoßenen Antriebsstrahls als ein System, dessen Masse – im Rahmen der klassischen Mechanik – unveränderlich ist (vgl. Bild 2.27a).
2. Wir betrachten die Rakete mit dem noch unverbrauchten Brennstoff als gesondertes Teilsystem mit veränderlicher Masse, auf das die Rückwirkung des ausgestoßenen Strahles antreibend einwirkt (vgl. Bild 2.27b).

Die zweite, unmittelbar auf die Bewegung der Rakete gerichtete Betrachtungsweise ist im allgemeinen vorzuziehen, da uns diese meist primär interessiert.

Bei der Betrachtung der Bewegung von solchen Körpern veränderlicher Masse wollen wir hier im Rahmen der Punkt-Kinetik bleiben und die Rakete als Beispiel

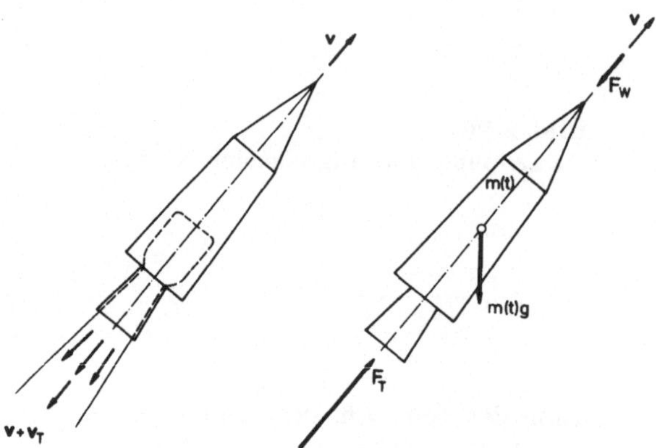

Bild 2.27 Körper mit veränderlicher Masse

beibehalten. Die Bewegungsgleichung, auf die diese Betrachtungsweise führt, leiten wir aus dem Impulssatz für Körper mit unveränderlicher Masse aufgrund folgender Überlegungen ab: Für die Änderung der Bewegungsgröße der Rakete und des Antriebsstrahls im Zeitintervall $\mathrm{d}t$ gilt

$$[m(t) - \mathrm{d}m_T](\boldsymbol{v} + \mathrm{D}\boldsymbol{v}) + \mathrm{d}m_T(\boldsymbol{v} + \boldsymbol{v}_T) - m(t)\boldsymbol{v} = \boldsymbol{F}\,\mathrm{d}t.$$

Dabei bezeichnet

$m(t)$ die Masse der Rakete einschließlich des Rest-Brennstoffes,

$\mathrm{d}m_T$ die im Zeitintervall $\mathrm{d}t$ ausgestoßene Masse des Antriebsstrahls (es ist $\mathrm{d}m_T = -\,\mathrm{d}m$)

$\boldsymbol{v}$ die Geschwindigkeit der Rakete,

$\boldsymbol{v}_T$ die Relativ-Geschwindigkeit des Antriebsstrahls gegenüber der Rakete,

$\boldsymbol{F}$ die Resultierende aller von außen auf die Rakete einwirkenden Kräfte.

Aus der vorstehenden Gleichung ergibt sich für die Änderung der Bewegungsgröße der Rakete

$$m(t)\dot{\boldsymbol{v}} = \boldsymbol{F} - \frac{\mathrm{d}m_T}{\mathrm{d}t}\boldsymbol{v}_T = \boldsymbol{F} + \boldsymbol{F}_T.$$

Der Term

$$\boldsymbol{F}_T = -\frac{\mathrm{d}m_T}{\mathrm{d}t}\boldsymbol{v}_T$$

stellt hierin die Treibkraft des Antriebsstrahls dar.

Für den senkrechten Aufstieg (Ortskoordinate: h) erhalten wir bei Vernachlässigung des Luftwiderstandes und bei Annahme einer konstanten Schwerkraft ($g = g_0$) zunächst

$$m(t)\dot{v} = -m(t)g + \frac{\mathrm{d}m_T}{\mathrm{d}t}\,|\boldsymbol{v}_T| \qquad \text{mit } v = \dot{h}.$$

Daraus ergibt sich unter Beachtung, daß $\mathrm{d}m_T = -\,\mathrm{d}m$ ist, die Bewegungsgleichung

$$\dot{v} = -g + \frac{1}{m}\,\frac{\mathrm{d}m_T}{\mathrm{d}t}\,|\boldsymbol{v}_T| = -\left[g + \frac{\dot{m}}{m}\,|\boldsymbol{v}_T|\right].$$

Die Integration dieser Gleichung vom Start ($t_0 = 0$) bis zu einer beliebigen Zeit t führt auf

$$v(t) = -gt + |\boldsymbol{v}_T| \ln \frac{m_0}{m}.$$

Speziell erhalten wir für den Zeitpunkt des Brennschlusses ($t = t_L$, $m = m_L$)

$$v(t_L) = -gt_L + |\boldsymbol{v}_T| \ln \frac{m_0}{m_L}.$$

Die Geschwindigkeit bei Brennschluß wird also um so größer

a) je größer das Verhältnis m_0/m_L wird,
b) je größer die Strahlgeschwindigkeit $|\boldsymbol{v}_T|$ ist,
c) je kürzer die Brenndauer t_L wird.

Aus den vorstehenden Beziehungen läßt sich auch ableiten, daß weitere Verbesserungen durch die Verwendung von Mehrstufen-Raketen zu erzielen sind.

3 Bewegungswiderstände

3.1 Allgemeines

Bewegt sich ein fester Körper durch ein ihn (ganz oder teilweise) umgebendes fluides (gasförmiges oder flüssiges) Medium, so übt dieses Medium flächenhaft verteilt wirkende Kräfte auf den Körper aus, die wir in Drücke (Normalspannungen) und in Wand-Schubspannungen zerlegen können. Die Verteilung der Drücke und der Schubspannungen hängt von der Relativbewegung des Körpers (genauer: der Körperoberfläche) gegenüber dem Fluid und den Materialeigenschaften des Fluids ab. Die im Ruhezustand wirkenden (hydro- bzw. aero-statischen) Kräfte lassen wir dabei außer Betracht.

Flächenhaft verteilt wirkende Kräfte treten ebenfalls auf, wenn sich feste Körper gegenseitig berühren. Die sich in der Berührungsfläche einstellende Spannungsverteilung, die die Wechselwirkung zwischen den sich berührenden Körpern bestimmt, hängt vom Ablauf des Berührungsvorganges, also vom Bewegungszustand der Körper vor der Berührung, von den auf die Körper einwirkenden äußeren Kräften usw. ab. Insbesondere spielt dabei auch die in der Berührungsfläche sich ergebende Relativbewegung eine Rolle.

Im Rahmen der folgenden Betrachtungen interessieren uns im wesentlichen jene Auswirkungen der vorgenannten Kräfte, die wir als Bewegungswiderstände bezeichnen können. Sie sind dadurch charakterisiert, daß sie dem abgeschlossenen, d.h. alle Wechselwirkungen einbeziehenden, mechanischen System (mechanische) Energie entziehen. Im engeren Sinne rechnen wir zu den Bewegungswiderständen nur solche Kräfte, deren Arbeit irreversibel in Wärme umgewandelt, d.h. dissipiert wird. Dies können auch volumenhaft verteilt wirkende Kräfte sein, wie z.B. die elektromagnetischen Kräfte in einer Wirbelstrombremse. Im weiteren Sinne können wir dazu auch solche Kräfte zählen, deren Arbeit – wenigstens zunächst – reversibel in andere Energieformen umgesetzt wird und damit dem System als mechanische Energie entzogen wird.

Die physikalischen Vorgänge, die die Bewegungswiderstände bestimmen, können sehr komplex sein. Wir beschränken uns hier auf eine elementare Theorie der Bewegungswiderstände, die – näherungsweise – nur die resultierenden, globalen Auswirkungen auf die Bewegung eines Körpers zu erfassen versucht. Das hat in der Regel zur Voraussetzung, daß wir die Körper als starr (bzw. als im deformierten Zustand erstarrt) betrachten. In diesen Fällen dürfen wir dann auch die flächenhaft oder volumenhaft verteilt wirkenden Kräfte, die den Bewegungswiderstand hervorrufen, nach den Äquivalenzsätzen der Statik zu resultierenden Kräften bzw. Momenten zusammenfassen.

Unser Vorgehen versagt allerdings in den Fällen, in denen starke Wechselwirkungen zwischen den sich einstellenden Deformationen der Körper und den entstehenden Bewegungswiderständen bestehen. Bei solchen Problemen aus dem Bereich der Kinetik deformierbarer Körper müssen wir dann wieder auf die Erfassung der örtlichen (und zeitlichen) Verteilung dieser Kräfte zurückkommen.

3.2 Bewegung eines festen Körpers durch ein fluides Medium

3.2.1 Allgemeine Grundlagen

Wir betrachten einen – als starr angenommenen – Körper, der sich gleichförmig mit der Geschwindigkeit $\boldsymbol{v}$ ohne Rotation durch ein ihn umgebendes fluides Medium bewegt. Das Fluid sehen wir im ungestörten Zustand als ruhend an.

Die von dem Fluid auf den Körper ausgeübten, flächenhaft verteilt wirkenden Kräfte (ohne die im Ruhezustand bereits wirkenden) fassen wir zu einer resultierenden Kraft $\boldsymbol{F}$ (mit beliebig vorgebbarem Angriffspunkt) und zu einem resultierenden Moment $\boldsymbol{M}$ zusammen (Bild 3.1). Die resultierende Kraft $\boldsymbol{F}$ zerlegen wir

a) in eine Komponente $\boldsymbol{F}_A$ senkrecht zu $\boldsymbol{v}$, die wir Auftriebskraft (kurz: Auftrieb) nennen, und

b) in eine Komponente $\boldsymbol{F}_W$ parallel zu $\boldsymbol{v}$, die wir als Widerstandskraft (kurz: Widerstand) bezeichnen, da sie stets $\boldsymbol{v}$ entgegengesetzt gerichtet ist:

$$\boldsymbol{F}_W = -F_W \frac{\boldsymbol{v}}{|\boldsymbol{v}|}\,.$$

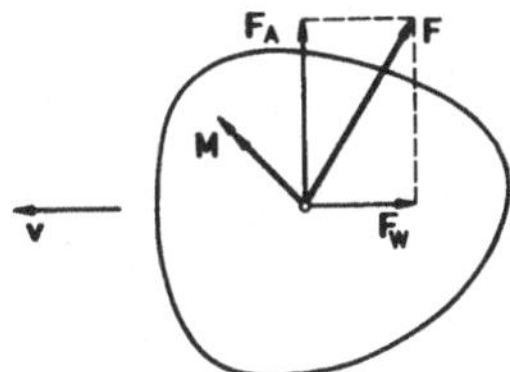

Bild 3.1
Körper mit angreifenden Kräften

Die Bezeichnung Auftrieb kommt aus der Flugmechanik. Dort hat die Komponente $\boldsymbol{F}_A$ im stationären Horizontalflug der abwärts gerichteten Gewichtskraft das Gleichgewicht zu halten.

In der Fluidmechanik wird auch gezeigt, daß es im allgemeinen zweckmäßig ist, Auftrieb und Widerstand in der Form

$$F_A = c_A A \frac{\rho}{2} v^2$$

$$F_W = c_W A \frac{\rho}{2} v^2$$

darzustellen, wobei

c_A, c_W als Auftriebs- bzw. Widerstandsbeiwert bezeichnet werden (Größenart: [1]),

A eine geeignet definierte Bezugsfläche ist und

ρ die Dichte des (ungestörten) Fluides bezeichnet.

Die Größe $\frac{1}{2}\rho v^2$ stellt die kinetische Energie pro Volumeneinheit des mit der Geschwindigkeit v strömenden Fluids dar (kinematische Umkehr des Problems). Man bezeichnet diesen Ausdruck auch als Staudruck, weil in einem Staupunkt $v = 0$ wird und deshalb der Druck um diese Größe gegenüber dem Druck in der ungestörten Strömung ansteigt.

Bei flächenhaften Körpern, die primär der Auftriebserzeugung dienen, wie z.B. Flugzeug-Tragflügel oder Turbinen-Schaufeln, wählt man zweckmäßig die Grundrißfläche als Bezugsfläche. Bei den anderen Körpern bezieht man die Kräfte in der Regel auf die Fläche, die sich bei einer Projektion des Körpers auf eine Ebene senkrecht zu $\boldsymbol{v}$ ergibt.

Auch das resultierende Moment läßt sich entsprechend darstellen, indem man

$$M = c_M A l \frac{\rho}{2} v^2$$

setzt, wobei l eine weitere geeignet definierte Bezugslänge bezeichnet. Im übrigen können wir auch auf die Angabe von M verzichten, sofern wir uns nur für die Bewegung des Massen-Mittelpunktes interessieren und dabei – etwa von M verursachte – Drehungen des Körpers außer Betracht bleiben.

Die Beiwerte c_A, c_W, c_M hängen von der Gestalt des Körpers, von seiner Orientierung in bezug auf die Bewegungsrichtung und ferner von dimensionslosen Kennzahlen ab, deren Definition auf Ähnlichkeitsbetrachtungen basiert und die im allgemeinen experimentell in Modellversuchen ermittelt und dann mit Hilfe der Modellgesetze auf das eigentliche Problem übertragen werden. Ein wesentliches Ergebnis, das aus solchen Modellversuchen und den zugehörigen Ähnlichkeitsbetrachtungen resultiert, ist die Feststellung, daß bei Bewegungen in Luft oder in Wasser für einen weiten Geschwindigkeitsbereich unterhalb der Schallgeschwindigkeit die Kräfte etwa proportional dem Quadrat der Geschwindigkeit sind. Dies hat u.a. zu der oben angegebenen Darstellungsweise für die Kräfte und Momente geführt. Die Beiwerte c_A, c_W, c_M gelten hier ferner nur für gleichförmige Bewegungen ohne Rotation.

Einige Beispiele für Bewegungen von Körpern unter Berücksichtigung des Luftwiderstandes haben wir bereits im 2. Kapitel erörtert. Wir beschränken uns deshalb auf ein weiteres Beispiel aus dem Bereich der Flugmechanik.

3.2.2 Ein Beispiel

Wir betrachten den stationären Gleitflug eines Segelflugzeuges (Bild 3.2). Die resultierende Kraft $\boldsymbol{F}$ aus Auftrieb F_A und Widerstand F_W bildet mit dem Gewicht des Segelflugzeuges ein Gleichgewichtssystem. Etwa auftretende Momente werden durch die Trimmung bzw. Steuerung des Flugzeuges aufgefangen und deshalb nicht weiter betrachtet.

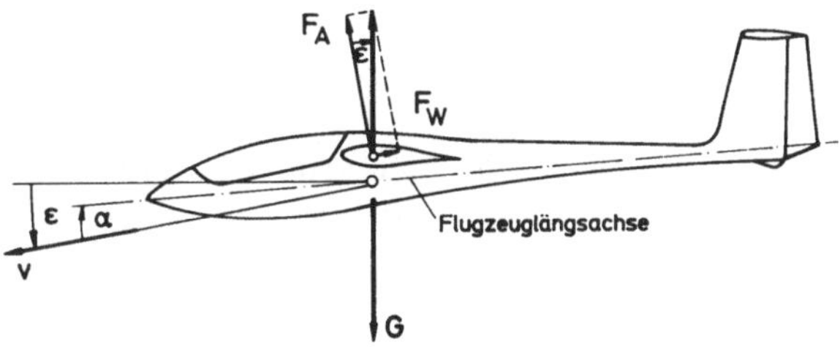

Bild 3.2 Segelflugzeug ASW 19

Der erforderliche Anstellwinkel α gegen die Flugzeuglängsachse ist dem sogenannten Polardiagramm zu entnehmen, in dem c_A in Abhängigkeit von c_W dargestellt ist, wobei zu jedem c_A-Wert ein bestimmter Anstellwinkel α gehört (Bild 3.3). Für den Gleitwinkel ϵ gilt

$$\tan \epsilon = \frac{F_W}{F_A} = \frac{c_W}{c_A} .$$

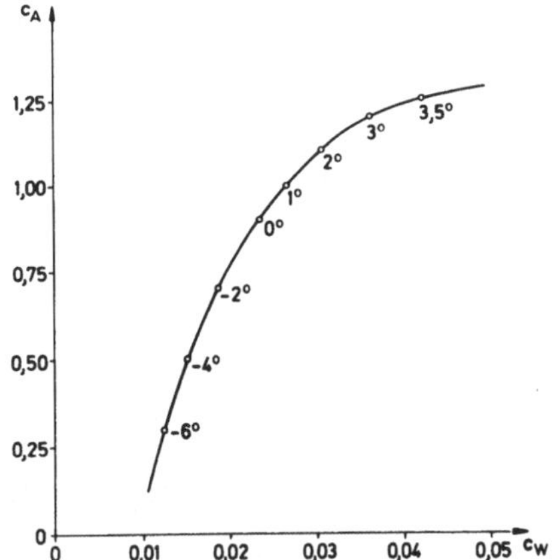

Bild 3.3 Lilienthalpolare der ASW 19 mit α als Parameter

Die zugehörige Geschwindigkeit ergibt sich aus der Bedingung, daß

$$G = \sqrt{F_A^2 + F_W^2} = A \frac{\rho}{2} v^2 \sqrt{c_A^2 + c_W^2}$$

sein muß, wobei A die Bezugsfläche für die Aufriebs- bzw. Widerstandsberechnung ist. Die Tangente vom Ursprung an die Polare liefert im Berührungspunkt die Werte c_A und c_W, für die der Gleitwinkel ϵ ein Minimum annimmt.

3.3 Elementare Theorie der trockenen Reibung zwischen festen Körpern

3.3.1 Allgemeine Grundlagen

In der Berührungsfläche zweier sich gegeneinander bewegender fester Körper treten flächenhaft wirkende, tangentiale Reibungskräfte auf, die sich als Bewegungswiderstände bemerkbar machen. Einen ersten Einblick in die Wirkungsweise dieser Reibungskräfte gewinnen wir in einem einfachen Versuch (Bild 3.4).

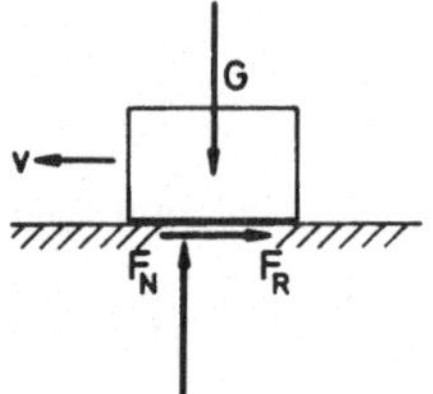

Bild 3.4
Körper auf rauher Unterlage

Ein Körper vom Gewicht G werde – in geeigneter Weise – auf die Anfangsgeschwindigkeit v_0 gebracht und gleite dann – sich selbst überlassen – geradlinig und ohne Drehung auf einer horizontalen Unterlage. Wir variieren G und v_0, verwenden für Körper und Unterlage verschiedenartiges Material, beobachten jeweils den Bewegungsablauf und schließen daraus, daß wir die Reibungskraft näherungsweise durch folgende Beziehung beschreiben können:

Satz 3.1: *Reibungsgesetz von Coulomb* (1736-1806)

$$\boldsymbol{F}_R = -\mu F_N \frac{\boldsymbol{v}}{|\boldsymbol{v}|} \qquad (F_N > 0)$$

Aus dieser Beziehung lesen wir ab, daß

1. $\boldsymbol{F}_R$ immer der (Relativ-)Geschwindigkeit entgegengesetzt gerichtet und
2. proportional der Normalkraft F_N ist.

Den Proportionalitätsfaktor μ nennen wir Gleitreibungs-Koeffizient. Er hängt u.a. ab von

a) der Werkstoffpaarung, d.h. vom Werkstoff beider sich berührender Körper, und
b) der geometrischen und physikalischen Oberflächenbeschaffenheit beider Körper in der Berührungsfläche, d.h. von der Rauhheit, der Reinheit usw.

Die als Bewegungswiderstand auftretenden Gleit-Reibungskräfte sind eingeprägte Kräfte, da sie von physikalischen Beziehungen mitbestimmt werden (vgl. Abschnitt

1.3). Das unterscheidet sie von den Haft-Reibungskräften, die – sofern das Haften zu einer unnachgiebigen Bindung führt – als Reaktionskräfte zu betrachten und im Bereich der Statik aus den Gleichgewichtsbedingungen bzw. im Bereich der Kinetik aus den Bewegungsgleichungen zu bestimmen sind. Die durch die Ungleichung

$$|\boldsymbol{F}_R| \leqslant \mu_0 F_N \qquad (F_N > 0)$$

gegebene Haftbedingung definiert lediglich die obere Grenze der übertragbaren Haft-Reibungskraft und stellt keine Bestimmungsgleichung für die Haft-Reibungskraft dar.

Befindet sich zwischen den beiden festen Körpern eine ununterbrochene Schmiermittelschicht, so hängen die zwischen den Körpern wirkenden Kräfte im wesentlichen von der sich einstellenden Strömung im Spalt zwischen den beiden Körpern ab. Diesen Fall der Schmiermittel-Reibung schließen wir hier aus, beschränken uns also lediglich auf solche Fälle, in denen die Berührungsfläche frei von Schmiermitteln ist oder allenfalls eine sogenannte Mischreibung mit einer unterbrochenen Schmiermittelschicht vorliegt. Beide Fälle fassen wir unter dem Begriff trockene Reibung zusammen.

Im allgemeinen werden wir bei der trockenen Reibung zwischen zwei festen Körpern weder eine ebene Berührungsfläche noch eine einheitliche Geschwindigkeit in allen Berührungspunkten voraussetzen können. Das zwingt uns dazu, das Reibungsgesetz von *Coulomb* in der Weise zu verallgemeinern, daß wir es auf ein Flächenelement $\mathrm{d}A$ der Berührungsfläche beziehen:

Satz 3.2: *Verallgemeinertes Coulombsches Reibungsgesetz*

$$\frac{\mathrm{d}\boldsymbol{F}_R}{\mathrm{d}A} = -\mu \frac{\mathrm{d}F_N}{\mathrm{d}A} \frac{\boldsymbol{v}}{|\boldsymbol{v}|} \qquad \left(\frac{\mathrm{d}F_N}{\mathrm{d}A} > 0\right).$$

Die nachstehende Tabelle 3.1 enthält eine Übersicht über ungefähre Größen der Gleitreibungs-Koeffizienten μ für verschiedene Werkstoffpaarungen. Zum Vergleich haben wir die schon in Band I, Abschnitt 8.1 angegebenen Haftreibungs-Koeffizienten mit aufgeführt.

Wir entnehmen der Tabelle, daß stets

$$\mu \leqslant \mu_0$$

ist und werden bei der Erörterung der Beispiele finden, daß das so sein muß, wenn keine Widersprüche auftreten sollen. Im übrigen wollen wir uns stets vor Augen halten, daß das *Coulomb*sche Reibungsgesetz nur eine elementare Näherungs-Theorie für die trockene Reibung zwischen festen Körpern darstellt. Deshalb können die Zahlenwerte der Tabelle 3.1 auch nur als grober Anhalt dienen.

3.3.2 Beispiele

Ob an der Stelle, wo in einem System Reibungskräfte wirksam sind, Haften oder Gleiten eintritt, läßt sich im allgemeinen nicht von vornherein sagen. In diesem

Werkstoffpaarung	Gleit-Reibung trocken	Gleit-Reibung Misch-reibung	Haft-Reibung trocken	Haft-Reibung Misch-reibung
Stahl-Stahl	0,1	< 0,1	0,15	0,1
Stahl-Grauguß	0,18	0,01	0,2	0,1
Stahl-Leder	0,25	0,12	0,6	0,25
Grauguß-Bronze	0,21	< 0,05	0,28	0,16
Holz-Stahl	0,3	0,1	0,5	0,15
Gummi-Asphalt	0,5		0,7	

Tabelle 3.1 Reibungs-Koeffizienten (Anhaltswerte)

Fall ist dann so vorzugehen, daß man zunächst einen der beiden möglichen Fälle annimmt und nachträglich prüft, ob sich ein Widerspruch ergibt bzw. unter welchen Bedingungen die Annahme richtig ist.

Ferner läßt sich nicht in jedem Fall von vornherein sagen, in welche Richtung die Reibungskräfte wirken. Zwar gilt allgemein:

Satz 3.3: Eine Reibungskraft wirkt stets der relativen Bewegungsrichtung entgegen, die sich an der betreffenden Stelle einstellen würde, wenn diese Reibungskraft nicht vorhanden wäre.

Bei komplexen Systemen ist die sich einstellende Bewegungsrichtung jedoch nicht immer einfach zu ermitteln. Pragmatisch geht man in solchen Fällen oft so vor, daß man zunächst eine plausibel erscheinende Wirkungsrichtung als positiv annimmt und nachträglich prüft, ob sich Widersprüche ergeben.

1. Beispiel: Schiefe Ebene (Bild 3.5)

Ein Körper liege auf einer gegen die Horizontale um den Winkel α geneigten Ebene. Der Haftreibungs-Koeffizient μ_0 und der Gleitreibungs-Koeffizient μ seien bekannt. Wir wollen untersuchen, bei welchen Neigungswinkeln α der Körper haften bleibt bzw. zu gleiten beginnt.

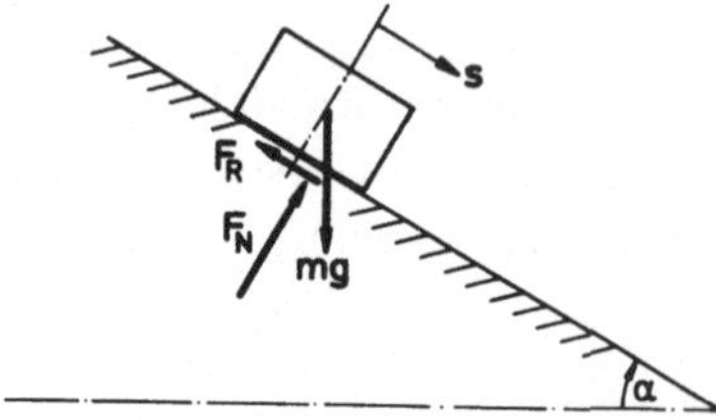

Bild 3.5
Körper auf schiefer Ebene

Der Impulssatz liefert für die Bewegung in tangentialer Richtung und senkrecht dazu

$$m\ddot{s} = mg\,\sin\alpha - F_R$$
$$0 = F_N - mg\,\cos\alpha.$$

Wir untersuchen zunächst, unter welcher Bedingung Haften möglich ist. In diesem Fall wird

$$\ddot{s} = 0$$

und damit

$$F_R = mg\,\sin\alpha.$$

Die Haftbedingung lautet nun (bei Beschränkung auf $\alpha \geqslant 0$)

$$F_R \leqslant \mu_0 F_N$$

d.h.

$$mg\,\sin\alpha \leqslant \mu_0 mg\,\cos\alpha$$

oder

$$tan\alpha \leqslant \mu_0.$$

Im Falle des Gleitens liefert das *Coulomb*sche Reibungsgesetz

$$F_R = \mu F_N = \mu mg\,\cos\alpha\,.$$

Damit folgt im Falle des Gleitens

$$\ddot{s} = g\,\sin\alpha\left\{1 - \frac{\mu}{\tan\alpha}\right\}.$$

Es muß

$$\ddot{s} > 0$$

sein, wenn die angenommene Richtung von F_R stimmen soll. Das ist nur erfüllt, wenn

$$\tan\alpha > \mu$$

ist. Für negative Winkel α kehrt sich in beiden Fällen die Richtung von F_R um. In die Haft- bzw. Gleitbedingung haben wir dann $|\tan\alpha|$ einzusetzen.

Es ergibt sich nun der in Bild 3.6 dargestellte Sachverhalt. Im Bereich

$$\mu < |\tan\alpha| \leqslant \mu_0$$

ist sowohl Haften wie auch Gleiten möglich. Das Verhalten des Körpers ist in diesem Fall nicht eindeutig. Gerät der Körper in diesem Winkelbereich aber erst einmal ins

Gleiten, so hält es an. Er kommt dann nicht mehr zur Ruhe. Sicheres Haften ist deshalb nur gegeben, solange

$$|\tan \alpha| \leqslant \mu$$

bleibt.

Der Darstellung in Bild 3.6 entnehmen wir ferner, daß die elementare Theorie der Reibung nur widerspruchsfrei bleibt, solange

$$\mu \leqslant \mu_0$$

ist. Im Falle $\mu > \mu_0$ ergäbe sich nämlich ein Winkelbereich α, in dem weder Haften noch Gleiten möglich wäre.

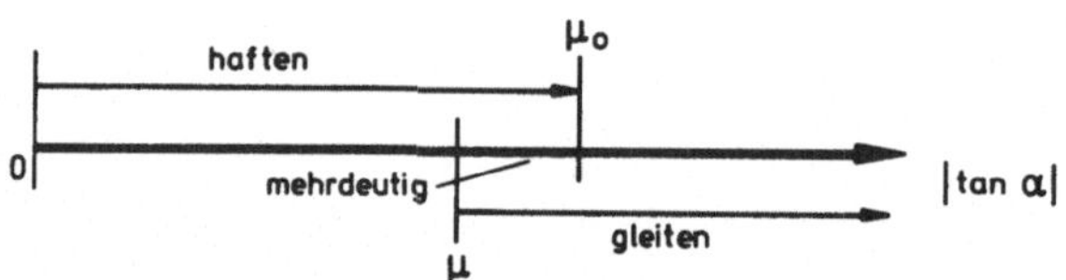

Bild 3.6 Unterschiedliche Bereiche von Haften und Gleiten

2. Beispiel: Zapfen-Querlager (Bild 3.7)

Ein zylindrischer Zapfen drehe sich mit konstanter Winkelgeschwindigkeit ohne Schmierung in einer Bohrung unter der vertikalen Belastung F. Die Reibungs-Koeffizienten μ und μ_0 seien bekannt. Die Flächenpressung $p = \mathrm{d}F_N/\mathrm{d}A$ sei gleichmäßig über die Länge l des Zapfens verteilt und nur von α abhängig. Die Berührungsfläche zwischen Zapfen und Bohrung sei durch die Winkel α_1 bzw. α_2 begrenzt.

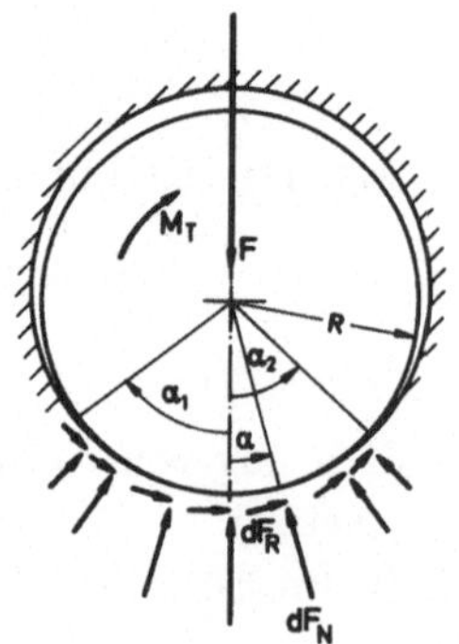

Bild 3.7
Zapfen-Querlager

Für das der Zapfen-Drehrichtung entgegengesetzt wirkende Reibmoment M_R, das bei gleichförmiger Bewegung mit dem Antriebsmoment M_T im Gleichgewicht steht, erhalten wir mit $\mathrm{d}A = lR\,\mathrm{d}\alpha$

$$M_R = \oint R \frac{\mathrm{d}F_R}{\mathrm{d}\alpha}\,\mathrm{d}\alpha = R \int\limits_{\alpha_1}^{\alpha_2} \frac{\mathrm{d}F_R}{\mathrm{d}\alpha}\,\mathrm{d}\alpha.$$

Mit

$$\frac{\mathrm{d}F_R}{\mathrm{d}\alpha} = \mu \frac{\mathrm{d}F_N}{\mathrm{d}\alpha}$$

folgt

$$M_R = \mu R \int\limits_{\alpha_1}^{\alpha_2} \frac{\mathrm{d}F_N}{\mathrm{d}\alpha}\,\mathrm{d}\alpha.$$

Die Gleichgewichtsbedingung in vertikaler Richtung fordert

$$F = \int\limits_{\alpha_1}^{\alpha_2} \{\cos\alpha + \mu\,\sin\alpha\} \frac{\mathrm{d}F_N}{\mathrm{d}\alpha}\,\mathrm{d}\alpha = \int\limits_{\alpha_1}^{\alpha_2} \{1 + \mu\,\tan\alpha\}\,\cos\alpha \frac{\mathrm{d}F_N}{\mathrm{d}\alpha}\,\mathrm{d}\alpha.$$

Da α im Integrationsbereich positive und negative Werte annimmt, können wir diese Bedingung abschätzen

$$F < \int\limits_{\alpha_1}^{\alpha_2} \frac{\mathrm{d}F_N}{\mathrm{d}\alpha}\,\mathrm{d}\alpha.$$

Setzen wir nun

$$\int\limits_{\alpha_1}^{\alpha_2} \frac{\mathrm{d}F_N}{\mathrm{d}\alpha}\,\mathrm{d}\alpha = \xi F,$$

wobei im allgemeinen $\xi > 1$ anzunehmen ist, so erhalten wir für das Reibmoment im Zapfen-Querlager

$$M_R = \mu R \int\limits_{\alpha_1}^{\alpha_2} \frac{\mathrm{d}F_N}{\mathrm{d}\alpha} = \mu \xi R F.$$

Die Größe ξ ergibt sich aus der Verteilung der Flächenpressung im Lager. Diese hängt wiederum vom Lagerspiel, aber auch von der Lagerbelastung, der Temperatur sowie von der Winkelgeschwindigkeit usw. ab. Deshalb kann ξ im allgemeinen nicht als eine Konstante betrachtet werden.

Änderungen der Winkelgeschwindigkeit ergeben sich, wenn das Antriebsmoment M_T kleiner oder größer als das Reibmoment M_R ist. Näherungsweise dürfen wir jedoch annehmen, daß die Kräfteverteilung im Lager und damit auch das Reibmoment von einem solchen Momenten-Ungleichgewicht nur wenig beeinflußt werden.

Beginnt aber die Drehung des Zapfens aus der Ruhe heraus, so kann das Reibmoment bei Drehbeginn bis zum sogenannten Losbrech- oder Anlauf-Moment

$$M_{R_0} = \mu_0 \, \xi_0 \, RF > M_R$$

ansteigen.

3. Beispiel: Zapfen-Längslager (Bild 3.8)

Ein axial belasteter Zapfen drehe sich mit konstanter Winkelgeschwindigkeit ohne Schmierung in einer Lagerpfanne, die wir näherungsweise als eben betrachten wollen. Die Reibungs-Koeffizienten μ bzw. μ_0 seien bekannt. Die Flächenpressung hänge nur vom Radius r ab.

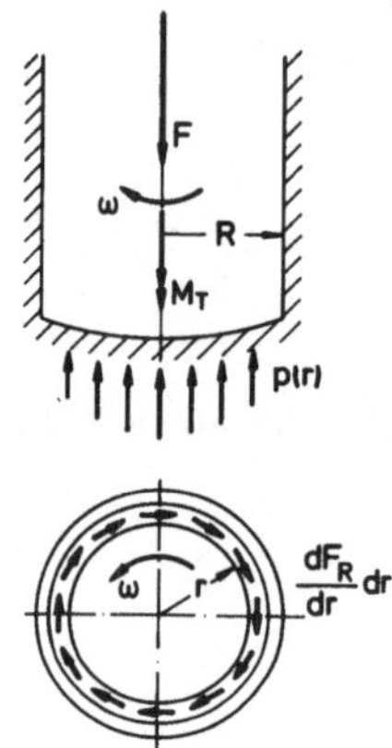

Bild 3.8
Zapfen-Längslager

Das der Zapfen-Drehrichtung entgegengesetzte Reibmoment ist

$$M_R = \int_0^R r \, \frac{\mathrm{d}F_R}{\mathrm{d}r} \, \mathrm{d}r = \mu \int_0^R r \, \frac{\mathrm{d}F_N}{\mathrm{d}r} \, \mathrm{d}r = \mu \int_0^R r \, p(r) \, 2\,\pi\, r \, \mathrm{d}r.$$

Ist die Flächenpressung gleichmäßig über die Stirnfläche verteilt, also

$$p = \frac{F}{R^2\pi} = \text{konst.},$$

so wird

$$M_R = \mu \, \frac{F}{R^2\pi} \, 2\,\pi \int_0^R r^2 \, \mathrm{d}r = \frac{2}{3} \, \mu \, RF.$$

Um das Reibmoment klein zu halten, wird man versuchen, die Flächenpressung möglichst nahe der Achse zu konzentrieren. Das führt zur Ausbildung von Spitzenlagern, wie sie besonders im Uhren- und Meßgerätebau zu finden sind. Dabei ist natürlich darauf zu achten, daß die materialgegebene zulässige Grenze für die Flächenpressung nicht überschritten wird. Setzen wir

$$2\pi \int_0^R p(r) r^2 \, \mathrm{d}r = \zeta R F,$$

also

$$\zeta = \frac{2\pi}{RF} \int_0^R p(r) r^2 \, \mathrm{d}r,$$

so können wir das Reibmoment des Zapfen-Längslagers in der Form

$$M_R = \mu \zeta R F$$

schreiben, wobei ζ nur von der Verteilung der Flächenpressung abhängt, die allerdings ihrerseits auch von der Lagerbelastung F usw. abhängen kann. Im übrigen gilt für Zapfen-Längslager hinsichtlich Drehzahländerungen und für den Anlauf aus der Ruhe das gleiche wie für Zapfen-Querlager.

4. Beispiel: Schraube (Bild 3.9)

Eine unter axialer Belastung F stehende rechtsgängige Schraube soll unter gleichförmiger Drehung in ein Muttergewinde eingeschraubt werden. Der Steigungswinkel der Schraube sei α, der Spitzenwinkel 2β. Die Gewindetiefe sei klein gegenüber dem Schraubendurchmesser, so daß wir alle auf die Flanken der Schraubengänge wirkenden Kräfte – ohne große Fehler zu machen – am mittleren Gewinderadius R ansetzen können.

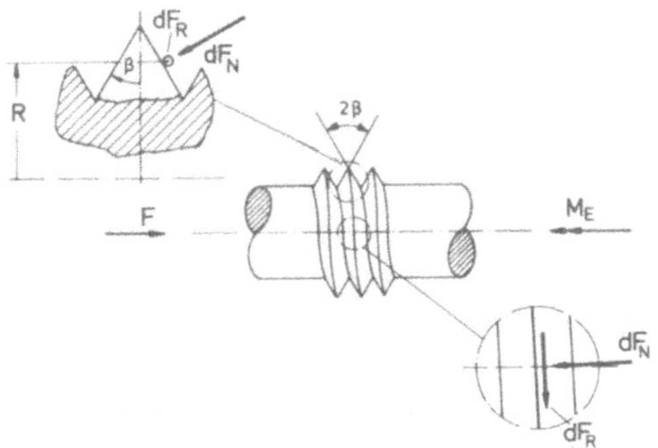

Bild 3.9
Schraube

Wir betrachten ein Element eines Schraubenganges. Dort greifen an senkrecht zur Gewindeoberfläche:

die *Normalkraft* $\mathrm{d}F_N$

tangential zur Gewindeoberfläche in Umfangsrichtung:

die *Reibungskraft* $\mathrm{d}F_R = \mu \, \mathrm{d}F_N$.

Die axiale Komponente dieser Kräfte liefert – über das gesamte Gewinde integriert – mit der axialen Belastung F ein Gleichgewichtssystem. Es ist also

$$F = \int_A \{\cos\alpha \, \mathrm{d}F_N \, \cos\beta - \sin\alpha \, \mathrm{d}F_R\} = \{\cos\alpha \, cos\beta - \mu \, \sin\alpha\} \int_A \mathrm{d}F_N .$$

Daraus folgt

$$\int_A \mathrm{d}F_N = F \frac{1}{\cos\alpha \, cos\beta - \tan\rho \, \sin\alpha} \qquad (\text{mit } \mu = \tan\rho).$$

Setzen wir

$$\frac{\tan\rho}{\cos\beta} = \tan\rho' = \mu' \qquad (\mu' > \mu),$$

so können wir auch schreiben

$$\int_A \mathrm{d}F_N = F \frac{\cos\rho'}{\cos\beta \, \cos(\alpha + \rho')} \, .$$

Das Moment der azimutalen Komponenten dieser Kräfte steht mit dem zum Einschrauben erforderlichen Moment im Gleichgewicht. Für dieses Moment erhalten wir beim Einschrauben

$$\begin{aligned} M_E &= R \int_A \{\sin\alpha \; \mathrm{d}F_N \; \cos\beta + \cos\alpha \; \mathrm{d}F_R\} \\ &= R \{\sin\alpha \; \cos\beta + \tan\rho \; \cos\alpha\} \int_A \mathrm{d}F_N \, . \end{aligned}$$

Setzen wir in diese Beziehung ein, was wir für $\int \mathrm{d}F_N$ gefunden haben, und formen entsprechend um, so folgt schließlich für das Einschraub-Moment

$$M_E = RF \, tan(\alpha + \rho') \, .$$

Beim Lösen der Schraube kehrt sich die Richtung der Reibungskraft um. Alles übrige bleibt unverändert. Wir erhalten also für das Löse-Moment

$$M_L = RF \, \tan(\alpha - \rho') \, .$$

Ein negativer Zahlenwert von M_L zeigt an, daß zum Lösen der Schraube ein Moment erforderlich ist, das dem Einschraub-Moment entgegengesetzt gerichtet ist. Wird M_L positiv, so wird die Schraube unter der Belastung F (wenn kein Moment entgegenwirkt) von selbst herausgedrückt. Die Bedingung für Selbsthemmung der Schraube lautet also

$$\alpha < \rho' = \arctan\left(\frac{\mu}{\cos\beta}\right) .$$

Fordern wir nur

$$\alpha < \rho_0' = \arctan\left(\frac{\mu_0}{\cos\beta}\right),$$

so ist die Selbsthemmung nicht sicher.

Für Flachgewinde ($\beta = 0$, $\mu' \to \mu$) wird das Einschraub-Moment kleiner als für Spitzgewinde. Deshalb wählt man für Bewegungsspindeln zweckmäßigerweise Flachgewinde. Für Befestigungsschrauben sind dagegen Spitzgewinde wegen der erhöhten Selbsthemmung günstiger.

5. Beispiel: Seilreibung (Bild 3.10)

Ein Seil (oder Riemen) – als masselos angenommen – sei über eine feststehende zylindrische Scheibe geführt. Der Umschlingungswinkel sei α. Wir betrachten die an einem Seilelement angreifenden Kräfte. Aus der Gleichgewichtsbedingung in radialer Richtung lesen wir ab

$$\mathrm{d}F_N = S\,\mathrm{d}\varphi\,.$$

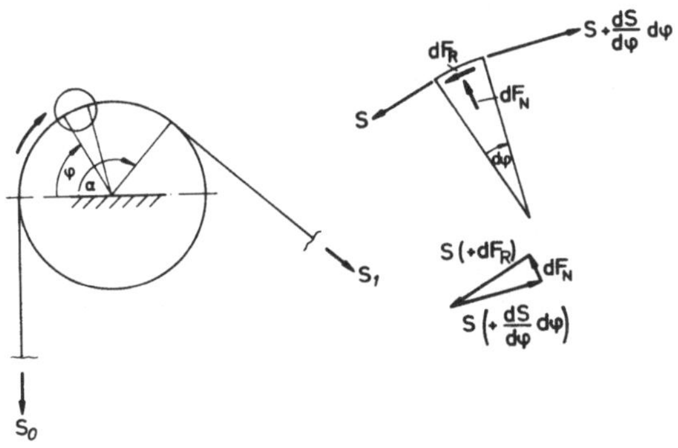

Bild 3.10 Seilreibung mit Seilelement

Im Umfangsrichtung ergibt die Gleichgewichtsbedingung

$$\mathrm{d}F_R = \frac{\mathrm{d}S}{\mathrm{d}\varphi}\,\mathrm{d}\varphi\,.$$

Nach dem *Coulomb*schen Reibungsgesetz ist

$$\mathrm{d}F_R = \mu\,\mathrm{d}F_N\,.$$

Wir erhalten also nach Einsetzen

$$\mu\,S = \frac{\mathrm{d}S}{\mathrm{d}\varphi}\,.$$

Die Integration dieser Gleichung von $\varphi = 0$ bis $\varphi = \alpha$ ergibt

$$\int_0^\alpha \mu \, \mathrm{d}\varphi = \int_{S_0}^{S_1} \frac{\mathrm{d}S}{S} ,$$

d.h.

$$\mu \, \alpha = \ln \frac{S_1}{S_0}$$

oder

$$S_1 = S_0 \, e^{\mu\alpha} .$$

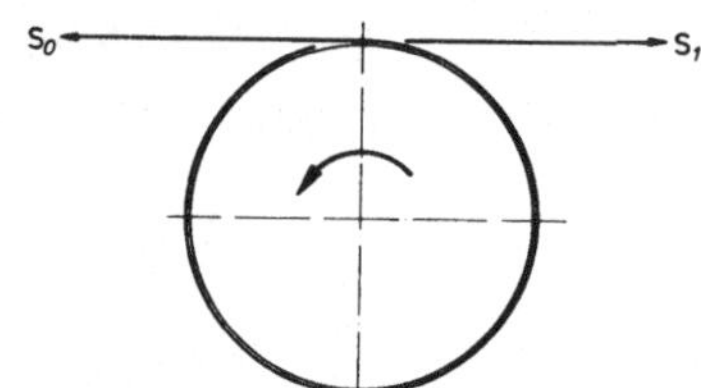

Bild 3.11
Spill mit Seilkräften

Diese Beziehung gilt unabhängig vom Scheibendurchmesser. Sie gilt auch für nicht-kreisrunde Scheiben, wobei α dann den Umlenkwinkel bezeichnet. Im Falle des Haftens gilt die Grenzbedingung

$$S_1 \leqslant S_0 \, e^{\mu_0\alpha} .$$

Die mit der Seilreibung verbundene Kraftübersetzung längs des Seiles wird technisch vielfach ausgenutzt. Ein Anwendungsbeispiel ist das Spill (Bild 3.11). Um eine angetriebene Rolle wird ein Seil geschlungen. Wird an dem einen Ende – etwa von Hand – die Kraft S_0 ausgeübt, so kann am anderen Ende maximal eine Kraft

$$S_{1\max} = S_0 \, e^{\mu_0\alpha}$$

wirken. Bei $\alpha = 2\pi$ und z.B. $\mu_0 = 0,5$ erhalten wir so eine beträchtliche Verstärkungswirkung von

$$\frac{S_{1\max}}{S_0} = 23{,}1 .$$

Die Seilreibung kann noch dadurch verstärkt werden, daß man in der Scheibe oder Rolle eine Keilnut vorsieht (Bild 3.12). Dann wird (im Falle des Gleitens)

$$\mathrm{d}F_R = 2 \, \mu \, \mathrm{d}F_N^* = \frac{\mu}{\cos\beta} \, \mathrm{d}F_N .$$

Wir haben also in den vorstehenden Beziehungen (analog zum Spitzgewinde) μ durch

$$\mu^* = \frac{\mu}{\cos\beta} > \mu$$

zu ersetzen, können sonst aber alle Beziehungen unverändert benutzen.

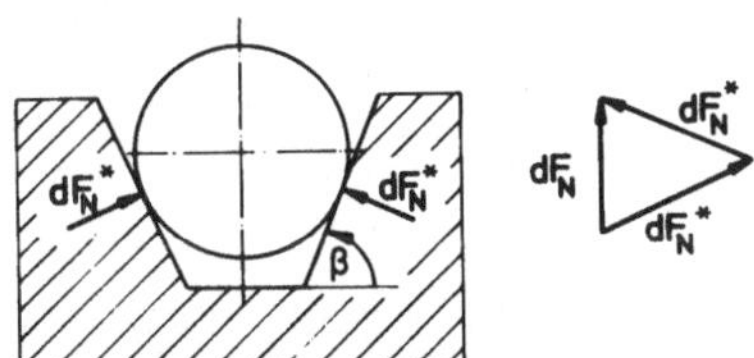

Bild 3.12
Keilnut mit auftretenden Kräften

3.4 Elementare Theorie des Rollwiderstandes

Wenn ein starres Rad oder ein anderer starrer rollfähiger Körper auf einer starren Unterlage ohne zu gleiten rollt, so gibt es theoretisch keinen Rollwiderstand. In Wirklichkeit erfahren jedoch alle Körper beim Rollvorgang Deformationen, die mit partiellen Gleitvorgängen in der Berührungsfläche verbunden sind, auch wenn die Körper elastisch sind. Die Folge davon ist das Auftreten eines Rollwiderstandes. Verhalten sich rollender Körper und Unterlage nicht rein elastisch, so resultiert aus der bei den zeitlich veränderlichen Deformationen dissipierten Energie ein weiterer Anteil des Rollwiderstandes.

Der Einfachheit halber wollen wir uns im folgenden auf den Rollwiderstand eines Rades bei gleichförmiger Rollbewegung auf ebener Unterlage beschränken. Die Überlegungen lassen sich jedoch ohne Schwierigkeiten auf andere rollende Körper und ungleichförmige Bewegungen ausdehnen.

Wir können zwei Grundfälle unterscheiden:

a) das gezogene oder geschobene Laufrad (Bild 3.13a)
b) das von einem Moment angetriebene Treibrad (Bild 3.13b).

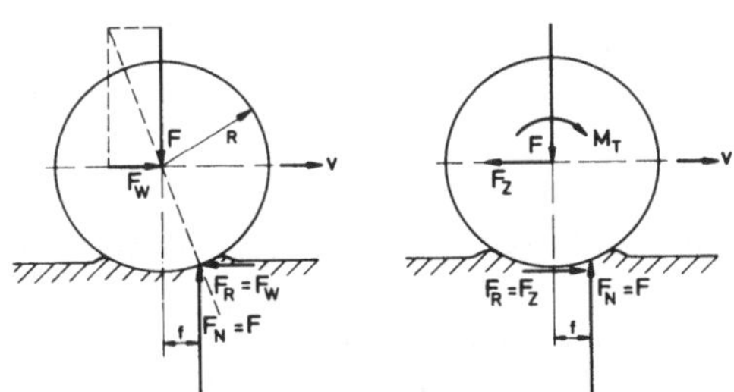

Bild 3.13
Rollwiderstand beim a) Laufrad (links) und b) Treibrad (rechts)

Beim Laufrad muß die horizontal wirkende Kraft F_W über die Achse in das Rad eingeleitet werden, um den Rollwiderstand auszugleichen. Aus den Gleichgewichtsbedingungen folgt

$$F_N = F$$
$$F_R = F_W$$

und angenähert

$$F_W R = F f \,.$$

Für den Rollwiderstand eines Laufrades gilt also

$$F_W = F\frac{f}{R}\,.$$

Beim Treibrad muß das in das Rad eingeleitete Moment M_T die horizontale Zug- (oder Druck-)Kraft aufbringen sowie das Moment des Rollwiderstandes ausgleichen. In diesem Falle ergeben die Gleichgewichtsbedingungen

$$\begin{aligned} F_N &= F \\ F_R &= F_Z \\ M_T &= \underbrace{Ff}_{M_R} + \underbrace{F_Z R}_{M_Z}\,. \end{aligned}$$

Das zur Überwindung des Rollwiderstandes eines Treibrades erforderliche Moment ist also

$$M_R = Ff\,.$$

Die horizontal wirkende resultierende Reibungskraft F_R hat für Laufrad und Treibrad unterschiedliche Bedeutung. Beim Laufrad ist sie mit dem Rollwiderstand gleichzusetzen. Beim Treibrad dient sie dagegen der Erzeugung der Zugkraft F_Z. Die Größe der Reibungskraft F_R hat in diesem Fall nichts mit dem Rollwiderstand zu tun.

Beiden Fällen ist jedoch gemeinsam, daß die der Belastung entgegen wirkende resultierende vertikale Führungskraft F_N jeweils um das Maß f versetzt angreift und daß diese Größe in unmittelbarer Beziehung zum Rollwiderstand steht. Dieser Hebelarm f wird deshalb zur zahlenmäßigen Festlegung des Rollwiderstandes herangezogen. Für Eisenbahnräder gilt z.B. erfahrungsgemäß

$$f \approx 0{,}5mm$$

wobei die elementare Theorie keinen Unterschied zwischen Lauf- und Treibrädern macht.

Ist die Unterlage, auf der das Rad rollt, nicht elastisch, so treten bleibende Deformationen oder zeitabhängige Nachwirkungen auf. In beiden Fällen wird mechanische Arbeit dissipiert. Daraus resultiert – zusätzlich zu dem durch partielles Gleiten verursachten Rollwiderstand – ein weiterer Anteil dieses Bewegungswiderstandes, oft sogar der wesentlich größere. Die Größe dieses Anteils können wir mit Hilfe energetischer Betrachtungen über die zu leistende Formänderungsarbeit abschätzen. Ist die Einsinktiefe des Rades bekannt, so können wir den Rollwiderstand auch näherungsweise aus der Betrachtung des Kräftespiels ermitteln.

Zur Vereinfachung betrachten wir ein Laufrad (Bild 3.14). Der Angriffspunkt der Resultierenden der in der Berührungsfläche wirkenden Kräfte hängt von der Einsinktiefe e ab, die ihrerseits von der Beschaffenheit der Unterlage, vom Raddurchmesser $2R$, von der Radbreite und von der Belastung F abhängig ist. Nehmen wir näherungsweise an, daß die Resultierende etwa in der Mitte der Berührungsfläche angreift, so erhalten wir zunächst

$$F_R = F_W \approx F \tan \frac{\alpha}{2} .$$

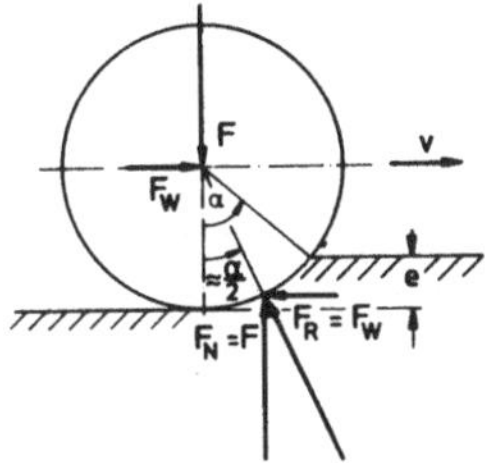

Bild 3.14
Laufrad auf nicht-elastischer Unterlage

Mit

$$\tan \frac{\alpha}{2} = \sqrt{\frac{1-\cos\alpha}{1+\cos\alpha}}$$

und

$$\cos\alpha = 1 - \frac{e}{R}$$

erhalten wir schließlich für relativ kleine Einsinktiefen, d.h. für

$$\frac{e}{R} \ll 1$$

in erster Näherung

$$F_W \approx F\sqrt{\frac{e}{2R}} .$$

4 Übergang zu einem anderen Bezugssystem

4.1 Allgemeines

In manchen Fällen werden bestimmte physikalische Vorgänge von verschiedenen Personen aus beobachtet und auf verschiedene Bezugssysteme bezogen. Das Beobachtungsergebnis kann dabei sehr unterschiedlich sein, obwohl es sich um den gleichen physikalischen Vorgang handelt. So sind beispielsweise die Bahnen eines in einem fahrenden Zug herabfallenden Gegenstandes, die von einem mitfahrenden Beobachter und von einem außerhalb des Zuges ruhenden Beobachter registriert werden, völlig verschieden voneinander. Für den mitfahrenden Beobachter ergibt sich eine gerade Bahn wie bei der gewöhnlichen Fallbewegung; der außerhalb des Zuges ruhende Beobachter registriert jedoch eine gekrümmte, ebene Bahn (Wurfparabel).

In welchem Bezugssystem wir einen Vorgang beschreiben wollen, ist uns grundsätzlich freigestellt. Die verschiedenen Beschreibungen, die sich aus einer unterschiedlichen Wahl des Bezugssystems ergeben, müssen sich jedoch stets ineinander überführen lassen, da es sich ja um denselben physikalischen Vorgang handelt. Es kann jedoch durchaus sein, daß sich bei einer geeigneten Wahl des Bezugssystems eine sehr viel einfachere Beschreibung des Vorgangs ergibt. Das können wir bereits dem vorstehenden einfachen Beispiel entnehmen. Ein anderes Beispiel ist die Planetenbewegung, die sehr viel einfacher zu beschreiben ist, wenn wir sie auf die – ruhend gedachte – Sonne beziehen statt auf ein erdfestes Bezugssystem.

Beim Übergang zu einem anderen Bezugssystem haben wir es im wesentlichen mit drei Fragenkomplexen zu tun:

1. Wie ändern sich die Koordinaten bzw. die Zahlenwerte des Ortsvektors eines Körper- oder Raumpunktes, dem bestimmte physikalische Größen zugeordnet sind?

2. Wie ändern sich die Zahlenwerte dieser physikalischen Größen?
3. Wie ändern sich die Beziehungen zwischen den physikalischen Größen, wenn wir die Vorgänge von verschiedenen Bezugssystemen aus beobachten?

Wir werden diesen drei Fragen, die natürlich in einem engen Zusammenhang stehen, schrittweise nachgehen. Dabei wollen wir zunächst erörtern, wie die Zahlenwerte physikalischer Größen (einschließlich des Ortsvektors bzw. der Koordinaten) beim Übergang zu einem anderen Bezugssystem umzurechnen sind, wenn uns in dem betreffenden Zeitpunkt die gegenseitige Zuordnung der beiden Bezugssysteme gegeben ist. In einem zweiten Schritt wollen wir dann untersuchen, wie sich eine Relativbewegung zwischen den beiden Bezugssystemen auf die Beschreibung der zeitlichen Änderung von physikalischen Größen auswirkt. In einem dritten Schritt schließlich wollen wir danach fragen, wie sich der Übergang auf ein anderes Bezugssystem auf die Kinematik und auf die Formulierung des Grundgesetzes der Mechanik auswirkt.

Viele unserer Überlegungen können wir in allgemeiner Form – unter Verwendung der symbolischen Schreibweise – durchführen. Sobald es jedoch um die konkrete Festlegung von Zahlenwerten geht, werden wir uns auf kartesische Bezugssysteme beschränken. Manches davon können wir auf andere orthogonale Koordinatensysteme (z.B. Zylinder- oder Kugel-Koordinaten) übertragen. Die Ausdehnung auf beliebige Koordinatensysteme erfordert jedoch eine wesentliche Erweiterung des mathematischen Formalismus.

4.2 Transformation der Zahlenwerte physikalischer Größen

Wir betrachten zwei verschiedene kartesische Bezugssysteme x, y, z bzw. $\bar{x}$, $\bar{y}$, $\bar{z}$, deren gegenseitige Zuordnung im betrachteten Zeitpunkt gegeben sei (Bild 4.1). Den jeweils zugehörigen Bezugspunkt (Koordinatenursprung) bezeichnen wir mit 0 bzw. $\bar{0}$. Die zugehörigen Basisvektoren seien $\boldsymbol{e}_x$, $\boldsymbol{e}_y$, $\boldsymbol{e}_z$ bzw. $\boldsymbol{e}_{\bar{x}}$, $\boldsymbol{e}_{\bar{y}}$, $\boldsymbol{e}_{\bar{z}}$.

Die Lage des Bezugspunktes $\bar{0}$ gegenüber dem unüberstrichenen System beschreiben wir durch die Angabe des Ortsvektors $\boldsymbol{r}_{\bar{0}}$

$$\boldsymbol{r}_{\bar{0}}(t) = x_{\bar{0}}(t)\boldsymbol{e}_x + y_{\bar{0}}(t)\boldsymbol{e}_y + z_{\bar{0}}(t)\boldsymbol{e}_z \,.$$

Für die Orientierung der überstrichenen Basisvektoren gegenüber dem unüberstrichenen System gilt

$$\begin{aligned}
\boldsymbol{e}_{\bar{x}}(t) &= A_{\bar{x}x}(t)\boldsymbol{e}_x + A_{\bar{x}y}(t)\boldsymbol{e}_y + A_{\bar{x}z}(t)\boldsymbol{e}_z \\
\boldsymbol{e}_{\bar{y}}(t) &= A_{\bar{y}x}(t)\boldsymbol{e}_x + A_{\bar{y}y}(t)\boldsymbol{e}_y + A_{\bar{y}z}(t)\boldsymbol{e}_z \\
\boldsymbol{e}_{\bar{z}}(t) &= A_{\bar{z}x}(t)\boldsymbol{e}_x + A_{\bar{z}y}(t)\boldsymbol{e}_y + A_{\bar{z}z}(t)\boldsymbol{e}_z \,.
\end{aligned}$$

Auf die Zeitabhängigkeit der Größen $\boldsymbol{r}_{\bar{0}}$, $A_{\bar{x}x}$ usw. kommt es hier im übrigen nicht an, da wir jeweils einen bestimmten (sonst aber beliebigen) Zeitpunkt ins Auge fassen.

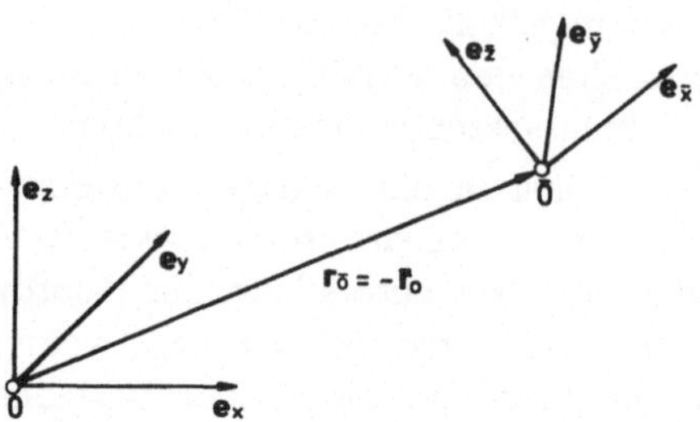

Bild 4.1
Zwei verschiedene Bezugssysteme

Die Größen $A_{\bar{x}x}$ usw. können wir als die Zahlenwerte der überstrichenen Basisvektoren bei ihrer Darstellung im unüberstrichenen System betrachten. Wir können die vorstehenden linearen Gleichungen aber auch als eine Basis-Transformation auffassen, die die unüberstrichenen Basisvektoren $\boldsymbol{e}_x$, $\boldsymbol{e}_y$, $\boldsymbol{e}_z$ in die überstrichenen $\boldsymbol{e}_{\bar{x}}$, $\boldsymbol{e}_{\bar{y}}$, $\boldsymbol{e}_{\bar{z}}$ überführt. Dann bilden die Größen $A_{\bar{x}x}$ usw. die Elemente der Transformations-Matrix

$$A_{\bar{i}k} = \begin{bmatrix} A_{\bar{x}x} & A_{\bar{x}y} & A_{\bar{x}z} \\ A_{\bar{y}x} & A_{\bar{y}y} & A_{\bar{y}z} \\ A_{\bar{z}x} & A_{\bar{z}y} & A_{\bar{z}z} \end{bmatrix} \qquad (i,k = x,y,z),$$

die zu der Linear-Transformation

$$\boldsymbol{e}_{\bar{i}} = \sum_k A_{\bar{i}k}\boldsymbol{e}_k \qquad (i,k = x,y,z)$$

gehört. Die Basisvektoren $\boldsymbol{e}_{\bar{i}}$, $\boldsymbol{e}_k$ sind dabei als Spalten-Vektoren zu schreiben.

Für die Elemente der Transformations-Matrix gilt

$$A_{\bar{x}x} = \boldsymbol{e}_{\bar{x}} \cdot \boldsymbol{e}_x$$
$$A_{\bar{x}y} = \boldsymbol{e}_{\bar{x}} \cdot \boldsymbol{e}_y \qquad \text{usw.}$$

Wir beweisen das, indem wir die obigen Transformations-Gleichungen der Reihe nach skalar mit $\boldsymbol{e}_k$ multiplizieren. Das ergibt

$$\boldsymbol{e}_{\bar{i}} \cdot \boldsymbol{e}_k = \Big(\sum_r A_{\bar{i}r}\boldsymbol{e}_r\Big) \cdot \boldsymbol{e}_k = A_{\bar{i}k}\,,$$

weil

$$\boldsymbol{e}_r \cdot \boldsymbol{e}_k = \delta_{rk} = \begin{cases} 1 \text{ für } r = k \\ 0 \text{ für } r \neq k \end{cases}$$

ist (δ_{rk} = *Kronecker*-Delta). Die Determinante der Transformations-Matrix ist stets gleich 1.

Wir können umgekehrt auch die Lage und die Orientierung des unüberstrichenen kartesischen Bezugssystems gegenüber dem überstrichenen beschreiben und erhalten

$$\bar{r}_0(t) = \bar{x}_0(t)e_{\bar{x}} + \bar{y}_0(t)e_{\bar{y}} + \bar{z}_0(t)e_{\bar{z}}$$
$$e_i(t) = \sum_{\bar{k}} A_{i\bar{k}}(t)e_{\bar{k}}\,.$$

Für die Elemente $A_{i\bar{k}}$ der Transformations-Matrix gilt hierbei

$$A_{i\bar{k}} = e_i \cdot e_{\bar{k}} \ (= A_{\bar{k}i})\,.$$

Die Matrix $A_{i\bar{k}}$ der inversen Basis-Transformation ($e_{\bar{k}} \rightarrow e_i$) ist also gleich der Transponierten der Matrix $A_{\bar{k}i}$ der Basis-Transformation ($e_i \rightarrow e_{\bar{k}}$). Diese einfache Beziehung gilt allerdings nur, wenn wir – wie hier – nur reine Drehungen einer orthonormalen Basis betrachten. Ferner können wir nachweisen, daß für reine Drehungen stets

$$\sum_{\bar{r}} A_{i\bar{r}}A_{\bar{r}k} = \delta_{ik} \qquad \text{und} \qquad \sum_{r} A_{\bar{i}r}A_{r\bar{k}} = \delta_{\bar{i}\bar{k}}$$

gilt.

Wir halten das Ergebnis unserer bisherigen Überlegungen fest im

---

Satz 4.1: Für die Basis-Transformation gilt bei reinen Drehungen einer orthonormalen Basis

$$e_{\bar{i}} = \sum_k A_{\bar{i}k}e_k \qquad \text{bzw.} \qquad e_k = \sum_{\bar{i}} A_{k\bar{i}}e_{\bar{i}}$$

mit

$$A_{\bar{i}k} = e_{\bar{i}} \cdot e_k = e_k \cdot e_{\bar{i}} = A_{k\bar{i}} \qquad (i, k = x, y, z).$$

Für die Determinante der Transformations-Matrix gilt

$$\det\,[A_{\bar{i}k}] = \det\,[A_{k\bar{i}}] = 1\,.$$

Ferner ist

$$\sum_{\bar{r}} A_{i\bar{r}}A_{\bar{r}k} = \delta_{ik} \qquad \text{und} \qquad \sum_{r} A_{\bar{i}r}A_{r\bar{k}} = \delta_{\bar{i}\bar{k}}\,.$$

Zwischen den Ortsvektoren r und $\bar{r}$, die der Festlegung beliebiger Raum- oder Körperpunkte im unüberstrichenen bzw. überstrichenen Bezugssystem dienen, besteht die Beziehung (Bild 4.2)

$$r = r_{\bar{0}} + \bar{r} \qquad \text{bzw.} \qquad \bar{r} = \bar{r}_0 + r$$

mit

$$\bar{r}_0 = -r_{\bar{0}}\,.$$

Dabei bleibt es in dieser symbolischen Schreibweise zunächst offen, auf welche Basis die Zahlenwerte der einzelnen Vektoren bezogen werden sollen. Aus der Tatsache, daß z.B. r den Ortsvektor vom Bezugspunkt 0 zu dem betreffenden Raum-

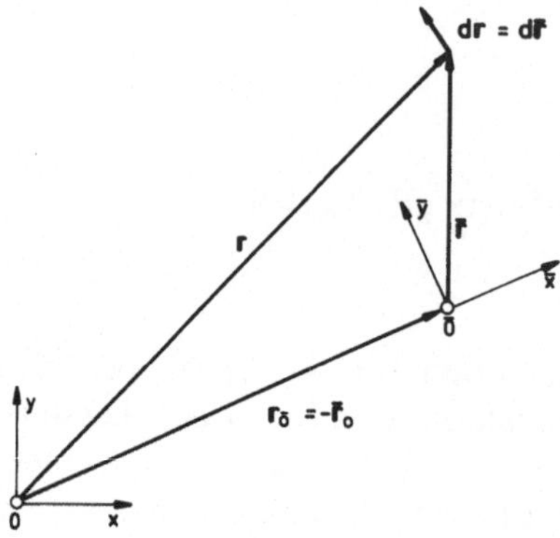

Bild 4.2
Zusammenhang zwischen den Ortsvektoren

oder Körperpunkt darstellt, ist noch nicht zu folgern, daß die Zahlenwerte von $\boldsymbol{r}$ auf die unüberstrichene Basis bezogen werden müssen.

Um diesen Sachverhalt näher zu beleuchten, betrachten wir eine beliebige vektorielle Größe $\boldsymbol{a}$. Welchem Raum- bzw. Körperpunkt diese Größe zuzuordnen ist, ist dabei unerheblich (Bild 4.3). Wir können die Zahlenwerte von $\boldsymbol{a}$ sowohl auf die unüberstrichene wie auf die überstrichene Basis beziehen und erhalten

$$\boldsymbol{a} = \sum_i a_i \boldsymbol{e}_i = \sum_{\bar{k}} a_{\bar{k}} \boldsymbol{e}_{\bar{k}} \,.$$

Drücken wir in der ersten Darstellung die unüberstrichenen Basisvektoren durch die überstrichenen aus, so erhalten wir zunächst

$$\boldsymbol{a} = \sum_i a_i \sum_{\bar{k}} A_{i\bar{k}} \boldsymbol{e}_{\bar{k}} = \sum_{\bar{k}} \sum_i a_i A_{i\bar{k}} \boldsymbol{e}_{\bar{k}}$$

Der Vergleich mit der Darstellung von $\boldsymbol{a}$ im überstrichenen Bezugssystem ergibt dann

$$a_{\bar{k}} = \sum_i a_i A_{i\bar{k}} \,.$$

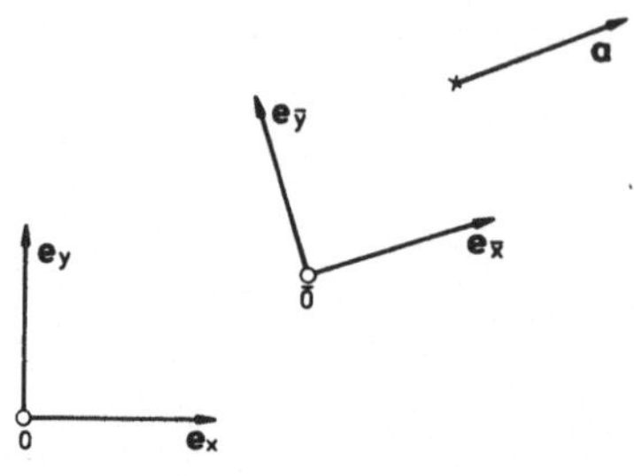

Bild 4.3
Vektor **a** in verschiedenen Bezugssystemen

Analog erhalten wir beim Übergang vom überstrichenen zum unüberstrichenen Bezugssystem

$$a_i = \sum_{\bar{k}} a_{\bar{k}} A_{\bar{k}i} \,.$$

Dieses Ergebnis fassen wir – unter Beachtung von $A_{i\bar{k}} = A_{\bar{k}i}$ – zusammen im

---

Satz 4.2: Bei Drehung einer orthonormalen Basis mit der zugehörigen Basis-Transformation

$$\boldsymbol{e}_{\bar{i}} = \sum_k A_{\bar{i}k} \boldsymbol{e}_k \qquad \text{bzw.} \qquad \boldsymbol{e}_k = \sum_{\bar{i}} A_{k\bar{i}} \boldsymbol{e}_{\bar{i}}$$

transformieren sich die Zahlenwerte a_k einer vektoriellen Größe $\boldsymbol{a}$ gemäß der Beziehung

$$a_{\bar{i}} = \sum_k a_k A_{k\bar{i}} = \sum_k A_{\bar{i}k} a_k$$

bzw.

$$a_k = \sum_{\bar{i}} a_{\bar{i}} A_{\bar{i}k} = \sum_{\bar{i}} A_{k\bar{i}} a_{\bar{i}} \qquad (i, k = x, y, z),$$

d.h. die Zahlenwerte einer vektoriellen Größe transformieren sich in gleicher Weise wie die Basisvektoren.

Beispiel: Ebene Drehung (Bild 4.4)

Das überstrichene Bezugssystem sei gegenüber dem unüberstrichenen um 30^0 um die z-Achse gedreht. Auf die gegenseitige Lage der Bezugspunkte kommt es dabei

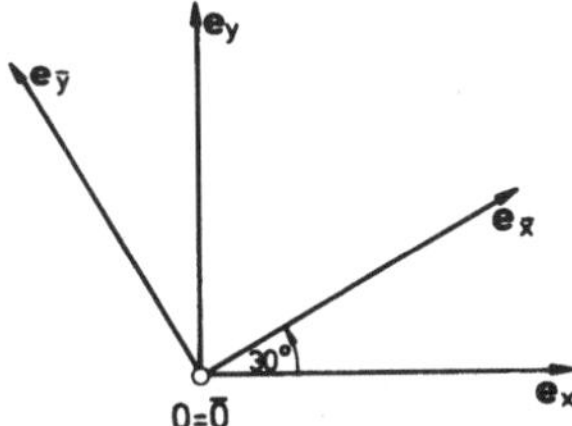

Bild 4.4
Ebene Drehung

nicht an. In Bild 4.4 sind deshalb 0 und $\bar{0}$ zusammenfallend dargestellt. Für die Transformations-Matrix $A_{\bar{i}k}$ erhalten wir

$$A_{\bar{i}k} = \boldsymbol{e}_{\bar{i}} \cdot \boldsymbol{e}_k = \begin{bmatrix} \frac{1}{2}\sqrt{3} & \frac{1}{2} & 0 \\ -\frac{1}{2} & \frac{1}{2}\sqrt{3} & 0 \\ 0 & 0 & 1 \end{bmatrix}.$$

Aus

$$\boldsymbol{e}_{\bar{i}} = \sum_k A_{\bar{i}k} \boldsymbol{e}_k$$

folgt

$$\begin{aligned} e_{\bar{x}} &= \frac{1}{2}\sqrt{3}\,e_x + \frac{1}{2}e_y \\ e_{\bar{y}} &= -\frac{1}{2}e_x + \frac{1}{2}\sqrt{3}\,e_y \\ e_{\bar{z}} &= e_z\,. \end{aligned}$$

Für eine vektorielle Größe, die beispielsweise im unüberstrichenen System durch

$$\begin{aligned} a &= a_x e_x + a_y e_y + a_z e_z \\ &= 3\,e_x + 6\,e_y + 1\,e_z \end{aligned}$$

gegeben sei, erhalten wir bei dieser Transformation der Basis dementsprechend

$$\begin{aligned} a_{\bar{x}} &= \frac{1}{2}\sqrt{3}\,a_x + \frac{1}{2}a_y &&= 3\Big[\frac{1}{2}\sqrt{3}+1\Big] \\ a_{\bar{y}} &= -\frac{1}{2}a_x + \frac{1}{2}\sqrt{3}\,a_y &&= 3\Big[\sqrt{3}-\frac{1}{2}\Big] \\ a_{\bar{z}} &= 1\,a_z &&= 1\,. \end{aligned}$$

Die vorstehenden Überlegungen können wir nun auch auf die Koordinaten-Transformation anwenden. Aus der Beziehung

$$\bar{r} = r - r_{\bar{0}}$$

leiten wir ab, indem wir $r - r_{\bar{0}}$ auf die überstrichene Basis transformieren

$$\begin{aligned} \bar{x} &= A_{\bar{x}x}(x - x_{\bar{0}}) + A_{\bar{x}y}(y - y_{\bar{0}}) + A_{\bar{x}z}(z - z_{\bar{0}}) \\ \bar{y} &= A_{\bar{y}x}(x - x_{\bar{0}}) + A_{\bar{y}y}(y - y_{\bar{0}}) + A_{\bar{y}z}(z - z_{\bar{0}}) \\ \bar{z} &= A_{\bar{z}x}(x - x_{\bar{0}}) + A_{\bar{z}y}(y - y_{\bar{0}}) + A_{\bar{z}z}(z - z_{\bar{0}})\,. \end{aligned}$$

Analoge Beziehungen erhalten wir, wenn wir x, y, z durch $\bar{x}$, $\bar{y}$, $\bar{z}$ ausdrücken wollen.

Skalare Größen, also z.B. die Temperatur in einem Körperpunkt, bleiben von einer Änderung des Bezugssystems grundsätzlich unberührt. Es gilt also

---

Satz 4.3: Skalare Größen sind invariant gegenüber Änderungen des Bezugssystems.

Wir können unsere Überlegungen auch auf Tensoren ausdehnen. Dabei wollen wir uns hier auf Tensoren zweiter Stufe beschränken. Gehen wir davon aus, daß solche Tensoren (z.B. der Spannungstensor **S**) in der Form

$$\begin{aligned} \mathbf{S} = {} & \sigma_{xx} e_x e_x + \sigma_{xy} e_x e_y + \sigma_{xz} e_x e_z \\ & + \sigma_{yx} e_y e_x + \sigma_{yy} e_y e_y + \sigma_{yz} e_y e_z \\ & + \sigma_{zx} e_z e_x + \sigma_{zy} e_z e_y + \sigma_{zz} e_z e_z \end{aligned}$$

dargestellt werden können (vgl. Band II, Abschnitt 1.2), so finden wir, indem wir die Basisvektoren e_i durch die Basisvektoren $e_{\bar{k}}$ ausdrücken,

---

Satz 4.4: Bei der Drehung einer orthonormalen Basis mit der zugehörigen Basis-Transformation

$$e_{\bar{i}} = \sum_k A_{\bar{i}k} e_k \qquad \text{bzw.} \qquad e_k = \sum_{\bar{i}} A_{k\bar{i}} e_{\bar{i}}$$

transformieren sich die Zahlenwerte σ_{ik} eines Tensors zweiter Stufe **S** gemäß der Beziehung

$$\sigma_{\bar{i}\bar{k}} = \sum_r \sum_s \sigma_{rs} A_{r\bar{i}} A_{s\bar{k}}$$

$$= \sum_r \sum_s A_{\bar{i}r} A_{\bar{k}s} \sigma_{rs}$$

bzw.

$$\sigma_{ik} = \sum_{\bar{r}} \sum_{\bar{s}} \sigma_{\bar{r}\bar{s}} A_{\bar{r}i} A_{\bar{s}k}$$

$$= \sum_{\bar{r}} \sum_{\bar{s}} A_{i\bar{r}} A_{k\bar{s}} \sigma_{\bar{r}\bar{s}} \qquad (i, k, r, s = x, y, z).$$

Unsere bisherigen Überlegungen lassen sich unmittelbar auch auf andere Bezugssysteme mit ortsabhängiger orthonormaler Basis, also beispielsweise auf Zylinder- und Kugel-Koordinaten übertragen. Dabei haben wir nur zu beachten, daß in diesem Fall die Transformations-Matrizen ortsabhängig werden und daß wir deshalb beachten müssen, welchem Körper- bzw. Raumpunkt die betreffende physikalische Größe zur betrachteten Zeit t zugeordnet ist.

4.3 Die zeitliche Änderung physikalischer Größen

Verfolgen wir die zeitliche Änderung einer physikalischen Größe von zwei verschiedenen – im allgemeinen relativ zueinander bewegten – Bezugssystemen aus, so haben wir zunächst zu beachten, daß sich mit der Änderung der physikalischen Größe zugleich auch die gegenseitige Zuordnung der beiden Bezugssysteme ändern kann. Dies hat zur Folge, daß sich in diesen Fällen die Änderung der betreffenden physikalischen Größe in den beiden Bezugssystemen unterschiedlich darstellt. Wir haben deshalb zu unterscheiden zwischen:

a) der zeitlichen Änderung gegenüber dem unüberstrichenen System, die wir in gewohnter Weise durch $\frac{\mathrm{D}}{\mathrm{d}t}$, $\frac{\partial}{\partial t}$ usw. kennzeichnen, und
b) der zeitlichen Änderung gegenüber dem überstrichenen System, die wir entsprechend mit $\frac{\bar{\mathrm{D}}}{\mathrm{d}t}$, $\frac{\bar{\partial}}{\partial t}$ usw. bezeichnen.

Zu beachten haben wir ferner auch, daß sich die Bedeutung einer zeitlichen Ableitung beim Übergang zu einem anderen Bezugssystem ändern kann. So stellt z.B.

die bei festen Ortskoordinaten des überstrichenen Systems auszuführende partielle Ableitung nach der Zeit $\frac{\bar{\partial}}{\partial t}$ im unüberstrichenen System eine Ableitung mit veränderlichen Ortskoordinaten dar. Deshalb müssen wir stets genau darauf achten, wie eine zeitliche Ableitung definiert ist und was sie jeweils bedeutet.

Wegen ihrer zentralen Bedeutung für die hier ins Auge gefaßten Anwendungen beschränken wir uns bei den folgenden Betrachtungen im wesentlichen auf die substantielle Differentiation nach der Zeit. Sie ist dadurch charakterisiert, daß die zeitliche Änderung der betreffenden physikalischen Größe jeweils bei festgehaltenem Körperpunkt zu verfolgen ist und daß sie deshalb ihre Bedeutung beim Übergang zu einem anderen Bezugssystem nicht ändert.

Wir bezeichnen die substantielle Differentiation nach der Zeit mit $\frac{\mathrm{D}}{\mathrm{d}t}$ bzw. $\frac{\bar{\mathrm{D}}}{\mathrm{d}t}$ je nachdem, in welchem Bezugssystem die zeitliche Änderung beschrieben werden soll. Die sonst häufig auch benutzte Kennzeichnung durch einen übergesetzten Punkt werden wir hier nur bei der Anwendung auf skalare Größen – zu denen auch die Zahlenwerte vektorieller (und tensorieller) Größen gehören – benutzen. In anderen Fällen, also etwa bei der Anwendung auf vektorielle Größen (in symbolischer Schreibweise) kann diese Bezeichnungsweise nämlich mehrdeutig werden. So ist beispielsweise aus der Schreibweise $\dot{\boldsymbol{a}}$ nicht zu entnehmen, ob $\frac{\mathrm{D}}{\mathrm{d}t}$ oder $\frac{\bar{\mathrm{D}}}{\mathrm{d}t}$ gemeint ist. Dagegen ist die Bedeutung von $\dot{\bar{x}}$ usw. ohne weiteres klar.

Nach diesen Vorüberlegungen stellen wir zunächst fest:

Satz 4.5: Die substantielle Differentiation einer skalaren Größe f ist invariant gegenüber Änderungen des Bezugssystems:

$$\frac{\mathrm{D}f}{\mathrm{d}t} = \frac{\bar{\mathrm{D}}f}{\mathrm{d}t} = \dot{f}\,.$$

Dieses Ergebnis folgt unmittelbar aus der Definition der substantiellen Differentiation.

Im nächsten Schritt wollen wir nun untersuchen, was sich für die Beschreibung der (substantiellen) zeitlichen Änderung von vektoriellen Größen in relativ zueinander bewegten Bezugssystemen ergibt, deren Zuordnung und Bewegungszustand durch die Angabe von $\boldsymbol{r}_{\bar{0}}(t)$, $A_{\bar{i}k}(t)$ usw. und damit auch von $\boldsymbol{v}_{\bar{0}}$ und $\boldsymbol{\Omega}_{\bar{0}}$ beschrieben werden kann (vgl. Bild 4.5). Definitionsgemäß gilt für die substantielle Differentiation einer beliebigen vektoriellen Größe $\boldsymbol{a}(t)$ nach der Zeit

a) im unüberstrichenen System

$$\frac{\mathrm{D}}{\mathrm{d}t}\boldsymbol{a} = \dot{a}_x\boldsymbol{e}_x + \dot{a}_y\boldsymbol{e}_y + \dot{a}_z\boldsymbol{e}_z\,,$$

b) im überstrichenen System

$$\frac{\bar{\mathrm{D}}}{\mathrm{d}t}\boldsymbol{a} = \dot{a}_{\bar{x}}\boldsymbol{e}_{\bar{x}} + \dot{a}_{\bar{y}}\boldsymbol{e}_{\bar{y}} + \dot{a}_{\bar{z}}\boldsymbol{e}_{\bar{z}}\,.$$

Die Aufgabe besteht nun darin, unter Berücksichtigung der zeitlich veränderlichen – als bekannt vorausgesetzten – gegenseitigen Zuordnung der beiden Bezugssysteme

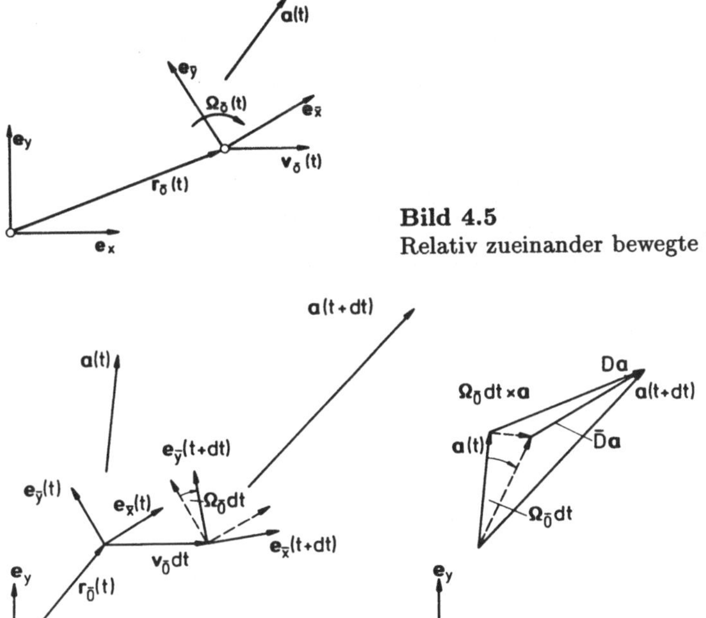

Bild 4.5
Relativ zueinander bewegte Bezugssysteme

Bild 4.6 Änderung der vektoriellen Größe **a** im Intervall dt

die Größen $\dot{a}_i$ aus den Größen $\dot{a}_{\bar{k}}$ zu ermitteln bzw. $\dot{a}_{\bar{k}}$ aus $\dot{a}_i$. Wir wollen zunächst versuchen, diese Aufgabe aus der "Anschauung" heraus zu lösen, dann aber einen formalen Beweis der Ergebnisse nachliefern.

Dazu betrachten wir die substantielle Änderung der vektoriellen Größe $\boldsymbol{a}$ im Zeitintervall dt (Bild 4.6a). Wir nehmen zunächst einmal an, daß sich vom überstrichenen System aus betrachtet $\boldsymbol{a}$ nicht ändere ($\bar{\mathrm{D}}\boldsymbol{a} = \mathbf{0}$). Dann resultiert daraus für das unüberstrichene System – infolge der relativen Drehung des überstrichenen Bezugssystems – dennoch eine Änderung von $\boldsymbol{a}$ von der Größe $\boldsymbol{\Omega}_{\bar{0}}\,\mathrm{d}t \times \boldsymbol{a}$ (Bild 4.6b). Hierzu addieren sich nun die etwa vorhandenen Änderungen von $\boldsymbol{a}$ gegenüber dem überstrichenen System, so daß insgesamt

$$\mathrm{D}\boldsymbol{a} = \boldsymbol{\Omega}_{\bar{0}}\,\mathrm{d}t \times \boldsymbol{a} + \bar{\mathrm{D}}\boldsymbol{a}$$

wird.

Dieselbe Betrachtung können wir auch mit umgekehrter Blickrichtung durchführen, indem wir vom unüberstrichenen System ausgehen. Wir erhalten dann unter Berücksichtigung, daß die relative Drehung des unüberstrichenen Systems gegenüber dem überstrichenen mit der Winkelgeschwindigkeit $\bar{\boldsymbol{\Omega}}_0 = -\boldsymbol{\Omega}_{\bar{0}}$ erfolgt, die analoge Beziehung

$$\bar{\mathrm{D}}\boldsymbol{a} = \bar{\boldsymbol{\Omega}}_{\bar{0}}\,\mathrm{d}t \times \boldsymbol{a} + \bar{\mathrm{D}}\boldsymbol{a}\,.$$

Zusammenfassend stellen wir fest

Satz 4.6: Zwischen den substantiellen Differentialquotienten $\frac{\mathrm{D}}{\mathrm{d}t}$ und $\frac{\bar{\mathrm{D}}}{\mathrm{d}t}$ einer vektoriellen Größe $\boldsymbol{a}$ besteht die Beziehung

$$\frac{\mathrm{D}\boldsymbol{a}}{\mathrm{d}t} = \frac{\bar{\mathrm{D}}\boldsymbol{a}}{\mathrm{d}t} + \boldsymbol{\Omega}_{\bar{0}} \times \boldsymbol{a} ,$$

wobei $\boldsymbol{\Omega}_{\bar{0}}$ die Winkelgeschwindigkeit der relativen Drehung des überstrichenen Bezugssystems gegenüber dem unüberstrichenen ist. Analog gilt

$$\frac{\bar{\mathrm{D}}\boldsymbol{a}}{\mathrm{d}t} = \frac{\mathrm{D}\boldsymbol{a}}{\mathrm{d}t} + \bar{\boldsymbol{\Omega}}_0 \times \boldsymbol{a}$$

mit

$$\bar{\boldsymbol{\Omega}}_0 = -\boldsymbol{\Omega}_{\bar{0}} .$$

Bei relativ zueinander ruhenden und bei lediglich translatorisch gegeneinander bewegten Bezugssystemen ist

$$\frac{\bar{\mathrm{D}}\boldsymbol{a}}{\mathrm{d}t} = \frac{\mathrm{D}\boldsymbol{a}}{\mathrm{d}t} .$$

Den formalen Beweis für den vorstehenden Satz finden wir, indem wir bei der substantiellen Differentiation die Zahlenwerte von $\boldsymbol{a}$ einmal auf das unüberstrichene, das andere Mal auf das überstrichene System beziehen:

$$\begin{aligned} \frac{\mathrm{D}\boldsymbol{a}}{\mathrm{d}t} &= \frac{\mathrm{D}}{\mathrm{d}t}\{a_x \boldsymbol{e}_x + a_y \boldsymbol{e}_y + a_z \boldsymbol{e}_z\} \\ &= \frac{\mathrm{D}}{\mathrm{d}t}\{a_{\bar{x}} \boldsymbol{e}_{\bar{x}} + a_{\bar{y}} \boldsymbol{e}_{\bar{y}} + a_{\bar{z}} \boldsymbol{e}_{\bar{z}}\} . \end{aligned}$$

Die Ausführung der Differentiationen auf der rechten Seite führt unter Beachtung von

$$\begin{aligned} \frac{\mathrm{D}a_x}{\mathrm{d}t} &= \dot{a}_x , & \frac{\mathrm{D}\boldsymbol{e}_x}{\mathrm{d}t} &= 0 \\ \frac{\mathrm{D}a_{\bar{x}}}{\mathrm{d}t} &= \dot{a}_{\bar{x}} = \frac{\bar{\mathrm{D}}a_{\bar{x}}}{\mathrm{d}t} , & \frac{\mathrm{D}\boldsymbol{e}_{\bar{x}}}{\mathrm{d}t} &= \boldsymbol{\Omega}_{\bar{0}} \times \boldsymbol{e}_{\bar{x}} \end{aligned}$$

auf die Gegenüberstellung

$$\underbrace{\dot{a}_x \boldsymbol{e}_x + \dot{a}_y \boldsymbol{e}_y + \dot{a}_z \boldsymbol{e}_z}_{\frac{\mathrm{D}\boldsymbol{a}}{\mathrm{d}t}} = \underbrace{\dot{a}_{\bar{x}} \boldsymbol{e}_{\bar{x}} + \dot{a}_{\bar{y}} \boldsymbol{e}_{\bar{y}} + \dot{a}_{\bar{z}} \boldsymbol{e}_{\bar{z}}}_{\frac{\bar{\mathrm{D}}\boldsymbol{a}}{\mathrm{d}t}} + \boldsymbol{\Omega}_{\bar{0}} \times \underbrace{\{a_{\bar{x}} \boldsymbol{e}_{\bar{x}} + a_{\bar{y}} \boldsymbol{e}_{\bar{y}} + a_{\bar{z}} \boldsymbol{e}_{\bar{z}}\}}_{\boldsymbol{a}} .$$

Drücken wir auf der rechten Seite noch mit Hilfe der Beziehung

$$\boldsymbol{e}_{\bar{i}} = \sum_k A_{\bar{i}k} \boldsymbol{e}_k$$

die Basisvektoren $e_{\bar{i}}$ durch die Basisvektoren e_k aus, so können wir aus der vorstehenden Gegenüberstellung auch entnehmen, wie wir die Zahlenwerte $\dot{a}_i$ bei bekannter Transformations-Matrix $A_{\bar{i}k}$ aus den Zahlenwerten $\dot{a}_{\bar{k}}$, $a_{\bar{k}}$ und $\Omega_{\bar{0}_i}$ (bzw. $\Omega_{\bar{0}_{\bar{k}}}$) ausrechnen können. Analog verfahren wir, wenn wir $\dot{a}_{\bar{k}}$ durch $\dot{a}_i$, a_i und $\bar{\Omega}_{0_i}$ ausdrücken wollen. Die vorstehenden Überlegungen lassen sich auch auf Tensoren beliebiger Stufe ausdehnen. So erhalten wir beispielsweise für Tensoren zweiter Stufe

---

Satz 4.7: Zwischen den substantiellen Differentialquotienten $\frac{\mathrm{D}}{\mathrm{d}t}$ und $\frac{\bar{\mathrm{D}}}{\mathrm{d}t}$ eines Tensors zweiter Stufe $\mathbf{S} = \sum_i \sum_k \sigma_{ik}\, e_i e_k$ besteht die Beziehung

$$\underbrace{\sum_i \sum_k \dot{\sigma}_{ik}\, e_i e_k}_{\frac{\mathrm{D}}{\mathrm{d}t}\mathbf{S}} = \underbrace{\sum_{\bar{i}} \sum_{\bar{k}} \dot{\sigma}_{\bar{i}\bar{k}}\, e_{\bar{i}} e_{\bar{k}}}_{\frac{\bar{\mathrm{D}}}{\mathrm{d}t}\mathbf{S}} + \sum_{\bar{i}} \sum_{\bar{k}} \sigma_{ik} \frac{\mathrm{D}}{\mathrm{d}t}(e_{\bar{i}} e_{\bar{k}})$$

mit

$$\frac{\mathrm{D}}{\mathrm{d}t}(e_i e_k) = (\boldsymbol{\Omega}_{\bar{0}} \times e_{\bar{i}})e_{\bar{k}} + e_{\bar{i}}(\boldsymbol{\Omega}_{\bar{0}} \times e_{\bar{k}}),$$

wobei $\boldsymbol{\Omega}_{\bar{0}}$ die Winkelgeschwindigkeit der relativen Drehung des überstrichenen Systems gegenüber dem unüberstrichenen ist.

Ähnliche Überlegungen haben wir anzustellen, wenn wir etwa die Beziehung zwischen den lokalen, d.h. bei festen Ortskoordinaten auszuführenden, Differentialquotienten nach der Zeit im überstrichenen System $\left(\frac{\bar{\partial}}{\partial t}\right)$ und im unüberstrichenen System $\left(\frac{\partial}{\partial t}\right)$ ermitteln wollen. Wir finden dann beispielsweise für eine skalare Größe f

$$\frac{\bar{\partial} f}{\partial t} = \frac{\partial f}{\partial t} + \boldsymbol{v} \cdot \operatorname{grad} f\,,$$

wobei

$$\boldsymbol{v} = \boldsymbol{v}_{\bar{0}} + \boldsymbol{\Omega}_{\bar{0}} \times (\boldsymbol{r} - \boldsymbol{r}_{\bar{0}})$$

und

$$\operatorname{grad} f = \nabla f = \frac{\partial f}{\partial x} e_x + \frac{\partial f}{\partial y} e_y + \frac{\partial f}{\partial z} e_z$$

ist. Weiter wollen wir diese Überlegungen hier nicht vertiefen. Es sollte nur deutlich gemacht werden, daß man bei Differentialquotienten nach der Zeit in relativ zueinander bewegten Bezugssystemen jeweils genau zu beachten hat, für welches Bezugssystem und wie eine solche zeitliche Ableitung jeweils definiert ist.

4.4 Änderung der Kinematik und des Grundgesetzes der Mechanik beim Übergang auf ein anderes Bezugssystem

Wir wollen zunächst untersuchen, wie sich die Beschreibung der Bewegung eines Körperpunktes beim Übergang auf ein anderes Bezugssystem ändert. Dabei greifen wir auf die in den vorhergehenden Abschnitten 4.2 und 4.3 gewonnenen Ergebnisse zurück.

Aus der für die Festlegung der Lage des Körperpunktes in den beiden Bezugssystemen geltenden Beziehung (vgl. Bild 4.2)

$$\boldsymbol{r}(t) = \boldsymbol{r}_{\bar{0}}(t) + \bar{\boldsymbol{r}}(t)$$

erhalten wir durch substantielle Differentiation nach der Zeit im unüberstrichenen System

$$\frac{\mathrm{D}}{\mathrm{d}t}\boldsymbol{r} = \frac{\mathrm{D}}{\mathrm{d}t}\boldsymbol{r}_{\bar{0}} + \frac{\mathrm{D}}{\mathrm{d}t}\bar{\boldsymbol{r}}\,.$$

Nun ist

$$\frac{\mathrm{D}}{\mathrm{d}t}\bar{\boldsymbol{r}} = \frac{\bar{\mathrm{D}}}{\mathrm{d}t}\bar{\boldsymbol{r}} + \boldsymbol{\Omega}_{\bar{0}} \times \bar{\boldsymbol{r}}\,.$$

Deshalb wird

$$\frac{\mathrm{D}\boldsymbol{r}}{\mathrm{d}t} = \frac{\mathrm{D}}{\mathrm{d}t}\boldsymbol{r}_{\bar{0}} + \boldsymbol{\Omega}_{\bar{0}} \times \bar{\boldsymbol{r}} + \frac{\bar{\mathrm{D}}}{\mathrm{d}t}\bar{\boldsymbol{r}}\,.$$

Wir bezeichnen die Geschwindigkeiten gegenüber dem unüberstrichenen Bezugssystem mit $\boldsymbol{v}$, die Geschwindigkeiten gegenüber dem überstrichenen System mit $\bar{\boldsymbol{v}}$. Für $\bar{\boldsymbol{v}}$ wird oft auch die Bezeichnung $\boldsymbol{v}_{\mathrm{rel}}$ (Relativgeschwindigkeit) gewählt. Ferner nennen wir den Ausdruck

$$\boldsymbol{v}_{\bar{F}} = \boldsymbol{v}_{\bar{0}} + \boldsymbol{\Omega}_{\bar{0}} \times \bar{\boldsymbol{r}}$$

die Führungsgeschwindigkeit des überstrichenen Systems gegenüber dem unüberstrichenen, weil sie angibt, mit welcher Geschwindigkeit ein im überstrichenen System ruhender Punkt gegenüber dem unüberstrichenen System mitgeführt wird. Analog bezeichnet

$$\bar{\boldsymbol{v}}_F = \bar{\boldsymbol{v}}_0 + \bar{\boldsymbol{\Omega}}_0 \times \boldsymbol{r}$$

die Führungsgeschwindigkeit des unüberstrichenen Systems gegenüber dem überstrichenen.

Zusammenfassend stellen wir fest:

Satz 4.8: Zwischen der Geschwindigkeit $\boldsymbol{v} = \frac{\mathrm{D}\boldsymbol{r}}{\mathrm{d}t}$ eines Körperpunktes gegenüber dem unüberstrichenen System und der (Relativ-)Geschwindigkeit $\bar{\boldsymbol{v}} =$

$\frac{\bar{\mathrm{D}}\bar{\boldsymbol{r}}}{\mathrm{d}t}$ desselben Körperpunktes gegenüber dem überstrichenen System gilt die Beziehung

$$\begin{aligned}\boldsymbol{v}(t) &= \boldsymbol{v}_{\bar{0}}(t) + \boldsymbol{\Omega}_{\bar{0}}(t) \times \bar{\boldsymbol{r}}(t) + \bar{\boldsymbol{v}}(t)\\ &= \boldsymbol{v}_{\bar{F}}(t) + \bar{\boldsymbol{v}}(t)\end{aligned}$$

mit

$$\boldsymbol{v}_{\bar{F}}(t) = \boldsymbol{v}_{\bar{0}}(t) + \boldsymbol{\Omega}_{\bar{0}}(t) \times \bar{\boldsymbol{r}}(t)$$

als Führungsgeschwindigkeit des überstrichenen Systems gegenüber dem unüberstrichenen. Analog gilt

$$\begin{aligned}\bar{\boldsymbol{v}}(t) &= \bar{\boldsymbol{v}}_0(t) + \bar{\boldsymbol{\Omega}}_0(t) \times \boldsymbol{r}(t) + \boldsymbol{v}(t)\\ &= \bar{\boldsymbol{v}}_{\bar{F}}(t) + \boldsymbol{v}(t)\end{aligned}$$

mit

$$\bar{\boldsymbol{v}}_F(t) = \bar{\boldsymbol{v}}_0(t) + \bar{\boldsymbol{\Omega}}_0(t) \times \boldsymbol{r}(t) = -\boldsymbol{v}_{\bar{F}}(t).$$

Dabei ist

$$\bar{\boldsymbol{v}}_0(t) = -\boldsymbol{v}_{\bar{0}}(t) + \boldsymbol{\Omega}_{\bar{0}} \times \boldsymbol{r}_{\bar{0}}$$

$$\bar{\boldsymbol{\Omega}}_0(t) = -\boldsymbol{\Omega}_{\bar{0}}(t)\,.$$

Die Beziehung zwischen den Beschleunigungen gegenüber den beiden Bezugssystemen ermitteln wir, indem wir noch einmal substantiell nach der Zeit differenzieren. Das ergibt

$$\begin{aligned}\frac{\mathrm{D}}{\mathrm{d}t}\boldsymbol{v} &= \frac{\mathrm{D}}{\mathrm{d}t}\boldsymbol{v}_{\bar{0}} + \frac{\mathrm{D}}{\mathrm{d}t}(\boldsymbol{\Omega}_{\bar{0}} \times \bar{\boldsymbol{r}}) + \frac{\mathrm{D}}{\mathrm{d}t}\bar{\boldsymbol{v}}\\ &= \frac{\mathrm{D}}{\mathrm{d}t}\boldsymbol{v}_{\bar{0}} + \frac{\mathrm{D}}{\mathrm{d}t}\boldsymbol{\Omega}_{\bar{0}} \times \bar{\boldsymbol{r}} + \boldsymbol{\Omega}_{\bar{0}} \times \frac{\mathrm{D}}{\mathrm{d}t}\bar{\boldsymbol{r}} + \frac{\mathrm{D}}{\mathrm{d}t}\bar{\boldsymbol{v}}\,.\end{aligned}$$

Beachten wir nun wiederum, daß

$$\frac{\mathrm{D}}{\mathrm{d}t}\bar{\boldsymbol{r}} = \bar{\boldsymbol{v}} + \boldsymbol{\Omega}_{\bar{0}} \times \bar{\boldsymbol{r}}$$

und

$$\frac{\mathrm{D}}{\mathrm{d}t}\bar{\boldsymbol{v}} = \frac{\bar{\mathrm{D}}}{\mathrm{d}t}\bar{\boldsymbol{v}} + \boldsymbol{\Omega}_{\bar{0}} \times \bar{\boldsymbol{v}}$$

ist und ferner

$$\frac{\mathrm{D}}{\mathrm{d}t}\boldsymbol{\Omega}_{\bar{0}} = \frac{\bar{\mathrm{D}}}{\mathrm{d}t}\boldsymbol{\Omega}_{\bar{0}} + \underbrace{\boldsymbol{\Omega}_{\bar{0}} \times \boldsymbol{\Omega}_{\bar{0}}}_{0},$$

so daß wir

$$\frac{\mathrm{D}}{\mathrm{d}t}\boldsymbol{\Omega}_{\bar{0}} = \frac{\bar{\mathrm{D}}}{\mathrm{d}t}\boldsymbol{\Omega}_{\bar{0}} = \dot{\boldsymbol{\Omega}}_{\bar{0}}$$

schreiben können, so erhalten wir

$$\frac{\mathrm{D}}{\mathrm{d}t}\boldsymbol{v} = \frac{\mathrm{D}}{\mathrm{d}t}\boldsymbol{v}_{\bar{0}} + \dot{\boldsymbol{\Omega}}_{\bar{0}} \times \bar{\boldsymbol{r}} + \boldsymbol{\Omega}_{\bar{0}} \times [\boldsymbol{\Omega}_{\bar{0}} \times \bar{\boldsymbol{r}}] + 2\boldsymbol{\Omega}_{\bar{0}} \times \bar{\boldsymbol{v}} + \frac{\bar{\mathrm{D}}}{\mathrm{d}t}\bar{\boldsymbol{v}}$$

Hierin stellt

$\frac{\mathrm{D}}{\mathrm{d}t}\boldsymbol{v} = \boldsymbol{a}$ die Beschleunigung gegenüber dem unüberstrichenen System,

$\frac{\bar{\mathrm{D}}}{\mathrm{d}t}\bar{\boldsymbol{v}} = \bar{\boldsymbol{a}}$ die Beschleunigung gegenüber dem überstrichenen System

dar. Den Ausdruck

$$\frac{\mathrm{D}}{\mathrm{d}t}\boldsymbol{v}_{\bar{0}} + \dot{\boldsymbol{\Omega}}_{\bar{0}} \times \bar{\boldsymbol{r}} + \boldsymbol{\Omega}_{\bar{0}} \times [\boldsymbol{\Omega}_{\bar{0}} \times \bar{\boldsymbol{r}}] = \boldsymbol{a}_{\bar{F}}$$

bezeichnen wir als Führungsbeschleunigung. Sie gibt an, welche Beschleunigung ein im überstrichenen System ruhender (d.h. mit diesem System mitgeführter) Punkt gegenüber dem unüberstrichenen System erfährt. Der Term

$$2\boldsymbol{\Omega}_{\bar{0}} \times \bar{\boldsymbol{v}} = \boldsymbol{a}_{\bar{C}}$$

ist die sogenannte *Coriolis*-Beschleunigung (nach *Coriolis*, 1792-1843), die stets senkrecht auf der Geschwindigkeit $\bar{\boldsymbol{v}}$ steht, die der Körperpunkt gegenüber dem überstrichenen System besitzt.

Zusammenfassend können wir unsere Überlegungen, wie sich die Beschleunigung eines Körpers beim Übergang zu einem anderen Bezugssystem ändert, festhalten im

---

Satz 4.9: Zwischen der Beschleunigung $\boldsymbol{a} = \frac{\mathrm{D}\boldsymbol{v}}{\mathrm{d}t}$ eines Körperpunktes gegenüber dem unüberstrichenen System und der Beschleunigung $\bar{\boldsymbol{a}} = \frac{\bar{\mathrm{D}}\bar{\boldsymbol{v}}}{\mathrm{d}t}$ desselben Körperpunktes gegenüber dem überstrichenen System gilt die Beziehung

$$\boldsymbol{a}(t) = \frac{\mathrm{D}}{\mathrm{d}t}\boldsymbol{v}_{\bar{0}} + \dot{\boldsymbol{\Omega}}_{\bar{0}} \times \bar{\boldsymbol{r}} + \boldsymbol{\Omega}_{\bar{0}} \times [\boldsymbol{\Omega}_{\bar{0}} \times \bar{\boldsymbol{r}}] + 2\boldsymbol{\Omega}_{\bar{0}} \times \bar{\boldsymbol{v}} + \bar{\boldsymbol{a}}$$
$$= \boldsymbol{a}_{\bar{F}}(t) + \boldsymbol{a}_{\bar{C}}(t) + \bar{\boldsymbol{a}}(t)\,,$$

wobei

$$\boldsymbol{a}_{\bar{F}}(t) = \frac{\mathrm{D}}{\mathrm{d}t}\boldsymbol{v}_{\bar{0}} + \dot{\boldsymbol{\Omega}}_{\bar{0}} \times \bar{\boldsymbol{r}} + \boldsymbol{\Omega}_{\bar{0}} \times [\boldsymbol{\Omega}_{\bar{0}} \times \bar{\boldsymbol{r}}]$$

die Führungsbeschleunigung des überstrichenen Systems gegenüber dem unüberstrichenen und

$$\boldsymbol{a}_{\bar{C}}(t) = 2\boldsymbol{\Omega}_{\bar{0}} \times \bar{\boldsymbol{v}}$$

die *Coriolis*-Beschleunigung aus der Rotation des überstrichenen Systems gegenüber dem unüberstrichenen System bezeichnet. Analog gilt

$$\begin{aligned}\bar{\boldsymbol{a}}(t) &= \frac{\bar{\mathrm{D}}}{\mathrm{d}t}\bar{\boldsymbol{v}}_0 + \dot{\bar{\boldsymbol{\Omega}}}_0 \times \boldsymbol{r} + \bar{\boldsymbol{\Omega}}_0 \times \left[\bar{\boldsymbol{\Omega}}_0 \times \boldsymbol{r}\right] + 2\bar{\boldsymbol{\Omega}}_0 \times \boldsymbol{v} + \boldsymbol{a} \\ &= \bar{\boldsymbol{a}}_F(t) + \bar{\boldsymbol{a}}_C(t) + \boldsymbol{a}(t)\,,\end{aligned}$$

mit

$$\begin{aligned}\bar{\boldsymbol{a}}_F(t) &= \frac{\bar{\mathrm{D}}}{\mathrm{d}t}\bar{\boldsymbol{v}}_0 + \dot{\bar{\boldsymbol{\Omega}}}_0 \times \boldsymbol{r} + \bar{\boldsymbol{\Omega}}_0 \times \left[\bar{\boldsymbol{\Omega}}_0 \times \boldsymbol{r}\right] \\ \bar{\boldsymbol{a}}_C(t) &= 2\bar{\boldsymbol{\Omega}}_0 \times \boldsymbol{v}\,.\end{aligned}$$

Dabei ist

$$\begin{aligned}\bar{\boldsymbol{v}}_0(t) &= -\boldsymbol{v}_{\bar{0}}(t) + \boldsymbol{\Omega}_{\bar{0}} \times \boldsymbol{r}_{\bar{0}} \\ \bar{\boldsymbol{\Omega}}_0(t) &= -\boldsymbol{\Omega}_{\bar{0}}(t)\,.\end{aligned}$$

Wir entnehmen den obigen Betrachtungen auch, daß alle bisher untersuchten Beziehungen (Transformationen, kinematische Beziehungen usw.), die für den Übergang von einem Bezugssystem zu einem anderen gelten, unabhängig davon sind, welches Bezugssystem wir zum Ausgangspunkt unserer Betrachtungen machen.

Für den Übergang vom unüberstrichenen Bezugssystem zum überstrichenen gelten formal die gleichen Beziehungen wie beim umgekehrten Übergang; wir haben lediglich die unüberstrichenen Größen (bzw. Indices) gegen die überstrichenen auszutauschen und umgekehrt. Zu beachten ist aber, daß zwar stets

$$\boldsymbol{a}_{\bar{F}} + \boldsymbol{a}_{\bar{C}} = -\left(\bar{\boldsymbol{a}}_F + \bar{\boldsymbol{a}}_C\right)\,,$$

im allgemeinen aber

$$\boldsymbol{a}_{\bar{F}} \neq -\bar{\boldsymbol{a}}_F \quad \text{und} \quad \boldsymbol{a}_{\bar{C}} \neq -\bar{\boldsymbol{a}}_C$$

ist, wie anhand der Definitionen für diese Größen leicht nachzuprüfen ist.

Offen ist noch die Frage, ob und gegebenenfalls wie sich die Struktur der physikalischen Beziehungen zwischen den an einem Vorgang beteiligten physikalischen Größen beim Übergang zu einem anderen Bezugssystem ändert. Insbesondere ist zu klären, ob es vielleicht ein besonders ausgezeichnetes Bezugssystem gibt, für das diese Beziehungen eine besonders einfache Form annehmen. Diesen Fragen wollen wir jetzt nachgehen und dabei insbesondere das Grundgesetz der Mechanik ins Auge fassen.

In Abschnitt 1.2 sind wir davon ausgegangen, daß das Grundgesetz der Mechanik in der in den Sätzen 1.1 und 1.2 festgelegten Form in einem beliebigen Bezugssystem hinreichend genau gelten möge. Wir wählen dieses Bezugssystem als das unübertrichene. In ihm möge also gelten:

Impulssatz: $\dfrac{\mathrm{D}}{\mathrm{d}t}(\mathrm{d}m\,\boldsymbol{v}) = \mathrm{d}m\,\boldsymbol{a} = \mathrm{d}\boldsymbol{F}\,,$

Drallsatz: $\dfrac{\mathrm{D}}{\mathrm{d}t}(\boldsymbol{r} \times \mathrm{d}m\,\boldsymbol{v}) = \boldsymbol{r} \times \mathrm{d}m\,\boldsymbol{a} = \mathrm{d}\boldsymbol{M}_{(0)}\,.$

Wir gehen nun zu einem anderen – überstrichenen – Bezugssystem über und fragen danach, welche Form in diesem Bezugssystem Impulssatz und Drallsatz annehmen.

Wir beginnen damit, daß wir $\frac{\mathrm{D}\boldsymbol{v}}{\mathrm{d}t} = \boldsymbol{a}$ durch $\frac{\bar{\mathrm{D}}\bar{\boldsymbol{v}}}{\mathrm{d}t} = \bar{\boldsymbol{a}}$ ausdrücken. Dies führt mit

$$\boldsymbol{a} = \boldsymbol{a}_{\bar{F}} + \boldsymbol{a}_{\bar{C}} + \bar{\boldsymbol{a}}$$

nach entsprechender Umordnung beim Impulssatz auf

$$\frac{\bar{\mathrm{D}}}{\mathrm{d}t}(\mathrm{d}m\,\bar{\boldsymbol{v}}) = \mathrm{d}m\,\bar{\boldsymbol{a}} = \mathrm{d}\boldsymbol{F} - \mathrm{d}m\,\boldsymbol{a}_{\bar{F}} - \mathrm{d}m\,\boldsymbol{a}_{\bar{C}}$$

und beim Drallsatz auf

$$\boldsymbol{r} \times \frac{\bar{\mathrm{D}}}{\mathrm{d}t}(\mathrm{d}m\,\bar{\boldsymbol{v}}) = \boldsymbol{r} \times \mathrm{d}m\,\bar{\boldsymbol{a}} = \mathrm{d}\boldsymbol{M}_{(0)} - \boldsymbol{r} \times \mathrm{d}m\,\boldsymbol{a}_{\bar{F}} - \boldsymbol{r} \times \mathrm{d}m\,\boldsymbol{a}_{\bar{C}}\,.$$

Ersetzen wir beim Drallsatz $\boldsymbol{r}$ durch $\boldsymbol{r} = \boldsymbol{r}_{\bar{0}} + \bar{\boldsymbol{r}}$, so folgt zunächst

$$\begin{aligned}\bar{\boldsymbol{r}} \times \frac{\bar{\mathrm{D}}}{\mathrm{d}t}(\mathrm{d}m\,\bar{\boldsymbol{v}}) &= \frac{\bar{\mathrm{D}}}{\mathrm{d}t}(\bar{\boldsymbol{r}} \times \mathrm{d}m\,\bar{\boldsymbol{v}}) \\ &= \mathrm{d}\boldsymbol{M}_{(0)} - \boldsymbol{r}_{\bar{0}} \times \mathrm{d}m\,\underbrace{(\bar{\boldsymbol{a}} + \boldsymbol{a}_{\bar{F}} + \boldsymbol{a}_{\bar{C}})}_{\boldsymbol{a}} - \bar{\boldsymbol{r}} \times \mathrm{d}m(\boldsymbol{a}_{\bar{F}} + \boldsymbol{a}_{\bar{C}})\,.\end{aligned}$$

Nun ist bei Gültigkeit des *Boltzmann*-Axioms

$$\mathrm{d}\boldsymbol{M}_{(0)} = \boldsymbol{r} \times \mathrm{d}\boldsymbol{F} = \boldsymbol{r} \times \mathrm{d}m\,\boldsymbol{a}$$

und deshalb

$$\mathrm{d}\boldsymbol{M}_{(0)} - \boldsymbol{r}_{\bar{0}} \times \mathrm{d}m\,\boldsymbol{a} = (\boldsymbol{r} - \boldsymbol{r}_{\bar{0}}) \times \mathrm{d}\boldsymbol{F} = \mathrm{d}\boldsymbol{M}_{(\bar{0})}.$$

Darum nimmt schließlich der Drallsatz im überstrichenen System die Form an

$$\begin{aligned}\frac{\mathrm{D}}{\mathrm{d}t}(\bar{\boldsymbol{r}} \times \mathrm{d}m\,\bar{\boldsymbol{v}}) = \bar{\boldsymbol{r}} \times \mathrm{d}m\,\bar{\boldsymbol{a}} &= \mathrm{d}\boldsymbol{M}_{(\bar{0})} - \bar{\boldsymbol{r}} \times (\mathrm{d}m\,\boldsymbol{a}_{\bar{F}} + \mathrm{d}m\,\boldsymbol{a}_{\bar{C}}) \\ &= \bar{\boldsymbol{r}} \times \{\mathrm{d}\boldsymbol{F} - \mathrm{d}m\,\boldsymbol{a}_{\bar{F}} - \mathrm{d}m\,\boldsymbol{a}_{\bar{C}}\}\,.\end{aligned}$$

Die von der Bewegung des überstrichenen Systems gegenüber dem unüberstrichenen System abhängigen Größen $dm(-\boldsymbol{a}_{\bar{F}})$ und $dm(-\boldsymbol{a}_{\bar{C}})$ sind in ihrer Wirkung – vom überstrichenen System aus betrachtet – nicht von anderen volumenhaft angreifenden Kräften zu unterscheiden. Das berechtigt uns

$$-\mathrm{d}m\,\boldsymbol{a}_{\bar{F}} = \mathrm{d}m(-\boldsymbol{a}_{\bar{F}}) = \mathrm{d}m\,\boldsymbol{f}_{\bar{F}} = \mathrm{d}\boldsymbol{F}_{\bar{F}} \qquad \text{(Führungskraft)}$$

bzw.

$$-\mathrm{d}m\,\boldsymbol{a}_{\bar{C}} = \mathrm{d}m(-\boldsymbol{a}_{\bar{C}}) = \mathrm{d}m\,\boldsymbol{f}_{\bar{C}} = \mathrm{d}\boldsymbol{F}_{\bar{C}} \qquad (\textit{Coriolis}\text{-Kraft})$$

zu setzen. Als Sammelbegriff wollen wir für diese Kräfte die Bezeichnung Trägheitskräfte benutzen, weil sie Trägheitswirkungen der Masse gegenüber Führungs- und *Coriolis*-Beschleunigung darstellen.

Die Bezeichnung Führungskraft rührt daher, daß sie von der Führungsbeschleunigung des Systems verursacht ist. Diese allgemein übliche Bezeichnung ist jedoch nicht ganz glücklich gewählt, weil sie zu Verwechslungen mit den von kinematischen Bindungen verursachten Reaktionen führen kann, die im allgemeinen auch Führungskräfte genannt werden. Im Zweifelsfall muß man deshalb näher erläutern, was jeweils gemeint ist.

Die verschiedenen Anteile der Trägheitskräfte lassen sich anschaulich deuten. Es ist (s. Satz 4.9)

$-\,\mathrm{d}m\,\frac{\mathrm{D}}{\mathrm{d}t}\boldsymbol{v}_{\bar{0}}$	der Anteil, der auf die Beschleunigung des Bezugspunktes $\bar{0}$ zurückgeht,
$-\,\mathrm{d}m\,\dot{\boldsymbol{\Omega}}_{\bar{0}}\times\bar{\boldsymbol{r}}$	der aus der Winkelbeschleunigung des um $\bar{0}$ rotierenden überstrichenen Bezugssystems resultierende Anteil,
$-\,\mathrm{d}m\,\boldsymbol{\Omega}_{\bar{0}}\times[\boldsymbol{\Omega}_{\bar{0}}\times\bar{\boldsymbol{r}}]$	die durch die Rotation des überstrichenen Bezugssystems um $\bar{0}$ hervorgerufene Fliehkraft.
$-2\,\mathrm{d}m\,\boldsymbol{\Omega}_{\bar{0}}\times\bar{\boldsymbol{v}}$	die von der Rotation des überstrichenen Bezugssystems um $\bar{0}$ herrührende *Coriolis*-Kraft, die stets senkrecht zu $\bar{\boldsymbol{v}}$ wirkt und deshalb stets leistungslos ist und überdies verschwindet, wenn der Körperpunkt im überstrichenen System ruht.

Die Angaben über die Bewegung des überstrichenen Systems ($\boldsymbol{v}_{\bar{0}}$, $\boldsymbol{\Omega}_{\bar{0}}$) sind dabei immer relativ zum unüberstrichenen System zu verstehen.

Nach diesen Definitionen und Erläuterungen stellen wir zusammenfassend fest:

Satz 4.10: Das Grundgesetz der Mechanik, das im unüberstrichenen Bezugssystem

$$\frac{\mathrm{D}}{\mathrm{d}t}(\mathrm{d}m\,\boldsymbol{v}) = \mathrm{d}\boldsymbol{F} \qquad \text{(Teil A: \textit{Impulssatz})}$$

$$\frac{\mathrm{D}}{\mathrm{d}t}(\boldsymbol{r}\times\mathrm{d}m\,\boldsymbol{v}) = \mathrm{d}\boldsymbol{M}_{(0)} \qquad \text{(Teil B: \textit{Drallsatz})}$$

lautet, bleibt beim Übergang zu einem anderen – gegenüber dem Ausgangssystem beliebig bewegten – (überstrichenen) Bezugssystem formal unverändert, d.h. es gilt analog im überstrichenen Bezugssystem

$$\frac{\bar{\mathrm{D}}}{\mathrm{d}t}(\mathrm{d}m\,\bar{\boldsymbol{v}}) = \mathrm{d}\bar{\boldsymbol{F}} \qquad \text{(Teil A: \textit{Impulssatz})}$$

$$\frac{\bar{\mathrm{D}}}{\mathrm{d}t}(\bar{\boldsymbol{r}}\times\mathrm{d}m\,\bar{\boldsymbol{v}}) = \mathrm{d}\bar{\boldsymbol{M}}_{(0)} \qquad \text{(Teil B: \textit{Drallsatz})}$$

Es ändern sich jedoch beim Übergang von einem zum anderen Bezugssystem die volumenhaft verteilt angreifenden Kräfte (und deren Momente), und zwar gilt

$$\mathrm{d}\bar{\boldsymbol{F}} = \mathrm{d}\boldsymbol{F} \underbrace{-\,\mathrm{d}m\,\boldsymbol{a}_{\bar{F}}}_{+\mathrm{d}\boldsymbol{F}_{\bar{F}}} \underbrace{-\,\mathrm{d}m\,\boldsymbol{a}_{\bar{C}}}_{+\mathrm{d}\boldsymbol{F}_{\bar{C}}}$$

bzw.

$$\mathrm{d}\boldsymbol{F} = \mathrm{d}\bar{\boldsymbol{F}} \underbrace{-\,\mathrm{d}m\,\bar{\boldsymbol{a}}_{F}}_{+\mathrm{d}\bar{\boldsymbol{F}}_{F}} \underbrace{-\,\mathrm{d}m\,\bar{\boldsymbol{a}}_{C}}_{+\mathrm{d}\bar{\boldsymbol{F}}_{C}}$$

mit den in Satz 4.9 definierten Führungs- und *Coriolis*-Beschleunigungen $\boldsymbol{a}_{\bar{F}}$ und $\boldsymbol{a}_{\bar{C}}$ bzw. $\bar{\boldsymbol{a}}_F$ und $\bar{\boldsymbol{a}}_C$. Die *Coriolis*-Kraft $\mathrm{d}\boldsymbol{F}_{\bar{C}}$ bzw. $\mathrm{d}\bar{\boldsymbol{F}}_C$ ist in dem entsprechenden Bezugssystem stets leistungslos.

Wir können die Aussagen des Satzes 4.10 auf den gesamten Körper ausdehnen, indem wir genauso verfahren, wie wir es in Abschnitt 1.2 getan haben. Daraus folgt für die Bewegung des Massen-Mittelpunktes:

Satz 4.11: Massen-Mittelpunktsatz beim Übergang zu einem anderen Bezugssystem:

$$\frac{\bar{\mathrm{D}}}{\mathrm{d}t}(m\,\bar{\boldsymbol{v}}_M) = \bar{\boldsymbol{F}}^{(a)} = \boldsymbol{F}^{(a)} \underbrace{-m\,\boldsymbol{a}_{M_{\bar{F}}}}_{+\boldsymbol{F}_{\bar{F}}} \underbrace{-m\,\boldsymbol{a}_{M_{\bar{C}}}}_{+\boldsymbol{F}_{\bar{C}}}$$

bzw.

$$\frac{\mathrm{D}}{\mathrm{d}t}(m\,\boldsymbol{v}_M) = \boldsymbol{F}^{(a)} = \bar{\boldsymbol{F}}^{(a)} \underbrace{-m\,\bar{\boldsymbol{a}}_{M_F}}_{+\bar{\boldsymbol{F}}_F} \underbrace{-m\,\bar{\boldsymbol{a}}_{M_C}}_{+\bar{\boldsymbol{F}}_C}.$$

Wir entnehmen Satz 4.10 als wesentliches Ergebnis, daß das Grundgesetz der Mechanik in gleicher Form in jedem Bezugssystem gilt. Wir haben nur darauf zu achten, daß wir jeweils die zugehörigen – vom Bezugssystem abhängigen – Kräfte in Rechnung stellen. Danach erscheinen grundsätzlich alle Bezugssysteme gleichberechtigt. Dennoch kann man die Frage aufwerfen, ob es ausgezeichnete Bezugssysteme gibt, in denen sich die Kräfte, mit denen man zu rechnen hat, auf ein Minimalsystem reduzieren lassen. Für den Fall, daß es ein solches ausgezeichnetes Bezugssystem gibt, müssen dann auch alle anderen diesem gegenüber gleichförmig (translatorisch) bewegten Bezugssysteme die gleiche Eigenschaft haben, da sich bei einer solchen *Galilei*-Transformation die Kräfte nicht ändern.

Betrachtungen zu diesem Fragenkreis gehen vielfach davon aus, daß es eine Klasse von Bezugssystemen geben müsse, in denen das *Galilei*sche Beharrungsgesetz gelte, welches besagt, daß der Massen-Mittelpunkt eines kräftefreien Körpers in gleichförmiger Bewegung beharrt. Diese Bezugssysteme werden Inertialsysteme genannt (*Inertia* = Trägheit). Nun gibt es aber keinen kräftefreien Raum. Deshalb bleibt uns nur der Weg, in geeigneter Weise ein Bezugssystem zu fixieren, z.B. durch Bindung an die Erde, wobei alle Bezugssysteme prinzipiell als äquivalent zu betrachten sind, und dann die in diesem Bezugssystem wirkenden Kräfte, die neben den Wechselwirkungen der zu dem betrachteten mechanischen System gehörenden Körper auftreten, aus Beobachtungsergebnissen zu erschließen. Dabei bleibt es prinzipiell offen, ob diese Zusatzkräfte auf – bekannten oder unbekannten – Wechselwirkungen mit Körpern beruhen, die nicht zu dem betrachteten mechanischen System gehören, oder ob sie vom Bewegungszustand des Bezugssystems herrühren. Der systemgebundene Beobachter kann dies aus den beobachteten Wirkungen heraus ja nicht unterscheiden. Diese Auffassungsweise führt uns zu

---

Satz 4.12: *Allgemeines Relativitätsprinzip der klassischen Mechanik:*
Im Rahmen der klassischen Mechanik sind alle Bezugssysteme grundsätzlich gleichberechtigt. Beim Übergang von einem Bezugssystem zum anderen ist lediglich die von der gegenseitigen Relativ-Bewegung der beiden Bezugssysteme abhängige Änderung der volumenhaft verteilt angreifenden Kräfte zu berücksichtigen.

Dieses Relativitätsprinzip enthält einen axiomatischen Kern, der über die bisherigen Aussagen zum Grundgesetz der Mechanik hinausgeht. Es sind ja durchaus Massen-Anordnungen im Weltraum denkbar, die bestimmte Richtungen bevorzugt erscheinen lassen, was im übrigen nicht im Widerspruch zum Indifferenz-Prinzip für Raum und Zeit steht.

Eine ergänzende Bemerkung erfordern noch die Energiebetrachtungen. Die Arbeit einer Kraft ist – obwohl sie eine skalare Größe ist – abhängig vom Bezugssystem, da die kinematischen Größen vom Bezugssystem abhängen. Das gleiche gilt für das Kräfte-Potential und für die kinetische Energie. Zwar gilt der Energiesatz der Mechanik – wie das Grundgesetz – in jedem Bezugssystem, beim Übergang zu einem anderen Bezugssystem transformieren sich jedoch auch die Energie-Austauschvorgänge. Dabei kann z.B. auch ein konservatives (Teil-)System in ein nicht-konservatives übergehen und umgekehrt.

4.5 Das Prinzip von d'Alembert

Verwenden wir ein (überstrichenes) Bezugssystem, das sich mit dem Massen-Mittelpunkt mitbewegt, so gilt für die Kinematik des Massen-Mittelpunktes in diesem Bezugssystem

$$\bar{\boldsymbol{v}}_M = \mathbf{0}\,; \quad \bar{\boldsymbol{a}}_M = \mathbf{0}\,; \quad \boldsymbol{a}_{M_{\bar{C}}} = \mathbf{0}\,.$$

Daraus folgt

$$\boldsymbol{a}_{M_{\bar{F}}} = \boldsymbol{a}_M\,.$$

Der Massen-Mittelpunktsatz nimmt deshalb im überstrichenen System die Form

$$\bar{\boldsymbol{F}} = \boldsymbol{F} - m\,\boldsymbol{a}_M = \boldsymbol{0}$$

an. Die Kinetik des Massen-Mittelpunktes wird somit im überstrichenen System zu einem statischen Problem: die dem Massen-Mittelpunkt zugeordneten Kräfte des Ausgangssystems bilden mit der aus der Bewegung des Massen-Mittelpunktes resultierenden Trägheitskraft ein (zentrales) Gleichgewichtssystem. Das gilt für starre wie auch für deformierbare Körper.

Die Betrachtungsweise können wir für starre Körper analog auch auf den Drallsatz übertragen, indem wir ein körperfestes (überstrichenes) Bezugssystem einführen, in dem der ganze Körper (und nicht nur der Massen-Mittelpunkt) ruht. In diesem körperfesten Bezugssystem bilden die – im allgemeinen verteilt angreifenden – Kräfte des Ausgangssystems mit den Trägheitskräften, die beim Übergang zum körperfesten Bezugssystem hinzukommen, ein Gleichgewichtssystem im Sinne der Statik. Die Kinetik starrer Körper ist deshalb durch den Übergang zu einem körperfesten Bezugssystem auf die Statik zurückzuführen. Davon werden wir bei den Anwendungen häufig Gebrauch machen (vgl. hierzu insbesondere Abschnitt 5.3 und Kapitel 6).

Wir können diese Überlegungen weiterführen und auf deformierbare Körper ausdehnen. Auch für solche Körper lassen sich körperfeste Koordinatensysteme einführen, die nun freilich nicht mehr starr sind, sondern sich mit dem Körper deformieren. Wir halten fest, daß bei Einführung eines solchen körperfesten Koordinatensystems das Grundgesetz der Mechanik für das Körperelement in die Form

$$\mathrm{d}\bar{\boldsymbol{F}} = \mathrm{d}\boldsymbol{F} - \mathrm{d}m\,\boldsymbol{a} = 0$$

$$\mathrm{d}\bar{\boldsymbol{M}}_{(0)} = \boldsymbol{r} \times (\,\mathrm{d}\boldsymbol{F} - \mathrm{d}m\,\boldsymbol{a}) = 0$$

übergeht. Daraus folgern wir, daß für ein solches körperfestes Koordinatensystem die am Element angreifenden Kräfte mit den Trägheitskräften ein Gleichgewichtssystem bilden. Es gilt also ganz allgemein

---

Satz 4.13: *Verallgemeinertes Prinzip von d'Alembert:*

Gehen wir bei der Untersuchung der Bewegung eines Körpers zu einem körperfesten Bezugssystem über, so bilden in diesem System die an einem Element des Körpers angreifenden Kräfte, die sich aus dem im Ausgangssystem vorhandenen Kräften und aus den beim Übergang zum körperfesten Bezugssystem hinzukommenden Trägheitskräften zusammensetzen, ein Gleichgewichtssystem.

Auf diese Weise sind kinetische Probleme auf statische Probleme zurückzuführen. Man bezeichnet diese Vorgehensweise deshalb auch als Kineto-Statik. Sie geht – historisch betrachtet – auf *Johann Bernoulli* (1667-1748) zurück, wurde 1743 jedoch von *d'Alembert* (1717-1783) verallgemeinert und methodisch zu einem Prinzip ausgebaut. Dieses Prinzip von d'Alembert ist freilich in seiner originalen Fassung nicht identisch mit der Aussage des Satzes 4.13. Die im Hinblick auf die Anwendungen aus ihm sowie aus Satz 4.13 zu ziehenden Folgerungen stimmen allerdings überein. Dem allgemeinen Sprachgebrauch folgend behalten wir deshalb die Bezeichnung (verallgemeinertes) Prinzip von d'Alembert bei.

4.6 Einige Beispiel aus der Punkt-Kinetik

1. Beispiel: Rotierendes Rohr

In einem Rohr, das sich um eine vertikale Achse mit der konstanten Winkelgeschwindigkeit $\boldsymbol{\Omega}_{\bar{0}}$ dreht, gleitet reibungsfrei ein Körper, der als Massenpunkt zu betrachten sei (Bild 4.7). Wir wollen ermitteln:

a) das Bewegungsgesetz des Körpers mit den Anfangsbedingungen

$$t = 0 \qquad \bar{x} = \bar{x}_0$$
$$\dot{\bar{x}} = 0\,,$$

b) die Reaktionen, die sich aus den kinematischen Bindungen ergeben.

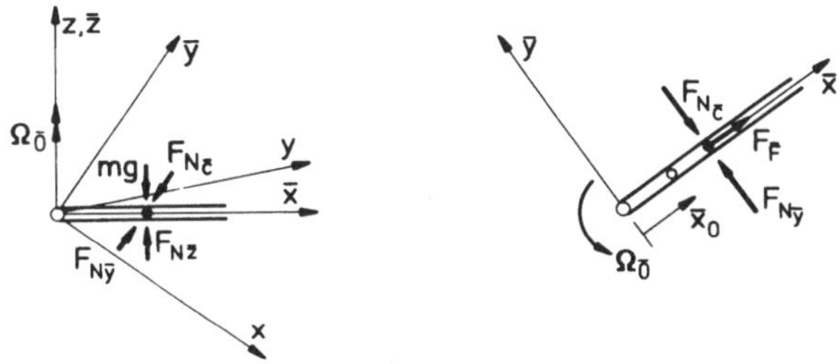

Bild 4.7 Rotierendes Rohr mit Massenpunkt

Für die Bewegung des rotierenden überstrichenen Systems gegenüber dem erdfesten ruhenden System gilt

$$\boldsymbol{r}_{\bar{0}} = \boldsymbol{0} \quad \rightarrow \quad \boldsymbol{v}_{\bar{0}} = \boldsymbol{0} \quad \rightarrow \quad \frac{\mathrm{D}}{\mathrm{d}t}\boldsymbol{v}_{\bar{0}} = \boldsymbol{0}$$

$$\boldsymbol{\Omega}_{\bar{0}} = \Omega\,\boldsymbol{e}_z = \Omega\,\boldsymbol{e}_{\bar{z}}\,.$$

Die Bewegung des Körpers gegenüber dem rotierenden überstrichenen System beschreiben wir durch die Angabe von

Bahn: $\boldsymbol{r}(t) = \bar{x}(t)\boldsymbol{e}_{\bar{x}}$

Geschwindigkeit: $\bar{\boldsymbol{v}}(t) = \dot{\bar{x}}(t)\boldsymbol{e}_{\bar{x}}$

Beschleunigung: $\bar{\boldsymbol{a}}(t) = \ddot{\bar{x}}(t)\boldsymbol{e}_{\bar{x}}\,.$

Im unüberstrichenen erdfesten System treten als Kräfte nur die Schwerkraft und die Reaktionen der kinematischen Bindungen auf. Zweckmäßig beziehen wir die Zahlenwerte dieser Kräfte auf die überstrichene Basis und erhalten so

$$\boldsymbol{F} = F_{N_{\bar{y}}} \boldsymbol{e}_{\bar{y}} + \{F_{N_{\bar{z}}} - mg\} \boldsymbol{e}_{\bar{z}}$$

Um Mißverständnisse zu vermeiden, müssen wir in der Bezeichnungsweise sorgfältig unterscheiden zwischen den Reaktionen F_N der kinematischen Bindungen (Führungen) und den von der Rotation des überstrichenen Systems herrührenden Führungskräften $F_{\bar{F}}$.

Im überstrichenen System haben wir mit der resultierenden Kraft

$$\begin{aligned} \bar{\boldsymbol{F}} &= \boldsymbol{F} + \boldsymbol{F}_{\bar{F}} + \boldsymbol{F}_{\bar{C}} \\ &= \boldsymbol{F} - m\,\boldsymbol{a}_{\bar{F}} - m\,\boldsymbol{a}_{\bar{C}} \end{aligned}$$

zu rechnen. Dabei haben wir einzusetzen
als Führungskraft: $\boldsymbol{F}_{\bar{F}} = -m\,\boldsymbol{a}_{\bar{F}}$

$$\begin{aligned} &= -m\left\{ \underbrace{\frac{\mathrm{D}}{\mathrm{d}t}\boldsymbol{v}_{\bar{0}}}_{0} + \underbrace{\dot{\boldsymbol{\Omega}}_{\bar{0}} \times \bar{\boldsymbol{r}}}_{0} \times [\boldsymbol{\Omega}_{\bar{0}} \times \bar{\boldsymbol{r}}] \right\} \\ &= m\Omega^2 \bar{x}\, \boldsymbol{e}_{\bar{x}} \end{aligned}$$

als *Coriolis*-Kraft:

$$\begin{aligned} \boldsymbol{F}_{\bar{C}} &= -m\,\boldsymbol{a}_{\bar{C}} \\ &= -m\,2\,\boldsymbol{\Omega}_{\bar{0}} \times \bar{\boldsymbol{v}} \\ &= -2\,m\,\Omega \dot{\bar{x}}\, \boldsymbol{e}_{\bar{y}}\,. \end{aligned}$$

Aus dem Massen-Mittelpunktsatz (Impulssatz) im überstrichenen Bezugssystem

$$m\,\bar{\boldsymbol{a}} = \bar{\boldsymbol{F}}$$

folgen die drei skalaren Gleichungen

$$\begin{aligned} m\ddot{\bar{x}} &= m\,\Omega^2\,\bar{x} \\ m\ddot{\bar{y}} &= F_{N_{\bar{y}}} - 2m\,\Omega\,\dot{\bar{x}} = 0 \\ m\ddot{\bar{z}} &= F_{N_{\bar{z}}} - mg = 0\,. \end{aligned}$$

Das sich aus der ersten Gleichung ergebende kinematische Bewegungsgesetz

$$\ddot{\bar{x}} - \Omega^2\,\bar{x} = 0$$

hat die allgemeine Lösung

$$\bar{x}(t) = c_1\,e^{\Omega t} + c_2\,e^{-\Omega t}.$$

Aus den Anfangsbedingungen

$$\begin{aligned} t = 0: \quad &\bar{x} = \bar{x}_0 = c_1 + c_2 \\ &\dot{\bar{x}} = 0 \;\; = \Omega\,(c_1 - c_2) \end{aligned}$$

ermitteln wir

$$c_1 = c_2 = \frac{1}{2}\,\bar{x}_0 \,.$$

Die Lösung lautet deshalb

$$\bar{x}(t) = \frac{1}{2}\,\bar{x}_0\,\{e^{\Omega t} + e^{-\Omega t}\} = \bar{x}_0\,\cosh(\Omega t)\,.$$

Aus den beiden anderen Gleichungen ergibt sich dann für die Reaktionen der kinematischen Bindungen:

$$F_{N_{\bar{y}}} = 2\,m\,\Omega^2\,\bar{x}_0\,\sinh(\Omega t)$$
$$F_{N_{\bar{z}}} = mg\,.$$

Im vorliegenden Beispiel sind die in dem rotierenden Bezugssystem auftretenden eingeprägten Kräfte – mit Ausnahme der *Coriolis*-Kraft, die bei Energiebetrachtungen aber stets herausfällt, weil sie leistungslos ist – Potentialkräfte. Da das Potential der Schwerkraft bei der Drehung um eine vertikale Achse keine Änderung erfährt, brauchen wir hier nur die Potentialänderungen im Fliehkraftfeld zu berücksichtigen. Für diese gilt

$$\Phi(\bar{x}) - \Phi(\bar{x}_0) = -\int_{\bar{x}_0}^{\bar{x}} F_{\bar{F}_{\bar{x}}}\,\mathrm{d}\bar{x} = -\int_{\bar{x}_0}^{\bar{x}} m\,\Omega^2\,\bar{x}\,\mathrm{d}\bar{x}$$
$$= -\frac{1}{2}\,m\,\Omega^2\left(\bar{x}^2 - \bar{x}_0^2\right)\,.$$

Gehen wir damit in den Energiesatz, so folgt

$$E(\bar{x}) + \Phi(\bar{x}) - \Phi(\bar{x}_0) = E(\bar{x}_0)\,,$$

d.h.

$$\frac{1}{2}\,m(\dot{\bar{x}})^2 - \frac{1}{2}\,m\,\Omega^2(\bar{x}^2 - \bar{x}_0^2) = 0\,.$$

Daraus ergibt sich

$$\dot{\bar{x}}(\bar{x}) = \Omega\,\sqrt{\bar{x}^2 - \bar{x}_0^2}\,.$$

Angemerkt sei noch, daß die Reaktionen $F_{N_{\bar{y}}}$ und $F_{N_{\bar{z}}}$ der kinematischen Bindungen im rotierenden, überstrichenen Bezugssystem keine Arbeit leisten, da in diesem Bezugssystem die Bindungen unabhängig von der Zeit sind. Im ruhenden, unüberstrichenen System leistet dagegen $F_{N_{\bar{y}}}$ (nicht $F_{N_{\bar{z}}}$) Arbeit. Dennoch können wir, solange wir nur den Körper im Rohr betrachten, $F_{N_{\bar{y}}}$ weiterhin als Reaktion einer kinematischen Bindung betrachten, die nun allerdings zeitveränderlich ist und deshalb Arbeit leistet. Beziehen wir jedoch das Rohr selbst in das zu betrachtende mechanische System ein, so werden die zwischen Rohr und Körper wirkenden Kräfte zu

Wechselwirkungen zwischen Körper und Führung, deren Gesamt-Arbeit im unüberstrichenen wie im überstrichenen System verschwindet. Die das Rohr antreibenden Kräfte bzw. Momente sind im unüberstrichenen System eingeprägte Kräfte, im überstrichenen System dagegen Reaktionen auf die dort wirkenden Kräfte, nämlich die Fliehkraft und die *Coriolis*-Kraft. Wir sehen also, daß die Bedeutung der Kräfte sich mit der Änderung des Bezugssystems ebenfalls ändern kann.

2. Beispiel: Bewegung auf der Erdoberfläche

Ein Fahrzeug (z.B. ein Zug), das wir als Massenpunkt betrachten wollen, sei auf der Erdoberfläche in meridianer Richtung geführt und bewege sich mit konstanter Geschwindigkeit $\bar{v}$ von Norden nach Süden (Bild 4.8). Gesucht sind die Reaktionskräfte der kinematischen Bindungen.

Wir benutzen ein unüberstrichenes Koordinatensystem, dessen Ursprung mit dem Erdmittelpunkt 0 zusammenfallen und das gegenüber dem Fixsternhimmel rotationsfrei sein möge. Den Einfluß der Bewegung der Erde um die Sonne vernachlässigen wir. Gegenüber diesem System rotiert die Erde mit der Winkelgeschwindigkeit $\boldsymbol{\Omega}_{\bar{0}} = \Omega \boldsymbol{e}_z$. Das ist auch die Winkelgeschwindigkeit des erdfesten überstrichenen Koordinatensystems, dessen Ursprung $\bar{0}$ momentan mit dem Ort des Fahrzeuges übereinstimmt, so daß in dem betrachteten Augenblick $\bar{\boldsymbol{r}} = \boldsymbol{0}$ ist.

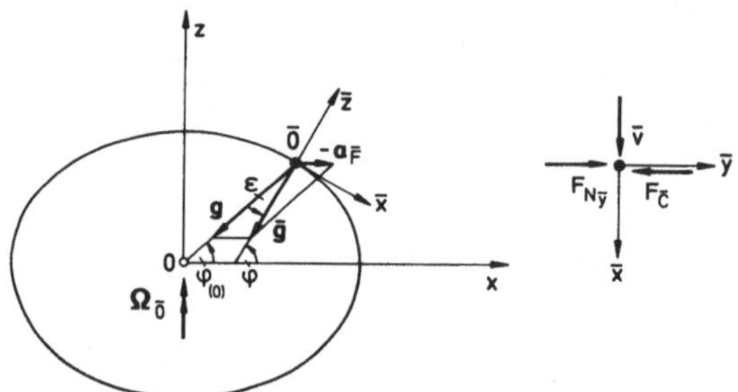

Bild 4.8 Bewegung eines Massenpunktes auf der Erdoberfläche

An dieser Stelle wollen wir nun eine kurze Zwischenbetrachtung einschieben. Auf einen im Ursprung $\bar{0}$ des überstrichenen Bezugssystems ruhenden Massenpunkt wirken ein (vgl. Bild 4.8a):

die Gravitationskraft $\boldsymbol{G} = m\boldsymbol{g}$, die auf den Erdmittelpunkt gerichtet ist, und

$$\text{die Führungskraft } \boldsymbol{F}_{\bar{F}} = -m\,\boldsymbol{a}_{\bar{F}} = -m\,\frac{\mathrm{D}}{\mathrm{d}t}\,\boldsymbol{v}_{\bar{0}}$$
$$= m\,\boldsymbol{\Omega}^2\,R\,(\varphi_{(0)})\cos\varphi_{(0)}\,\boldsymbol{e}_x\,.$$

Gravitationskraft $\boldsymbol{G}$ und Führungskraft $\boldsymbol{F}_{\bar{F}}$ ergeben zusammen eine resultierende Gewichtskraft

$$\bar{\boldsymbol{G}} = \boldsymbol{G} + \boldsymbol{F}_{\bar{F}} = m(\boldsymbol{g} - \boldsymbol{a}_F) = m\bar{\boldsymbol{g}}\,.$$

Die Richtung von $\bar{g}$ ist die Richtung, in die sich ein Lot an dem betreffenden Punkt der Erdoberfläche einstellt. Näherungsweise nehmen wir an, daß die ideelle Erdoberfläche jeweils senkrecht zu dieser Lotrichtung sei. Der zugehörige Winkel φ, der die geographische Breite von $\bar{0}$ bestimmt, ist etwas größer als die geozentrische Breite von $\varphi_{(0)}$. Der Unterschied ist jedoch gering. Wir finden

$$\sin\epsilon = \sin\varphi_{(0)} \frac{\Omega^2 R}{|\bar{g}|} \cos\varphi_{(0)} = \frac{\Omega^2 R}{2\bar{g}} \sin 2\varphi_{(0)} .$$

Auch der Unterschied der Beträge von $\boldsymbol{g}$ und $\bar{\boldsymbol{g}}$ ist sehr klein. Als maximale relative Abweichung erhalten wir für $\varphi_{(0)} = 0$ (mit $\Omega = 7{,}292 \cdot 10^{-5}\,\mathrm{s}^{-1}$, $g = 9{,}78\,\mathrm{ms}^{-2}$ und $R = 6{,}378 \cdot 10^6\,\mathrm{m}$)

$$\frac{|g| - |\bar{g}|}{|g|} = \frac{\Omega^2 R}{g} = 3{,}47 \cdot 10^{-3} .$$

Wir gehen nun dazu über, die auf das Fahrzeug im überstrichenen (erdfesten) örtlichen Bezugssystem einwirkenden Kräfte zu betrachten. Dies sind:

resultierende Gewichtskraft: $\bar{\boldsymbol{G}} = m(\boldsymbol{g} - \boldsymbol{a}_{\bar{F}}) = m\bar{\boldsymbol{g}}$
$= -m\bar{g}\,\boldsymbol{e}_{\bar{z}}$

Reaktionen der Führung: $\boldsymbol{F}_N = F_{N_{\bar{y}}}\,\boldsymbol{e}_{\bar{y}} + F_{N_{\bar{z}}}\,\boldsymbol{e}_{\bar{z}}$

Coriolis-Kraft: $\boldsymbol{F}_{\bar{C}} = -m\,\boldsymbol{a}_{\bar{C}} = -m\,2\,\boldsymbol{\Omega}_{\bar{0}} \times \bar{\boldsymbol{v}}$
$= -2\,m\,\Omega\,\bar{v}\sin\varphi\,\boldsymbol{e}_{\bar{y}} .$

Der Impulssatz liefert im überstrichenen System mit diesen Kräften die drei skalaren Gleichungen

$$\begin{aligned} m\ddot{\bar{x}} &= 0 \\ m\ddot{\bar{y}} &= 0 = F_{N_{\bar{y}}} - 2\,m\,\Omega\,\bar{v}\,\sin\varphi \\ m\ddot{\bar{z}} &= -m\,\frac{\bar{v}^2}{R} = -m\bar{g} + F_{N_{\bar{z}}} . \end{aligned}$$

Daraus ergeben sich die gesuchten Kräfte

$$\begin{aligned} F_{N_{\bar{y}}} &= 2\,m\,\Omega\,\bar{v}\,\sin\varphi = -F_{\bar{C}} \\ F_{N_{\bar{z}}} &= m\left\{\bar{g} - \frac{\bar{v}^2}{R}\right\} \approx m\bar{g} . \end{aligned}$$

Aus der Gleichung für $F_{N_{\bar{y}}}$ entnehmen wir, daß die auftretende *Coriolis*-Kraft das Fahrzeug auf der nördlichen Halbkugel in Fahrtrichtung gesehen jeweils nach rechts drängt (auf der südlichen Halbkugel nach links). Die Reaktionen sind dementsprechend entgegengesetzt gerichtet. Die *Coriolis*-Kraft führt zu einer unsymmetrischen Belastung der Führung, die z.B. bei Eisenbahnen einen unterschiedlichen Verschleiß der beiden Schienen, bei Flüssen eine unterschiedliche Erosion der beiden Flußufer zur Folge hat.

Für das Verhältnis der *Coriolis*-Kräfte zum Gewicht gilt

$$\frac{F_{\bar{C}}}{\bar{G}} = \frac{2\,\Omega\,\bar{v}\,\sin\varphi}{\bar{g}}\,.$$

Bei $\varphi = 50^0$ und $\bar{v} = 75\,\mathrm{m/s}$ ergibt das etwa

$$\frac{F_{\bar{C}}}{\bar{G}} = 0{,}86 \cdot 10^{-3}\,.$$

Die aus der Erddrehung folgenden *Coriolis*-Kräfte sind in der Regel also relativ klein; dennoch sind ihre Dauerfolgen durchaus feststellbar.

5 Allgemeine Grundlagen der Kinetik starrer Körper

5.1 Allgemeines zur Kinematik starrer Körper

In Band I (Abschnitt 5.2) haben wir gezeigt, daß jede Lageänderung eines starren Körpers dargestellt werden kann als Überlagerung einer Translation, bei der alle Punkte die gleiche Verschiebung erfahren, und einer Rotation (Drehung um eine Achse), bei der sich alle Körperpunkte auf Kreisbahnen um die Drehachse verschieben. Daraus ergibt sich für die Darstellung des Geschwindigkeitszustandes eines starren Körpers (Bild 5.1)

Satz 5.1: Jeder Geschwindigkeitszustand eines starren Körpers ist in der Form

$$\boldsymbol{v}(\boldsymbol{r},t) = \boldsymbol{v}_{\bar{0}}(t) + \boldsymbol{\omega}(t) \times (\boldsymbol{r}(t) - \boldsymbol{r}_{\bar{0}}(t))$$

darstellbar. Dabei sind $\boldsymbol{v}_{\bar{0}}(t)$ die Geschwindigkeit eines beliebigen Punktes $\bar{0}$ des Körpers und $\boldsymbol{\omega}(t)$ die Winkelgeschwindigkeit der Rotation.

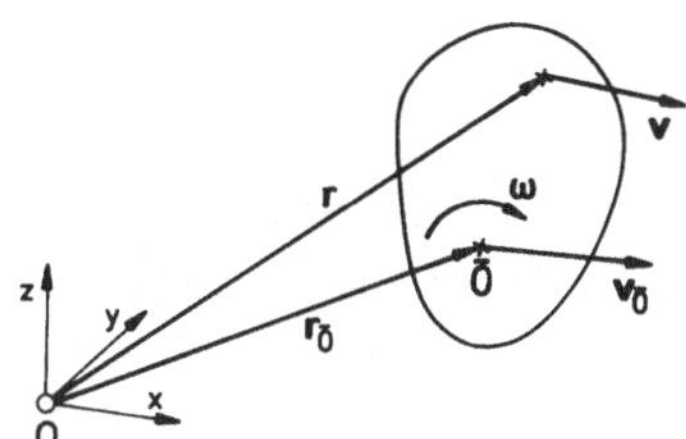

Bild 5.1
Geschwindigkeitszustand eines starren Körpers

In Bild 5.1 ist der Geschwindigkeitszustand als Summe aus Translationsbewegung mit der Geschwindigkeit $\boldsymbol{v}_{\bar{0}}$ und Rotation mit der Winkelgeschwindigkeit $\boldsymbol{\omega}$ um eine durch den Punkt $\bar{0}$ gehende Achse dargestellt. Wir können jedoch auch jeden anderen Bezugspunkt, also beispielsweise den (körperfesten) Massen-Mittelpunkt M für diese Darstellung wählen und erhalten dann

$$\boldsymbol{v}(\boldsymbol{r},t) = \boldsymbol{v}_M + \boldsymbol{\omega} \times (\boldsymbol{r} - \boldsymbol{r}_M).$$

Den Übergang von der einen zur anderen Darstellungsweise erhalten wir, indem wir zur ersten Gleichung $\boldsymbol{\omega} \times \boldsymbol{r}_M - \boldsymbol{\omega} \times \boldsymbol{r}_M$ addieren und dann entsprechend neu zusammenfassen:

$$\begin{aligned} \boldsymbol{v} &= \boldsymbol{v}_{\bar{0}} + \boldsymbol{\omega} \times (\boldsymbol{r} - \boldsymbol{r}_{\bar{0}}) + \boldsymbol{\omega} \times \boldsymbol{r}_M - \boldsymbol{\omega} \times \boldsymbol{r}_M \\ &= \underbrace{\boldsymbol{v}_{\bar{0}} + \boldsymbol{\omega} \times (\boldsymbol{r}_M - \boldsymbol{r}_{\bar{0}})}_{\boldsymbol{v}_M} + \boldsymbol{\omega} \times (\boldsymbol{r} - \boldsymbol{r}_M). \end{aligned}$$

Wir können die Geschwindigkeit jedes Körperpunktes in eine beliebige Anzahl von Komponenten zerlegen, deren vektorielle Summe gleich der gegebenen Geschwindigkeit ist (vgl. Band I, Satz 5.2). Daraus ist abzuleiten, daß auch jeder Geschwindigkeitszustand eines starren Körpers in verschiedene Anteile aufgespalten werden kann. Hiervon haben wir bereits bei der Aufteilung in Translation und Rotation Gebrauch gemacht und dabei gesehen, daß diese Aufteilung in verschiedener Weise möglich ist. Dies führt uns auf

---

Satz 5.2: Zwei Geschwindigkeitszustände i und k eines starren Körpers sind äquivalent, wenn sie in der vektoriellen Summe der Winkelgeschwindigkeiten und in der Geschwindigkeit eines beliebigen Punktes $\bar{0}$ übereinstimmen, d.h. wenn

$$\underbrace{\sum_r \boldsymbol{\omega}_{ir}}_{\boldsymbol{\omega}_i} = \underbrace{\sum_s \boldsymbol{\omega}_{ks}}_{\boldsymbol{\omega}_k} = \boldsymbol{\omega}$$

und

$$\boldsymbol{v}_{\bar{0}_i} = \boldsymbol{v}_{\bar{0}_k} = \boldsymbol{v}_{\bar{0}}$$

ist.

Dieser Satz entspricht formal dem allgemeinen Äquivalenzsatz für Kräftesysteme (Band I, Satz 4.7). Dabei stehen sich jeweils die in der folgenden Tabelle 5.1 angegebenen Größen gegenüber.

Die Gegenüberstellung läßt sich weiter fortsetzen. So entspricht z.B., wie wir noch sehen werden, dem vom Bezugspunkt unabhängigen Moment eines Kräftepaares ($\boldsymbol{F}_2 = -\boldsymbol{F}_1$) die von einem Winkelgeschwindigkeitspaar ($\boldsymbol{\omega}_2 = -\boldsymbol{\omega}_1$) erzeugte – für alle Punkte des Körpers gleiche – Translationsgeschwindigkeit. Ganz allgemein können wir jedem Satz der Statik (genauer: der Dynamik) einen korrespondierenden Satz der Kinematik gegenüberstellen. Man bezeichnet solche korrespondierenden Sätze auch als duale Sätze.

Die Bewegung eines starren Körpers kann frei (Freiheitsgrad $\lambda = 6$) oder kinematisch gebunden sein (Freiheitsgrad $\lambda < 6$). Wir verzichten an dieser Stelle darauf,

Dynamik	Kinematik
Kraft $\boldsymbol{F}_i$	Winkelgeschwindigkeit ω_i
Moment $\boldsymbol{M}_{(0)}$ (in bezug auf einen beliebigen Punkt)	Geschwindigkeit $\boldsymbol{v}_{\bar{0}}$ eines beliebigen Punktes

Tabelle 5.1 Duale Größen: Dynamik-Kinematik

systematisch zu erörtern, wie sich kinematische Bindungen von starren Körpern (oder von Systemen starrer Körper) beschreiben lassen. Es genügt hier der Hinweis, daß sich die Begriffe, die wir im Rahmen der Kinematik der allgemeinen Punkt-Bewegung eingeführt haben, entsprechend verallgemeinert auf die Kinematik der starren Körper übertragen lassen. Im übrigen werden wir darauf in Kapitel 9 zurückkommen.

5.2 Massen-Trägheitsmomente

5.2.1 Definitionen und allgemeine Sätze

In die kinetischen Aussagen über die Bewegung starrer Körper gehen nur Integrale über die Massenverteilung im Körper ein. Wir brauchen die Massenverteilung $\rho(\boldsymbol{r})$ also nicht im einzelnen zu kennen, sondern nur bestimmte Momente n-ten Grades (vgl. Band I, Kapitel 7). Als solche sind uns schon begegnet:

Moment 0. Grades: $\int_V \rho \, \mathrm{d}V = \int_V \mathrm{d}m = m \quad \rightarrow \quad m$: *Masse*

Moment 1. Grades: $\int_V \boldsymbol{r}\rho \, \mathrm{d}V = \int_V \boldsymbol{r} \, \mathrm{d}m = m\boldsymbol{r}_M \quad \rightarrow \quad \boldsymbol{r}_M$: *Massen-Mittelpunkt.*

Für die Kinetik starrer Körper benötigen wir im folgenden noch Massenmomente 2. Grades, die wir wie folgt einführen (Bild 5.2):

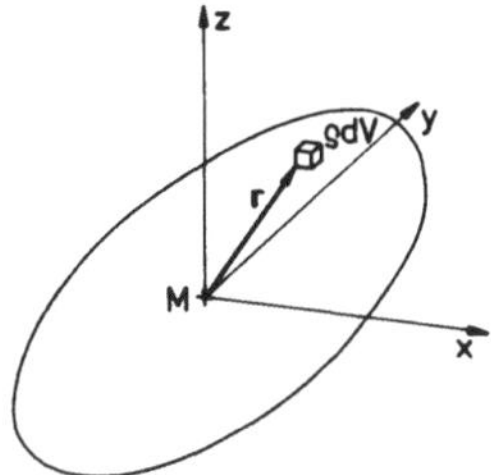

Bild 5.2
Massen-Trägheitsmomente

Def. 5.1: Als Massen-Trägheitsmomente – bezogen auf ein kartesisches Bezugssystem $x_i(x_1 = x, x_2 = y, x_3 = z)$, dessen Ursprung mit dem Massen-Mittelpunkt zusammenfällt – definieren wir die Größen

$$\theta_{ik} = \int_V \Big\{ \sum_r x_r x_r \delta_{ik} - x_i x_k \Big\} \rho \, \mathrm{d}V \qquad \text{(Größenart: [ML}^2\text{])}.$$

δ_{ik} ist dabei das *Kronecker*-Delta

$$\delta_{ik} = \begin{cases} 1 \text{ für } i = k \\ 0 \text{ für } i \neq k. \end{cases}$$

Aufgrund dieser Definition erhalten wir (mit $\theta_{11} = \theta_{xx}$, $\theta_{12} = \theta_{xy}$ usw.)

$\theta_{xx} = \int_V (y^2 + z^2)\,\mathrm{d}m \geqslant 0$	$\theta_{xy} = \theta_{yx} = -\int_V xy\,\mathrm{d}m \lesseqgtr 0$
$\theta_{yy} = \int_V (z^2 + x^2)\,\mathrm{d}m \geqslant 0$	$\theta_{yz} = \theta_{zy} = -\int_V yz\,\mathrm{d}m \lesseqgtr 0$
$\theta_{zz} = \int_V (x^2 + y^2)\,\mathrm{d}m \geqslant 0$	$\theta_{zx} = \theta_{xz} = -\int_V zx\,\mathrm{d}m \lesseqgtr 0$

Diese Massen-Trägheitsmomente können wir auch in einer symmetrischen Matrix anordnen

$$\theta_{ik} = \begin{bmatrix} \theta_{xx} & \theta_{xy} & \theta_{xz} \\ \theta_{yx} & \theta_{yy} & \theta_{yz} \\ \theta_{zx} & \theta_{zy} & \theta_{zz} \end{bmatrix}.$$

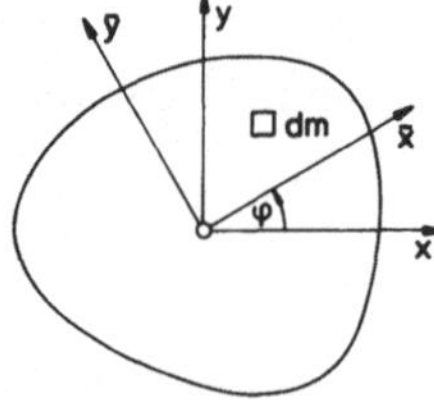

Bild 5.3
Drehung des Bezugssystems

Bei einer Drehung des Bezugssystems ändern sich die Massen-Trägheitsmomente. Beispielsweise finden wir für eine Drehung um die z-Achse (Bild 5.3) mit der Koordinaten-Transformation

$$\bar{x} = x \cos\varphi + y \sin\varphi$$
$$\bar{y} = -x \sin\varphi + y \cos\varphi$$
$$\bar{z} = z$$

die folgende Transformation der Massen-Trägheitsmomente

$$\begin{aligned}
\theta_{\bar{x}\bar{x}} &= \theta_{xx}\cos^2\varphi + 2\,\theta_{xy}\sin\varphi\cos\varphi + \theta_{yy}\sin^2\varphi \\
\theta_{\bar{x}\bar{y}} &= -\theta_{xx}\sin\varphi\cos\varphi + \theta_{xy}(\cos^2\varphi - \sin^2\varphi) + \theta_{yy}\sin\varphi\cos\varphi \\
\theta_{\bar{x}\bar{z}} &= \theta_{zx}\cos\varphi + \theta_{zy}\sin\varphi \\
\theta_{\bar{y}\bar{y}} &= \theta_{xx}\sin^2\varphi - 2\,\theta_{xy}\sin\varphi\cos\varphi + \theta_{yy}\cos^2\varphi \\
\theta_{\bar{y}\bar{z}} &= -\theta_{zx}\sin\varphi + \theta_{yz}\cos\varphi \\
\theta_{\bar{z}\bar{z}} &= \theta_{zz}.
\end{aligned}$$

Das sind die gleichen Transformations-Formeln, wie sie beispielsweise für den Spannungstensor bei einer solchen Drehung des Bezugssystems gelten (vgl. Band II, Abschnitt 1.2). Fassen wir beliebige Drehungen des Bezugssystems ins Auge, so stellen wir fest, daß die Transformation der Massen-Trägheitsmomente den Beziehungen gehorcht, die wir in Satz 4.4 für Tensoren zweiter Stufe aufgestellt haben. Daraus schließen wir

---

Satz 5.3: Die Massen-Trägheitsmomente θ_{ik} sind die Zahlenwerte des Massen-Trägheitstensors

$$\boldsymbol{\Theta} = \sum_i \sum_k \theta_{ik}\, \boldsymbol{e}_i \boldsymbol{e}_k,$$

der ein symmetrischer Tensor zweiter Stufe ist.

Aufgrund dieses Sachverhaltes können wir alle uns bereits bekannten Aussagen über symmetrische Tensoren zweiter Stufe auf den Massen-Trägheitstensor bzw. seine Zahlenwerte (die Massen-Trägheitsmomente) übertragen. So gilt beispielsweise

---

Satz 5.4: Für jeden Körper gibt es drei senkrecht aufeinanderstehende Achsen ($\boldsymbol{e}_1$, $\boldsymbol{e}_2$, $\boldsymbol{e}_3$), die die Hauptachsen des Massen-Trägheitstensors bilden. Bezogen auf diese Hauptachsen nimmt die Matrix der Massen-Trägheitsmomente die Form

$$\theta_{ik} = \begin{bmatrix} \theta_1 & 0 & 0 \\ 0 & \theta_2 & 0 \\ 0 & 0 & \theta_3 \end{bmatrix}$$

an. Die Haupt-Trägheitsmomente θ_r ordnen wir dabei so, daß $\theta_1 \geqslant \theta_2 \geqslant \theta_3$ gilt und daß die zugehörigen Achsen ein Rechtssystem bilden. θ_1 und θ_3 stellen Extremwerte der Massen-Trägheitsmomente dar, wenn man die Massen-Trägheitsmomente in Abhängigkeit von der Orientierung des Bezugssystems betrachtet.

Die Richtungen $\boldsymbol{e}_r$ der Hauptachsen sind aus der Bedingung zu ermitteln, daß für Hauptachsen die zugehörigen Größen θ_{ik} für $i \neq k$ verschwinden müssen. Das aus dieser Bedingung entstehende homogene lineare Gleichungssystem liefert zugleich die Haupt-Trägheitsmomente θ_r entsprechend

Satz 5.5: Die Haupt-Trägheitsmomente θ_r sind die drei (stets reellen positiven) Wurzeln der kubischen Gleichung

$$\det[\theta_{ik} - \theta\delta_{ik}] = 0.$$

Die zugehörigen Hauptachsen $\boldsymbol{e}_r$ ergeben sich aus den Gleichungen

$$\sum_i (\boldsymbol{e}_r \cdot \boldsymbol{e}_i)[\theta_{ik} - \theta_r\delta_{ik}] = 0.$$

Eine andere mechanisch leicht zu deutende Bedingung, die ebenfalls zur Auffindung der Hauptachsen führt, werden wir noch in Abschnitt 5.3 kennenlernen.

Die Auffindung der Hauptachsen erleichtert uns in vielen Fällen

Satz 5.6: Existiert für die Massen-Verteilung im Körper eine Symmetrie-Ebene, so ist die dazu senkrechte (durch den Massen-Mittelpunkt gehende) Achse eine Hauptachse. Existiert eine Symmetrie-Achse der Massen-Verteilung, so ist diese zugleich eine Hauptachse.

Aus diesem Satz folgt u.a. unmittelbar:

1. Existiert eine Symmetrie-Ebene der Massen-Verteilung, so liegen zwei Hauptachsen in dieser Symmetrie-Ebene, da die dritte senkrecht dazu ist.
2. Existieren wenigstens zwei Symmetrie-Ebenen, die nicht orthogonal zueinander sind, so ist der Trägheitstensor rotationssymmetrisch in bezug auf die (durch den Massen-Mittelpunkt gehende) Schnittgerade dieser beiden Ebenen, d.h. dann wird $\theta_1 = \theta_2$ oder $\theta_2 = \theta_3$. Ebenso wird der Trägheitstensor bei Existenz von wenigstens zwei nicht-orthogonalen Symmetrie-Achsen rotationssymmetrisch in bezug auf die dazu normale Achse (durch den Massen-Mittelpunkt).
3. Existieren wenigstens drei nicht-orthogonale Symmetrie-Ebenen bzw. drei nicht-orthogonale Symmetrie-Achsen, so ist der Trägheitstensor kugelsymmetrisch, d.h. $\theta_1 = \theta_2 = \theta_3$. Das gilt beispielsweise für alle regelmäßigen Polyeder mit konstanter Dichte bzw. mit entsprechend symmetrischer Dichte-Verteilung.

Aus der Definition der Massen-Trägheitsmomente bzw. aus den allgemeinen Eigenschaften des Trägheitstensors als eines symmetrischen Tensors zweiter Stufe folgt ferner

Satz 5.7: Es ist

$$\sum_i \theta_{ii} = 2\int_V r^2\,\mathrm{d}m$$

eine Invariante des Trägheitstensors, wobei r den Abstand vom Massen-Mittelpunkt bezeichnet. Es gilt also

$$\sum_i \theta_{ii} = \sum_{\bar{i}} \theta_{\bar{i}\bar{i}} = \sum_r \theta_r.$$

Schließlich folgt noch aus der Definition 5.1 der Massen-Trägheitsmomente die sogenannte Dreiecks-Ungleichung

---

Satz 5.8: Es ist stets

$$\theta_{ii} + \theta_{jj} \geqslant \theta_{kk} \quad (i \neq j \neq k \neq i).$$

Bei manchen Problemen kann es zweckmäßig sein, Massen-Trägheitsmomente auch für solche Achsen zu definieren, die nicht durch den Massen-Mittelpunkt gehen. Wir können uns solche exzentrischen Achslagen durch eine Parallelverschiebung eines kartesischen Bezugssystems aus der ursprünglichen zentrischen Lage (Ursprung 0 gleich Massen-Mittelpunkt M) erzeugt denken (Bild 5.4). Dafür gilt

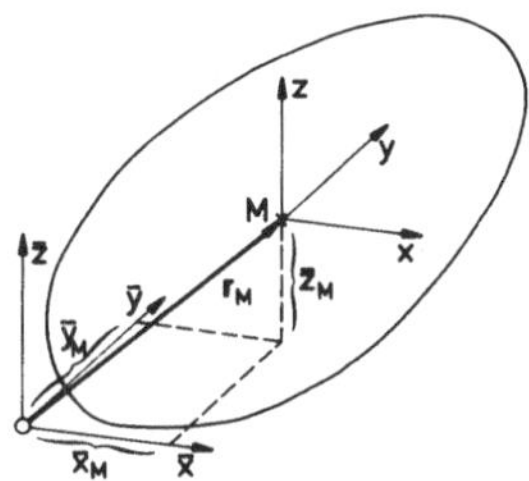

Bild 5.4
Transformation: Parallelverschiebung

Satz 5.9: Für Massen-Trägheitsmomente gilt bei einer Parallelverschiebung des ursprünglich zentrischen Bezugssystems (mit $0 = M$) der *Steiner*sche Satz:

$$\begin{aligned}
\theta_{\bar{x}\bar{x}} &= \theta_{xx} + m(\bar{y}_M^2 + \bar{z}_M^2) & \qquad \theta_{\bar{x}\bar{y}} &= \theta_{xy} - m\bar{x}_M\bar{y}_M \\
\theta_{\bar{y}\bar{y}} &= \theta_{yy} + m(\bar{z}_M^2 + \bar{x}_M^2) & \qquad \theta_{\bar{y}\bar{z}} &= \theta_{yz} - m\bar{y}_M\bar{z}_M \\
\theta_{\bar{z}\bar{z}} &= \theta_{zz} + m(\bar{x}_M^2 + \bar{y}_M^2) & \qquad \theta_{\bar{z}\bar{x}} &= \theta_{zx} - m\bar{z}_M\bar{x}_M
\end{aligned}$$

Es ist heute gelegentlich noch üblich, nur die Größen θ_{xx}, θ_{yy}, θ_{zz} als Massen-Trägheitsmomente zu bezeichnen und dafür θ_x, θ_y, θ_z zu schreiben. Die Größen θ_{xy}, θ_{yz}, θ_{zx} werden dagegen Massen-Deviationsmomente genannt. Sie werden in der Regel auch mit anderer Vorzeichen-Festsetzung definiert, also

$$\theta_{xy} = +\int_V xy\,\mathrm{d}m \qquad \text{usw.}$$

Die Eigenschaft, daß sich die Größen θ_{ik} als Zahlenwerte eines Tensors 2. Stufe deuten lassen, erhalten wir jedoch nur bei einer Definition entsprechend Definition 5.1.

5.2.2 Beispiele für die Berechnung der Massen-Trägheitsmomente

1. Beispiel: Zylinder konstanter Dichte (Bild 5.5)

Wir wählen als Volumenelement ein Ringelement entsprechend Bild 5.5:

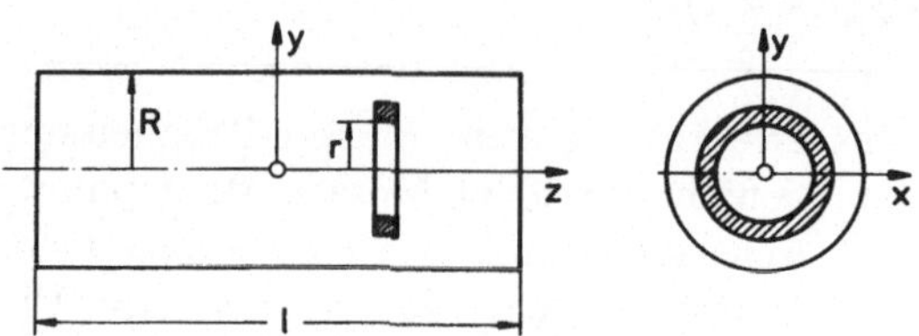

Bild 5.5 Zylinder konstanter Dichte

$$dV = 2\pi r \, dr \, dz$$

Die Ermittlung von θ_{zz} führt definitionsgemäß auf die Gleichung

$$\theta_{zz} = \int_V (x^2 + y^2)\rho \, dV = \rho \int_V r^2 \, dV$$

$$= \rho \int_{-\frac{l}{2}}^{+\frac{l}{2}} \int_0^R r^2 \, 2\pi r \, dr \, dz = 2\pi\rho \int_{-\frac{l}{2}}^{+\frac{l}{2}} \int_0^R r^3 \, dr \, dz = \frac{1}{2} mR^2.$$

Zur Berechnung von $\theta_{xx} = \theta_{yy}$ gehen wir zweckmäßig so vor, daß wir zunächst

$$\theta_{xx} + \theta_{yy} + \theta_{zz} = 2 \int_V (\underbrace{x^2 + y^2}_{r^2} + z^2)\rho \, dV = 2\theta_{zz} + 2 \int_V z^2 \rho \, dV$$

bilden. Daraus folgt

$$\frac{1}{2}(\theta_{xx} + \theta_{yy}) = \theta_{xx} = \theta_{yy} = \frac{1}{2}\theta_{zz} + \int_V z^2 \rho \, dV,$$

d.h.

$$\theta_{xx} = \theta_{yy} = \frac{1}{4} mR^2 + \rho \int_{-\frac{l}{2}}^{+\frac{l}{2}} \int_0^R z^2 \, 2\pi r \, dr \, dz$$

$$= \frac{1}{12} ml^2 \left\{ 1 + 3 \left(\frac{R}{l} \right)^2 \right\} = \frac{1}{4} mR^2 \left\{ 1 + \frac{1}{3} \left(\frac{l}{R} \right)^2 \right\}.$$

2. Beispiel: Stab konstanter Dichte

Für einen schlanken zylindrischen Stab ($\frac{R}{l} \ll 1$) folgt aus den für einen homogenen Zylinder gefundenen Ergebnissen

$$\begin{aligned} \theta_{xx} = \theta_{yy} &\approx \frac{1}{12} ml^2 \\ \theta_{zz} &= \frac{1}{2} mR^2 \ll \theta_{xx} = \theta_{yy} \,. \end{aligned}$$

Beziehen wir die Massen-Trägheitsmomente auf ein parallel verschobenes Koordinatensystem $\bar{x}$, $\bar{y}$, $\bar{z}$, dessen Ursprung $\bar{0}$ am Stabende liegt, so erhalten wir mit Hilfe des *Steiner*schen Satzes

$$\begin{aligned} \theta_{\bar{x}\bar{x}} &= \theta_{\bar{y}\bar{y}} = \theta_{xx} + m\left(\frac{l}{2}\right)^2 = \frac{1}{3} ml^2 \\ \theta_{\bar{z}\bar{z}} &= \theta_{zz} = \frac{1}{2} mR^2 . \end{aligned}$$

3. Beispiel: Scheibe konstanter Dichte

Für eine dünne Kreisscheibe ($\frac{l}{R} \ll 1$) leiten wir aus den beim homogenen Zylinder geltenden Beziehungen ab

$$\begin{aligned} \theta_{xx} = \theta_{yy} &\approx \frac{1}{4} mR^2 \\ \theta_{zz} &= \frac{1}{2} mR^2 \\ \theta_{xx} = \theta_{yy} &\approx \frac{1}{2} \theta_{zz} \,. \end{aligned}$$

4. Beispiel: Kugel konstanter Dichte

Aus Symmetriegründen ist

$$\theta_{xx} = \theta_{yy} = \theta_{zz} \,.$$

Andererseits gilt

$$\theta_{xx} + \theta_{yy} + \theta_{zz} = 2 \int\limits_V \underbrace{(x^2 + y^2 + z^2)}_{r^2} \rho \, \mathrm{d}V.$$

Deshalb wird, wenn wir als Volumenelement ein Kugelschalenelement

$$\mathrm{d}V = 4\pi r^2 \, \mathrm{d}r$$

wählen,

$$\theta_{xx} = \theta_{yy} = \theta_{zz} = \frac{8}{3} \pi \rho \int\limits_0^R r^4 \, \mathrm{d}r = \frac{2}{5} mR^2 .$$

5.3 Impuls- und Drallsatz für starre Körper

Da bei starren Körpern die inneren Kräfte wirkungslos sind und deshalb aus allen Betrachtungen herausfallen, verzichten wir im folgenden darauf, die äußeren Kräfte besonders zu kennzeichnen. Wir schreiben deshalb einfach $\boldsymbol{F}$ statt $\boldsymbol{F}^{(a)}$ usw.

Die Anwendung des Impulssatzes auf starre Körper führt auf den Massen-Mittelpunktsatz (Satz 1.3). Der Drallsatz – bezogen auf den raumfesten Punkt 0 bzw. auf den mitbewegten Massen-Mittelpunkt M – ist in den Sätzen 1.4 bzw. 1.5 angegeben.

Beim Drallsatz können wir unsere Überlegungen nun noch einen Schritt weiter führen. Beachten wir nämlich, daß bei starren Körpern der Geschwindigkeitszustand in der Form

$$\boldsymbol{v} = \boldsymbol{v}_M + \boldsymbol{\omega} \times (\boldsymbol{r} - \boldsymbol{r}_M)$$

dargestellt werden kann (Bild 5.6), und gehen damit in die Definition des Dralls, so erhalten wir

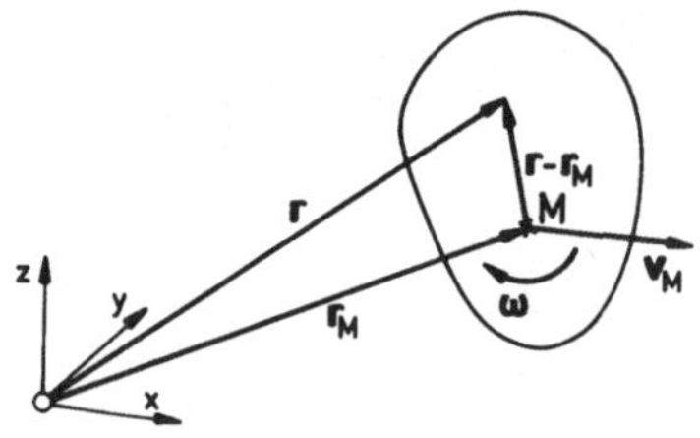

Bild 5.6
Geschwindigkeitszustand bezogen auf M

$$\begin{aligned}\boldsymbol{H}_{(M)} &= \int_V (\boldsymbol{r} - \boldsymbol{r}_M) \times \boldsymbol{v}\,\mathrm{d}m \\ &= \underbrace{\int_V (\boldsymbol{r} - \boldsymbol{r}_M) \times \boldsymbol{v}_M\,\mathrm{d}m}_{\mathbf{0}} + \int_V (\boldsymbol{r} - \boldsymbol{r}_M) \times [\boldsymbol{\omega} \times (\boldsymbol{r} - \boldsymbol{r}_M)]\,\mathrm{d}m \\ &= \int_V \{(\boldsymbol{r} - \boldsymbol{r}_M)\cdot(\boldsymbol{r} - \boldsymbol{r}_M)\boldsymbol{\omega} - (\boldsymbol{r} - \boldsymbol{r}_M)\cdot\boldsymbol{\omega}(\boldsymbol{r} - \boldsymbol{r}_M)\}\,\mathrm{d}m\end{aligned}$$

bzw.

$$\begin{aligned}\boldsymbol{H}_{(0)} &= \int_V \boldsymbol{r} \times \boldsymbol{v}\,\mathrm{d}m \\ &= \int_V (\boldsymbol{r} - \boldsymbol{r}_M) \times \boldsymbol{v}\,\mathrm{d}m + \int_V \boldsymbol{r}_M \times \boldsymbol{v}\,\mathrm{d}m \\ &= \boldsymbol{H}_{(M)} + \boldsymbol{r}_M \times \underbrace{m\boldsymbol{v}_M}_{\boldsymbol{B}}\,.\end{aligned}$$

Werten wir diese Ausdrücke für ein kartesisches Koordinatensystem aus, dessen Ursprung momentan mit dem Massen-Mittelpunkt zusammenfällt, so daß wir

$$\boldsymbol{r} - \boldsymbol{r}_M = x\boldsymbol{e}_x + y\boldsymbol{e}_y + z\boldsymbol{e}_z$$

setzen können, so folgt daraus

$$\begin{aligned}
\boldsymbol{H}_{(M)} &= \int_V \{(\boldsymbol{r}-\boldsymbol{r}_M)\cdot(\boldsymbol{r}-\boldsymbol{r}_M)\boldsymbol{\omega} - (\boldsymbol{r}-\boldsymbol{r}_M)\cdot\boldsymbol{\omega}(\boldsymbol{r}-\boldsymbol{r}_M)\}\,\mathrm{d}m \\
&= \int_V \{(x^2+y^2+z^2)(\omega_x\boldsymbol{e}_x+\omega_y\boldsymbol{e}_y+\omega_z\boldsymbol{e}_z) \\
&\qquad -(x\omega_x+y\omega_y+z\omega_z)(x\boldsymbol{e}_x+y\boldsymbol{e}_y+z\boldsymbol{e}_z)\}\,\mathrm{d}m \\
&= \{\theta_{xx}\omega_x+\theta_{xy}\omega_y+\theta_{xz}\omega_z\}\boldsymbol{e}_x \\
&\quad +\{\theta_{yx}\omega_x+\theta_{yy}\omega_y+\theta_{yz}\omega_z\}\boldsymbol{e}_y \\
&\quad +\{\theta_{zx}\omega_x+\theta_{zy}\omega_y+\theta_{zz}\omega_z\}\boldsymbol{e}_z \\
&= \underbrace{\Big\{\sum_i\sum_k \theta_{ik}\boldsymbol{e}_i\boldsymbol{e}_k\Big\}}_{\boldsymbol{\Theta}}\cdot\underbrace{\Big(\sum_l \omega_l\boldsymbol{e}_l\Big)}_{\boldsymbol{\omega}} = \boldsymbol{\Theta}\cdot\boldsymbol{\omega}
\end{aligned}$$

bzw.

$$\boldsymbol{H}_{(0)} = \boldsymbol{\Theta}\cdot\boldsymbol{\omega} + \boldsymbol{r}_M \times m\boldsymbol{v}_M = \boldsymbol{H}_{(M)} + \boldsymbol{r}_M \times \boldsymbol{B}\,.$$

Für Hauptachsen ($\theta_{xy} = \theta_{yz} = \theta_{zx} = 0$) vereinfacht sich diese Beziehung zu

$$\boldsymbol{H}_{(M)} = \theta_1\omega_1\boldsymbol{e}_1 + \theta_2\omega_2\boldsymbol{e}_2 + \theta_3\omega_3\boldsymbol{e}_3\,.$$

Als Ergebnis dieser Überlegungen halten wir fest:

Satz 5.10: Der Drall eines starren Körpers in bezug auf seinen Massen-Mittelpunkt M ist

$$\boldsymbol{H}_{(M)} = \boldsymbol{\Theta}\cdot\boldsymbol{\omega} = \Big\{\sum_i\sum_k \theta_{ik}\boldsymbol{e}_i\boldsymbol{e}_k\Big\}\cdot\Big(\sum_l \omega_l\boldsymbol{e}_l\Big).$$

Bezogen auf Hauptachsen ist

$$\boldsymbol{H}_{(M)} = \theta_1\omega_1\boldsymbol{e}_1 + \theta_2\omega_2\boldsymbol{e}_2 + \theta_3\omega_3\boldsymbol{e}_3$$

In bezug auf einen raumfesten Punkt 0 gilt für den Drall

$$\boldsymbol{H}_{(0)} = \boldsymbol{H}_{(M)} + \boldsymbol{r}_M \times \boldsymbol{B}.$$

Setzen wir dieses Ergebnis in den Drallsatz ein, wobei wir uns hier auf die Differentialform beschränken wollen, so erhalten wir

Satz 5.11: Drallsatz für starre Körper (Differentialform) bezogen auf den Massen-Mittelpunkt M:

$$\boldsymbol{M}_{(M)} = \frac{\mathrm{D}}{\mathrm{d}t}\boldsymbol{H}_{(M)} = \frac{\mathrm{D}}{\mathrm{d}t}(\boldsymbol{\Theta}\cdot\boldsymbol{\omega}),$$

bezogen auf einen raumfesten Punkt 0:

$$\boldsymbol{M}_{(0)} = \frac{\mathrm{D}}{\mathrm{d}t}\boldsymbol{H}_{(0)} = \frac{\mathrm{D}}{\mathrm{d}t}(\boldsymbol{\Theta}\cdot\boldsymbol{\omega}) + \frac{\mathrm{D}}{\mathrm{d}t}(\boldsymbol{r}_M \times \boldsymbol{B}).$$

Bei der Ausführung der substantiellen zeitlichen Differentiation des Dralls ergibt sich die Schwierigkeit, daß

a) bei Bezugssystemen, die ihre Orientierung im Raum beibehalten, sich im allgemeinen die Zahlenwerte θ_{ik} der Massen-Trägheitsmomente mit der Rotation des Körpers ändern bzw.

b) bei mitrotierenden Bezugssystemen die Orientierungsänderung der Bezugsachsen gegenüber dem Raum berücksichtigt werden muß.

Wie wir mit diesen Schwierigkeiten fertig werden, wird jeweils von der zu betrachtenden Problemklasse abhängen.

Es liegt nun nahe zu untersuchen, ob sich der Drall $\boldsymbol{H}_{(0)}$ nicht auf eine zu $\boldsymbol{H}_{(M)}$ analoge Form bringen läßt, indem man etwa den Geschwindigkeitszustand des starren Körpers in der Form

$$\boldsymbol{v} = \boldsymbol{v}_0 + \boldsymbol{\omega} \times \boldsymbol{r}$$

darstellt, wobei $\boldsymbol{v}_0$ die Geschwindigkeit des – realen oder gedachten – Körperpunktes ist, der sich zum betrachteten Zeitpunkt mit dem raumfesten Bezugspunkt 0 deckt. Das führt auf

$$\begin{aligned}\boldsymbol{H}_{(0)} &= \int\limits_V \boldsymbol{r} \times \boldsymbol{v}_0 \,\mathrm{d}m + \int\limits_V \boldsymbol{r} \times [\boldsymbol{\omega} \times \boldsymbol{r}]\,\mathrm{d}m \\ &= \boldsymbol{r}_M \times m\boldsymbol{v}_0 + \Big\{\sum_i\sum_k \theta_{(0)ik}\boldsymbol{e}_i\boldsymbol{e}_k\Big\}\cdot\Big(\sum_l \omega_l \boldsymbol{e}_l\Big).\end{aligned}$$

Die Massen-Trägheitsmomente $\theta_{(0)ik}$ sind dabei auf Achsen durch den Punkt 0 bezogen. Für den Drallsatz – bezogen auf den raumfesten Punkt 0 – folgt daraus

Satz 5.12: Bezogen auf den raumfesten Punkt 0 läßt sich der Drallsatz für starre Körper auch in der Form

$$\begin{aligned}\boldsymbol{M}_{(0)} &= \frac{\mathrm{D}}{\mathrm{d}t}(\boldsymbol{r}_M \times m\boldsymbol{v}_M) + \frac{\mathrm{D}}{\mathrm{d}t}(\boldsymbol{\Theta}\cdot\boldsymbol{\omega}) \\ &= \frac{\mathrm{D}}{\mathrm{d}t}(\boldsymbol{r}_M \times m\boldsymbol{v}_0) + \frac{\mathrm{D}}{\mathrm{d}t}(\boldsymbol{\Theta}_{(0)}\cdot\boldsymbol{\omega})\end{aligned}$$

schreiben. Er reduziert sich nur dann auf die Form

$$\boldsymbol{M}_{(0)} = \frac{\mathrm{D}}{\mathrm{d}t}(\boldsymbol{\Theta}_{(0)} \cdot \boldsymbol{\omega}),$$

wenn

entweder $\boldsymbol{r}_M = \boldsymbol{0}$ (d.h. $\boldsymbol{H}_{(0)} = \boldsymbol{H}_{(M)}$)

oder $\boldsymbol{v}_0 = \boldsymbol{0}$ und $\frac{\mathrm{D}}{\mathrm{d}t}\boldsymbol{v}_0 = \boldsymbol{0}$

oder $\boldsymbol{v}_0 = \boldsymbol{0}$ und $\frac{\mathrm{D}}{\mathrm{d}t}\boldsymbol{v}_0$ parallel zu $\boldsymbol{r}_M$

ist.

Wegen dieses Sachverhaltes ist es – soweit nicht ein Ausnahmefall gegeben ist – meist vorteilhafter, den Drall auf den Massen-Mittelpunkt zu beziehen.

Die Richtung des auf den Massen-Mittelpunkt bezogenen Dralls $\boldsymbol{H}_{(M)}$ stimmt im allgemeinen nicht mit der Richtung von $\boldsymbol{\omega}$ überein, wie wir unmittelbar aus Satz 5.10 ablesen können. Die beiden Richtungen fallen nur dann zusammen, wenn $\boldsymbol{\Theta}\cdot\boldsymbol{\omega}$ parallel zu $\boldsymbol{\omega}$, d.h.

$$\left\{\sum_i \sum_k \theta_{ik}\, \boldsymbol{e}_i \boldsymbol{e}_k\right\} \cdot \left(\sum_l \omega_l\, \boldsymbol{e}_l\right) = \lambda \sum_i \omega_i\, \boldsymbol{e}_i \qquad (\lambda \text{ beliebig}),$$

wird. Diese Bedingung führt auf das lineare Gleichungssystem

$$\sum_k (\theta_{ik} - \lambda\delta_{ik})\,\omega_k = 0,$$

das nur dann eine Lösung hat, wenn

$$\det\,[\theta_{ik} - \lambda\delta_{ik}] = 0$$

wird. Auf dieselbe Bedingung waren wir bereits bei der Ermittlung der Hauptachsen des Massen-Trägheitstensors gestoßen. Deshalb stellen wir fest:

Satz 5.13: Die Richtung des auf den Massen-Mittelpunkt M bezogenen Dralls $\boldsymbol{H}_{(M)}$ und der Winkelgeschwindigkeit $\boldsymbol{\omega}$ stimmen nur dann überein, wenn die Richtung von $\boldsymbol{\omega}$ mit einer der Hauptachsen des Massen-Trägheitstensors zusammenfällt.

Für den Übergang zu einem anderen Bezugssystem gelten die allgemeinen Überlegungen, die wir in Kapitel 4 angestellt haben. Impuls- und Drallsatz bleiben demnach formal unverändert, wenn wir zu einem anderen Bezugssystem übergehen. Wir haben lediglich zu beachten, welche Kräfte wir zusätzlich in Rechnung zu stellen haben, wenn wir das Bezugssystem wechseln. Für ein körperfestes Bezugssystem, in dem der Körper ruht (vgl. Satz 4.13, Abschnitt 4.5), gehen Impuls- und Drallsatz in die Gleichgewichtsbedingungen

$$\boldsymbol{F} - \frac{\mathrm{D}}{\mathrm{d}t}(m\boldsymbol{v}_M) = \boldsymbol{0}$$

$$\boldsymbol{M}_{(M)} - \frac{\mathrm{D}}{\mathrm{d}t}\boldsymbol{H}_{(M)} = \boldsymbol{0}$$

über, die das kinetische Problem in ein statisches überführen. Impuls- und Drallsatz ergeben zusammen sechs skalare Gleichungen. Sie reichen für einen ungebundenen starren Körper (Freiheitsgrad $\lambda = 6$) aus, um

(A) bei gegebenen eingeprägten Kräften den Bewegungsablauf zu ermitteln oder
(B) bei bekanntem Bewegungsablauf die auf den Körper einwirkenden resultierenden Kräfte zu berechnen.

Ist die Bewegung des Körpers kinematischen Bindungen unterworfen ($\lambda < 6$), so lassen sich die ihnen entsprechenden Reaktionen unter Heranziehung der betreffenden kinematischen Bedingungen aus den Bewegungsgleichungen eliminieren. Das Gleichungssystem reduziert sich dann dementsprechend.

5.4 Energiesatz für starre Körper

Aus dem Energiesatz der Mechanik erhalten wir für starre Körper, bei denen die Formänderungsarbeit verschwindet, die Aussage (vgl. Satz 1.7)

$$\mathrm{D}A = \mathrm{D}E\,.$$

Dabei ist A die Arbeit aller äußeren Kräfte, E die kinetische Energie.

Für das Differential $\mathrm{D}A$ der Arbeit der äußeren Kräfte erhalten wir bei der Bewegung starrer Körper

$$\mathrm{D}A = \int_V \mathrm{d}\boldsymbol{F} \cdot \boldsymbol{v}\,\mathrm{d}t = \int_V \mathrm{d}\boldsymbol{F} \cdot [\boldsymbol{v}_M + \boldsymbol{\omega} \times (\boldsymbol{r} - \boldsymbol{r}_M)]\,\mathrm{d}t.$$

Vertauschen wir nach dem Ausmultiplizieren der Klammer im zweiten Summanden die Reihenfolge der Faktoren, so folgt

$$\mathrm{D}A = \boldsymbol{F} \cdot \underbrace{\boldsymbol{v}_M\,\mathrm{d}t}_{\mathrm{D}\boldsymbol{r}_M} + \underbrace{\boldsymbol{\omega}\,\mathrm{d}t}_{\mathrm{D}\varphi} \cdot \underbrace{\int_V (\boldsymbol{r} - \boldsymbol{r}_M) \times \mathrm{d}\boldsymbol{F}}_{\boldsymbol{M}_{(M)}}\,.$$

Eine analoge additive Aufspaltung der Arbeit der äußeren Kräfte ergibt sich auch, wenn wir den Geschwindigkeitszustand des starren Körpers in der Form

$$\boldsymbol{v} = \boldsymbol{v}_{\bar{0}} + \boldsymbol{\omega} \times (\boldsymbol{r} - \boldsymbol{r}_{\bar{0}})$$

darstellen (vgl. Satz 5.1). Es gilt also

Satz 5.14: Die Arbeit der äußeren Kräfte läßt sich bei starren Körpern aufspalten in

$$\begin{aligned}\mathrm{D}A &= \boldsymbol{F} \cdot \mathrm{D}\boldsymbol{r}_M + \boldsymbol{M}_{(M)} \cdot \mathrm{D}\varphi \\ &= \mathrm{D}A_{\mathrm{tr}} + \mathrm{D}A_{\mathrm{rot}}\,,\end{aligned}$$

d.h. in einen Anteil $\mathrm{D}A_{\mathrm{tr}}$, der mit der Translation des Körpers mit

$\mathrm{D}\boldsymbol{r}_{\mathrm{tr}} = \mathrm{D}\boldsymbol{r}_M$

zusammenhängt, und in einen Anteil $\mathrm{D}A_{\mathrm{rot}}$, der von der Rotation des Körpers um den Massen-Mittelpunkt M mit

$\mathrm{D}\boldsymbol{r}_{\mathrm{rot}} = \mathrm{D}\boldsymbol{\varphi} \times (\boldsymbol{r} - \boldsymbol{r}_M)$

herrührt. Analog können wir $\mathrm{D}A$ auch stets aufspalten in

$\mathrm{D}A = \boldsymbol{F} \cdot \mathrm{D}\boldsymbol{r}_{\bar{0}} + \boldsymbol{M}_{(\bar{0})} \cdot \mathrm{D}\boldsymbol{\varphi}.$

Wenn nicht besondere Gründe vorliegen, werden wir stets von der in Satz 5.14 zuerst angesprochenen Aufspaltungsmöglichkeit Gebrauch machen und dafür die Bezeichnungen $\mathrm{D}A_{\mathrm{tr}}$ und $\mathrm{D}A_{\mathrm{rot}}$ reservieren. Im übrigen ist der so definierte Anteil $\mathrm{D}A_{\mathrm{tr}}$ mit der in Definition 1.2 eingeführten Arbeit $\mathrm{D}A_M$ identisch, die der Verschiebung des Massen-Mittelpunktes formal zugeordnet und auch für deformierbare Körper definiert ist.

Die kinetische Energie (vgl. Band I, Definition 6.11) können wir bei starren Körpern in der Form

$$E = \frac{1}{2} \int_V \boldsymbol{v} \cdot \boldsymbol{v} \,\mathrm{d}m = \frac{1}{2} \int_V \{\boldsymbol{v}_M + \boldsymbol{\omega} \times (\boldsymbol{r} - \boldsymbol{r}_M)\} \cdot \{\boldsymbol{v}_M + \boldsymbol{\omega} \times (\boldsymbol{r} - \boldsymbol{r}_M)\} \,\mathrm{d}m$$

darstellen. Multiplizieren wir den Integranden aus, so erhalten wir

$$E = \underbrace{\frac{1}{2} \int_V \boldsymbol{v}_M \cdot \boldsymbol{v}_M \,\mathrm{d}m}_{E_{\mathrm{tr}}} + \underbrace{\int_V \boldsymbol{v}_M \cdot [\boldsymbol{\omega} \times (\boldsymbol{r} - \boldsymbol{r}_M)] \,\mathrm{d}m}_{0} + \underbrace{\frac{1}{2} \int_V [\boldsymbol{\omega} \times (\boldsymbol{r} - \boldsymbol{r}_M)] \cdot [\boldsymbol{\omega} \times (\boldsymbol{r} - \boldsymbol{r}_M)] \,\mathrm{d}m}_{E_{\mathrm{rot}}} .$$

Das mittlere Glied der rechten Seite verschwindet, weil

$$\int_V \boldsymbol{v}_M \cdot [\boldsymbol{\omega} \times (\boldsymbol{r} - \boldsymbol{r}_M)] \,\mathrm{d}m = \boldsymbol{v}_M \cdot \left[\boldsymbol{\omega} \times \int_V (\boldsymbol{r} - \boldsymbol{r}_M) \,\mathrm{d}m\right] = 0$$

ist. Darum erhalten wir – nach Auswertung des Integrals für E_{rot} –

Satz 5.15: Die kinetische Energie eines starren Körpers läßt sich aufspalten in

$E = E_{\mathrm{tr}} + E_{\mathrm{rot}},$

wobei

$$E_{\mathrm{tr}} = \frac{1}{2} \int_V \boldsymbol{v}_M \cdot \boldsymbol{v}_M \,\mathrm{d}m = \frac{1}{2} m v_M^2$$

die aus der Translationsbewegung mit $\boldsymbol{v}_M$ herrührende Energie und

$$E_{\text{rot}} = \frac{1}{2}\int\limits_V [\boldsymbol{\omega} \times (\boldsymbol{r} - \boldsymbol{r}_M)] \cdot [\boldsymbol{\omega} \times (\boldsymbol{r} - \boldsymbol{r}_M)]\, \mathrm{d}m$$

$$= \frac{1}{2}\{\omega_x\theta_{xx}\omega_x + \omega_x\theta_{xy}\omega_y + \omega_x\theta_{xz}\omega_z$$

$$+\omega_y\theta_{yx}\omega_x + \omega_y\theta_{yy}\omega_y + \omega_y\theta_{yz}\omega_z$$

$$+\omega_z\theta_{zx}\omega_x + \omega_z\theta_{zy}\omega_y + \omega_z\theta_{zz}\omega_z\}$$

$$= \frac{1}{2}\sum_i\sum_k \omega_i\theta_{ik}\omega_k = \frac{1}{2}\boldsymbol{\omega}\cdot\boldsymbol{\Theta}\cdot\boldsymbol{\omega}$$

die der Rotation mit der Winkelgeschwindigkeit $\boldsymbol{\omega}$ um M zugeordnete Energie ist. Bezogen auf Hauptachsen des Massen-Trägheitstensors nimmt E_{rot} die Form

$$E_{\text{rot}} = \frac{1}{2}\{\theta_1\omega_1^2 + \theta_2\omega_2^2 + \theta_3\omega_3^2\}$$

an.

Anzumerken ist hierzu noch, daß der aus der Translationsbewegung herrührende Anteil E_{tr} mit der durch die Definition 1.2 eingeführten Energie E_M, die formal der Geschwindigkeit des Massen-Mittelpunktes zugeordnet wurde, identisch ist. Stellen wir den Geschwindigkeitszustand des starren Körpers in der Form

$$\boldsymbol{v} = \boldsymbol{v}_{\bar{0}} + \boldsymbol{\omega} \times (\boldsymbol{r} - \boldsymbol{r}_{\bar{0}})$$

dar, so erhalten wir

$$E = \frac{1}{2}mv_{\bar{0}}^2 + m\boldsymbol{v}_{\bar{0}} \cdot [\boldsymbol{\omega} \times (\boldsymbol{r}_M - \boldsymbol{r}_{\bar{0}})] + \frac{1}{2}\boldsymbol{\omega}\cdot\boldsymbol{\Theta}_{(\bar{0})}\cdot\boldsymbol{\omega}.$$

Das mittlere Glied verschwindet bei dieser Darstellung nur in einigen Sonderfällen. Der wichtigste davon ist der Fall der reinen Rotation um $\bar{0}$, bei der zugleich auch der erste Term verschwindet. Damit diese Terme auch bei der Betrachtung der Änderungen von E verschwinden, muß freilich neben $\boldsymbol{v}_{\bar{0}} = \boldsymbol{0}$ auch $\frac{\mathrm{D}}{\mathrm{d}t}\boldsymbol{v}_{\bar{0}} = \boldsymbol{0}$ werden (Bewegung um einen festen Punkt bzw. eine feste Achse).

Aus den vorstehenden Überlegungen folgt, daß wir den Energiesatz für starre Körper in der Form

$$\mathrm{D}A_{\text{tr}} + \mathrm{D}A_{\text{rot}} = \mathrm{D}E_{\text{tr}} + \mathrm{D}E_{\text{rot}}$$

schreiben können. Nun gilt aber nach Satz 1.8 unabhängig davon ganz allgemein

$$\mathrm{D}A_M^{(a)} = \mathrm{D}E_M,$$

wobei für starre Körper

$$\mathrm{D}A_M^{(a)} \equiv \mathrm{D}A_{\text{tr}} \quad \text{und} \quad \mathrm{D}E_M \equiv \mathrm{D}E_{\text{tr}}$$

ist. Deshalb folgt

Satz 5.16: Für starre Körper läßt sich der Energiesatz der Mechanik aufspalten

a) in einen Energiesatz für die Translationsbewegung mit $\boldsymbol{v}_M$:

$$\boldsymbol{F} \cdot \mathrm{D}\boldsymbol{r}_M = \mathrm{D}A_{\mathrm{tr}} = \mathrm{D}E_{\mathrm{tr}} = \mathrm{D}\Big(\frac{1}{2} m v_M^2\Big),$$

b) in einen Energiesatz für die Rotationsbewegung mit $\boldsymbol{\omega}$ um M :

$$\boldsymbol{M}_{(M)} \cdot \mathrm{D}\boldsymbol{\varphi} = \mathrm{D}A_{\mathrm{rot}} = \mathrm{D}E_{\mathrm{rot}} = \mathrm{D}\Big(\frac{1}{2}\boldsymbol{\omega} \cdot \boldsymbol{\Theta} \cdot \boldsymbol{\omega}\Big).$$

Für starre Körper, die kinematisch so gebunden sind, daß sie nur Rotationen um einen raumfesten Punkt 0 ausführen können (der Sonderfall der Rotation um eine raumfeste Achse ist darin mit eingeschlossen), können wir ergänzen:

Satz 5.17: Rotiert ein starrer Körper um einen raumfesten Punkt 0, so läßt sich der Energiesatz der Mechanik in die Form

$$\boldsymbol{M}_{(0)} \cdot \mathrm{D}\boldsymbol{\varphi} = \mathrm{D}\Big(\frac{1}{2}\boldsymbol{\omega} \cdot \boldsymbol{\Theta}_{(0)} \cdot \boldsymbol{\omega}\Big)$$

überführen, wobei $\boldsymbol{\Theta}_{(0)}$ der Massen-Trägheitstensor bezogen auf 0 ist.

5.5 Kinetik der Systeme von starren Körpern

Bei den bisherigen Betrachtungen sind wir stillschweigend immer davon ausgegangen, daß wir die Bewegung eines einzelnen starren Körpers betrachten, der allerdings gewissen kinematischen Bindungen an die als ruhend angenommene Umgebung unterliegen kann, so daß neben den eingeprägten Kräften auch die Reaktionen dieser kinematischen Bindungen zu berücksichtigen sind. In vielen Fällen haben wir es bei technischen Problemen jedoch mit Systemen von starren Körpern zu tun, bei denen auch kinematische Bindungen zwischen den Teilen des Systems bzw. die ihnen entsprechenden Verbindungsreaktionen in Betracht zu ziehen sind.

Bei der Behandlung solcher Probleme können wir so vorgehen, daß wir zunächst alle Bindungen lösen (Befreiungsprinzip) und die entsprechenden Reaktionen als unbekannte äußere Kräfte einführen. Nachträglich eliminieren wir dann diese Reaktionen unter Heranziehung der betreffenden kinematischen Bedingungen und erhalten dann ein System von Bewegungsgleichungen, dessen Gleichungsanzahl dem Freiheitsgrad des Systems entspricht. Wir können auch auf die Elimination der Reaktionen verzichten. Dann erhalten wir ein erweitertes Gleichungssystem, bestehend aus den Bewegungsgleichungen für die einzelnen freien Körper und aus den kinematischen Bedingungen, das ausreicht, den Bewegungsablauf und die unbekannten Reaktionen zu ermitteln. Im übrigen werden wir in Kapitel 9 noch näher darauf eingehen, wie sich die Behandlung von Systemen starrer Körper weiter systematisieren läßt.

6 Ebene Bewegung starrer Körper

6.1 Kinematik der ebenen Bewegung starrer Körper

6.1.1 Allgemeines

Kennzeichnend für die ebene Bewegung eines starren Körpers ist:

1. Es existiert eine Ebene, die Bewegungsebene, mit der Eigenschaft, daß senkrecht zu ihr alle Verschiebungen, Geschwindigkeiten und Beschleunigungen verschwinden.
2. Die Verschiebungs-, Geschwindigkeits- und Beschleunigungszustände sind in allen zur Bewegungsebene parallelen Ebenen kongruent.

Im Hinblick auf die zweite Feststellung brauchen wir alle kinematischen Größen nur in der Bewegungsebene zu beschreiben, die zweckmäßig mit einer Koordinaten-Ebene, etwa der Ebene $z = 0$ eines kartesischen oder eines Zylinder-Koordinatensystems, zusammenfallen möge (Bild 6.1). Dann erhalten wir für den Ortsvektor in

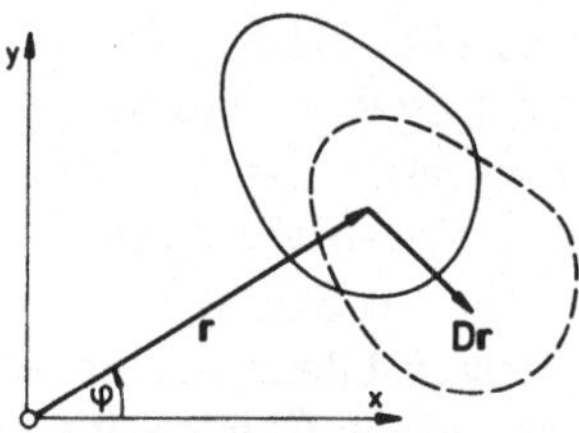

Bild 6.1
Ortsvektor in der Bewegungsebene

der Bewegungsebene:

$$\boldsymbol{r}(t) = x(t)\,\boldsymbol{e}_x + y(t)\,\boldsymbol{e}_y = r(t)\,\boldsymbol{e}_r(\varphi(t))\,.$$

Daraus ergibt sich für die Differentiale der Verschiebungen (in allen Ebenen):

$$\begin{aligned} \mathrm{D}\boldsymbol{r} &= \mathrm{D}x\,\boldsymbol{e}_x + \mathrm{D}y\,\boldsymbol{e}_y \\ &= \mathrm{D}r\,\boldsymbol{e}_r + r\,\mathrm{D}\varphi\,\boldsymbol{e}_\varphi\,. \end{aligned}$$

Bei den folgenden allgemeinen Betrachtungen zur Beschreibung des ebenen Geschwindigkeits- und Beschleunigungszustandes beschränken wir uns der Einfachheit halber auf kartesische Koordinatensysteme.

6.1.2 Geschwindigkeitszustand

Wir gehen aus von der allgemeinen Darstellung des Geschwindigkeitszustandes starrer Körper

$$\boldsymbol{v} = \boldsymbol{v}_{\bar{0}} + \boldsymbol{\omega} \times (\boldsymbol{r} - \boldsymbol{r}_{\bar{0}})\,,$$

die sich für ebene Bewegungen dadurch vereinfacht, daß allgemein

$$\boldsymbol{v} = v_x\,\boldsymbol{e}_x + v_y\,\boldsymbol{e}_y\,, \qquad \boldsymbol{\omega} = \omega\,\boldsymbol{e}_z$$

gesetzt werden kann (Bild 6.2). Das führt auf

$$\begin{aligned} v_x &= v_{\bar{0}x} - \omega(y - y_{\bar{0}}) \\ v_y &= v_{\bar{0}y} + \omega(x - x_{\bar{0}})\,. \end{aligned}$$

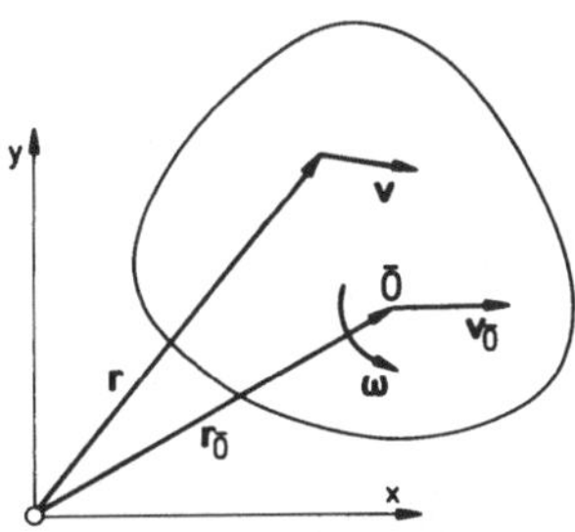

Bild 6.2
Ebene Bewegung

Wir behaupten nun

Satz 6.1: Jeder ebene Geschwindigkeitszustand eines starren Körpers ist bei $\boldsymbol{\omega} \neq \boldsymbol{0}$ als reine Rotation, d.h. in der Form

$$\boldsymbol{v} = \boldsymbol{v}_{\bar{0}} + \boldsymbol{\omega} \times (\boldsymbol{r} - \boldsymbol{r}_{\bar{0}}) = \boldsymbol{\omega} \times (\boldsymbol{r} - \boldsymbol{r}_p)$$

darstellbar. Die Lage der momentanen Drehachse, deren Durchstoßpunkt durch die Bewegungsebene als Momentanpol der Geschwindigkeit (kurz: Geschwindigkeitspol P) bezeichnet wird, ist im allgemeinen zeitabhängig.

Den Nachweis führen wir, indem wir zeigen, daß bei $\boldsymbol{\omega} \neq \mathbf{0}$ stets ein Punkt P existiert für den

$$\boldsymbol{v}_p = \boldsymbol{v}_{\bar{0}} + \boldsymbol{\omega} \times (\boldsymbol{r}_p - \boldsymbol{r}_{\bar{0}}) = 0$$

ist. $\boldsymbol{r}_p$ können wir bestimmen, indem wir diese Gleichung mit $\boldsymbol{\omega}$ von links vektoriell multiplizieren. Das ergibt

$$\begin{aligned} \mathbf{0} &= \boldsymbol{\omega} \times \boldsymbol{v}_{\bar{0}} + \boldsymbol{\omega} \times [\boldsymbol{\omega} \times (\boldsymbol{r}_p - \boldsymbol{r}_{\bar{0}})] \\ &= \boldsymbol{\omega} \times \boldsymbol{v}_{\bar{0}} + \underbrace{[\boldsymbol{\omega} \cdot (\boldsymbol{r}_p - \boldsymbol{r}_{\bar{0}})]}_{0} \boldsymbol{\omega} - \boldsymbol{\omega} \cdot \boldsymbol{\omega}(\boldsymbol{r}_p - \boldsymbol{r}_{\bar{0}}) . \end{aligned}$$

Diese Gleichung ist bei $\boldsymbol{\omega} \neq \mathbf{0}$ eindeutig nach $\boldsymbol{r}_p$ auflösbar. Damit ist Satz 6.1 bewiesen.

Zugleich folgt daraus

Satz 6.2: Für den Momentanpol P der Geschwindigkeit (Geschwindigkeitspol) der ebenen Bewegung eines starren Körpers gilt

$$\boldsymbol{r}_p = \boldsymbol{r}_{\bar{0}} + \frac{1}{\omega^2} [\boldsymbol{\omega} \times \boldsymbol{v}_{\bar{0}}] ,$$

d.h.

$$x_p = x_{\bar{0}} - \frac{v_{\bar{0}y}}{\omega}$$

$$y_p = y_{\bar{0}} + \frac{v_{\bar{0}x}}{\omega} .$$

Aus Satz 6.2 lesen wir ab, daß der Geschwindigkeitspol auf einer durch $\bar{0}$ gehenden Geraden senkrecht zu $\boldsymbol{v}_{\bar{0}}$ liegt. Diesen Sachverhalt können wir in verschiedener Weise nutzen, um die Lage des Geschwindigkeitspols zu bestimmen.

1. Beispiel: Nichtparallele Geschwindigkeiten

Gegeben seien die Geschwindigkeiten $\boldsymbol{v}_1$ und $\boldsymbol{v}_2$ der Körperpunkte 1 und 2 (Bild 6.3). Diese Geschwindigkeiten können nicht beliebig vorgegeben werden. Ihre Projektionen $\boldsymbol{v}_1^*$ bzw. $\boldsymbol{v}_2^*$ auf die Gerade $\overline{12}$ müssen gleich groß sein, da der Abstand der Punkte unveränderlich ist. Wir können diese Bedingung in der Form

$$\boldsymbol{v}_1 \cdot (\boldsymbol{r}_2 - \boldsymbol{r}_1) = \boldsymbol{v}_2 \cdot (\boldsymbol{r}_2 - \boldsymbol{r}_1)$$

schreiben. Den Geschwindigkeitspol P finden wir als Schnittpunkt der beiden Normalen zu den Geschwindigkeiten $\boldsymbol{v}_1$ bzw. $\boldsymbol{v}_2$ durch die Punkte 1 bzw. 2. Für den Betrag der Winkelgeschwindigkeit gilt

$$|\omega| = \frac{|\boldsymbol{v}_1|}{a_1} = \frac{|\boldsymbol{v}_2|}{a_2} .$$

2. Beispiel: Parallele Geschwindigkeiten

Gegeben seien – als Sonderfall des 1. Beispiels – die Geschwindigkeiten $\boldsymbol{v}_1$ und $\boldsymbol{v}_2$,

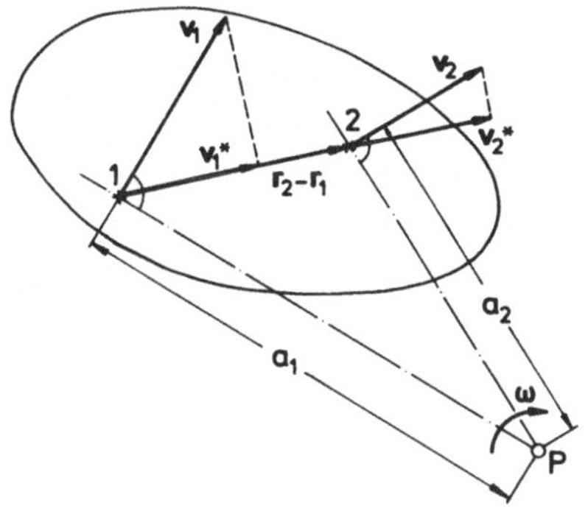

Bild 6.3
Momentanpol – nichtparallele Geschwindigkeiten

die beide senkrecht zur Geraden $\overline{12}$ sein sollen (Bild 6.4). Dabei können die Beträge von $\boldsymbol{v}_1$ und $\boldsymbol{v}_2$ beliebig sein, da stets

$$\boldsymbol{v}_1 \cdot (\boldsymbol{r}_2 - \boldsymbol{r}_1) = \boldsymbol{v}_2 \cdot (\boldsymbol{r}_2 - \boldsymbol{r}_1) = 0$$

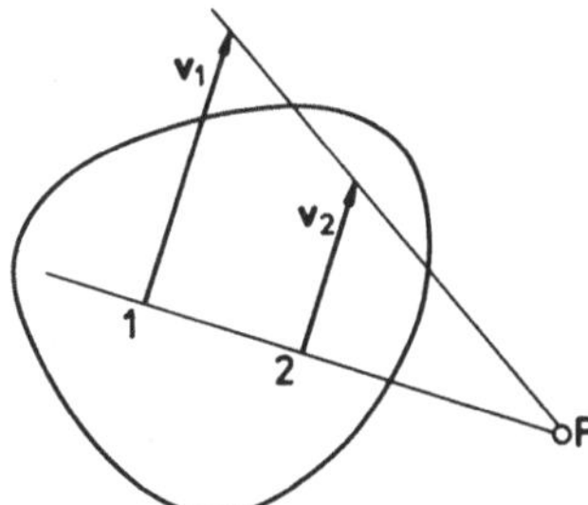

Bild 6.4
Momentanpol – parallele Geschwindigkeiten

ist. In diesem Fall finden wir den Geschwindigkeitspol P als Schnittpunkt der Geraden $\overline{12}$ (die senkrecht zu $\boldsymbol{v}_1$ und zu $\boldsymbol{v}_2$ ist) und der Geraden durch die Spitzen der Geschwindigkeitspfeile, wegen

$$\frac{|\boldsymbol{v}_1|}{a_1} = \frac{|\boldsymbol{v}_2|}{a_2} = |\omega|\,.$$

Das gilt auch dann, wenn $\boldsymbol{v}_2$ der Richtung von $\boldsymbol{v}_1$ entgegengesetzt ist.

Sind die Lage des Geschwindigkeitspols und die Geschwindigkeit eines Körperpunktes bekannt, so können wir in Umkehrung der beiden vorhergehenden Beispiele leicht die Geschwindigkeit weiterer Punkte ermitteln. Kennen wir die Geschwindigkeiten zweier Punkte, so finden wir die Geschwindigkeit eines dritten Punktes (und weiterer) – auch ohne vorherige Ermittlung des Geschwindigkeitspols – durch eine Reihe einfacher graphischer Konstruktionen.

Die erste Konstruktion (Bild 6.5a) benutzt die sogenannte F'-Figur der um $\frac{\pi}{2}$ im Drehsinn von $\boldsymbol{\omega}$ (oder entgegengesetzt) geklappten Geschwindigkeiten $\boldsymbol{v}'_i$. Für sie gilt

Satz 6.3: Die von den Endpunkten der um $\frac{\pi}{2}$ geklappten Geschwindigkeiten v_i' aufgespannte F'-Figur ist der von den Verbindungsgeraden der zugehörigen Körperpunkte gebildeten Ausgangsfigur geometrisch ähnlich.

Der Beweis dieses nicht nur für Dreiecksfiguren geltenden Satzes folgt unmittelbar aus den Strahlensätzen in Verbindung mit der Aussage

$$\frac{|v_1|}{a_1} = \frac{|v_2|}{a_2} = \frac{|v_3|}{a_3} = \frac{|v_i|}{a_i} = |\omega| .$$

Wir können jedoch auch zeigen, daß die von den ungeklappten Geschwindigkeiten v_i gebildete F''-Figur der Ausgangsfigur geometrisch ähnlich ist (vgl. Bild 6.5b). Für sie gilt der

Satz 6.4: *Satz von Burmester*
Die von den Endpunkten der Geschwindigkeitspfeile v_i aufgespannte F''-Figur ist der von den Verbindungsgeraden der zugehörigen Körperpunkte gebildeten Ausgangsfigur geometrisch ähnlich.

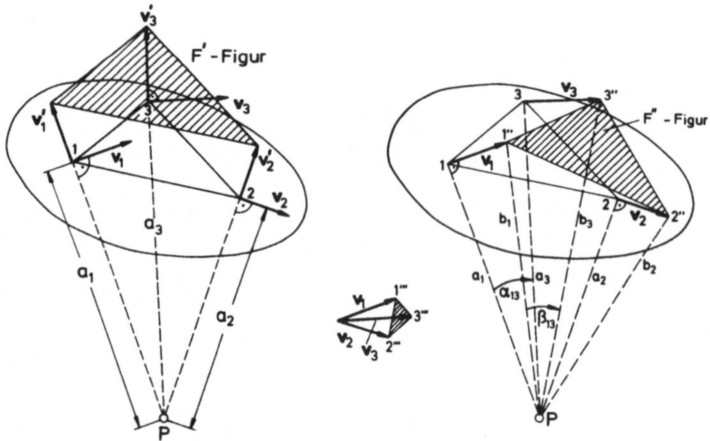

Bild 6.5 F'- bzw. F''-Figur

Der Beweis ist hier etwas umständlicher. Zunächst folgt aus der Ähnlichkeit der von den Seiten a_i, b_i und $|v_i|$ gebildeten Dreiecke, daß

$$\frac{a_i}{b_i} = \frac{a_k}{b_k} \quad \text{bzw.} \quad \frac{a_i}{a_k} = \frac{b_i}{b_k}$$

ist. Ferner gilt

$$\alpha_{ik} = \beta_{ik} ,$$

weil sich diese Winkel als Summe von übereinstimmenden Summanden angeben lassen, z.B.:

$\alpha_{13} =$ Winkel zwischen a_1 und b_1 plus Winkel zwischen b_1 und a_3
$\beta_{13} =$ Winkel zwischen b_1 und a_3 plus Winkel zwischen a_3 und b_3 .

Die Winkel zwischen a_i und b_i sind jedoch wegen der Ähnlichkeit der Dreiecke gleich. Somit folgt allgemein die Gleichheit von α_{ik} und β_{ik}. Daraus ergibt sich zunächst, daß die von den Punkten i, k, P aufgespannten Dreiecke denen, die von i'', k'' und P gebildet werden, geometrisch ähnlich sind. Von da aus können wir aber weiter schließen, daß die Dreiecke i, k, l den Dreiecken i'', k'', l'' ähnlich sein müssen.

Eine dritte Beziehung liefert (vgl. Bild 6.5c)

Satz 6.5: *Satz von Mehmke*

Tragen wir die Geschwindigkeiten $\boldsymbol{v}_i$ der Punkte i in einem Geschwindigkeitsplan von einem Punkt aus auf, so ist die von den Endpunkten i''' der Geschwindigkeitspfeile gebildete F'''-Figur der Ausgangsfigur, die von den Punkten i aufgespannt wird, geometrisch ähnlich und gegenüber der Ausgangsfigur um $\frac{\pi}{2}$ im Sinne von $\boldsymbol{\omega}$ gedreht.

Der Beweis hierfür ist wiederum leicht erbracht, indem man einerseits von der Gleichheit der Verhältnisse und andererseits von der Gleichheit der Winkel zwischen $\boldsymbol{v}_i$ und $\boldsymbol{v}_k$ bzw. a_i und a_k Gebrauch macht.

Für die praktischen Anwendungen eignet sich am besten der Satz 6.3, da die F'-Figur am einfachsten durch das Ziehen von Parallelen zu konstruieren ist. Im übrigen kann man durch eine geeignete Wahl des Geschwindigkeitsmaßstabes erreichen, daß die Endpunkte aller geklappten Geschwindigkeitspfeile mit dem Geschwindigkeitspol zusammenfallen, die F'-Figur also zu einem Punkt degeneriert.

Der Geschwindigkeitspol P wandert im allgemeinen während des Bewegungsablaufes. Seine Bahn in der raumfesten Bewegungsebene bezeichnen wir als Spurkurve oder auch als Rastpolbahn. Seine relative Bahn gegenüber einem körperfesten Bezugssystem nennen wir Polkurve oder auch Gangpolbahn. Aus der Betrachtung des Bewegungsablaufes – momentan fallen jeweils ein Punkt der Spurkurve und ein Punkt der Polkurve zusammen, und die Geschwindigkeit des Körpers gegenüber dem Raum ist in diesem Punkt jeweils momentan Null – können wir schließen, daß in jedem beliebigen Zeitintervall die Wanderwege des Geschwindigkeitspols längs der raumfesten Spurkurve und längs der körperfesten Polkurve gleich lang sein müssen. Daraus folgt

---

Satz 6.6: Jede ebene Bewegung eines starren Körpers ist als Abrollen der körperfesten Polkurve auf der raumfesten Spurkurve darstellbar.

Beispiel: Herabgleitende Leiter (Bild 6.6)

Für den längs zweier zueinander senkrechten Geraden geführten Stab, z.B. für eine herabgleitende Leiter (vgl. Bild 6.6), ist die Polkurve der Halbkreis über der Stablänge l, weil der Geschwindigkeitspol P in jeder Lage Scheitelpunkt eines rechtwink-

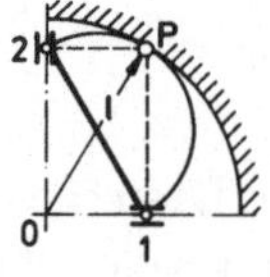

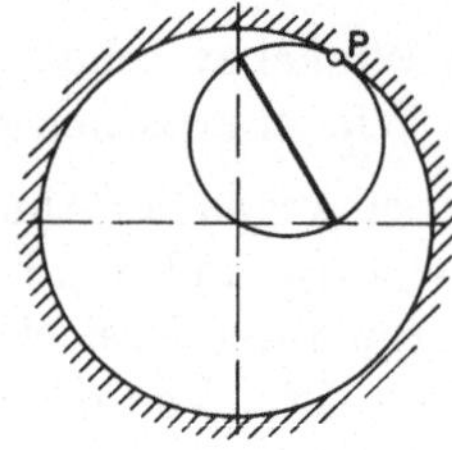

Bild 6.6
Gleitende Leiter mit Polkurve und Spurkurve

ligen Dreiecks über der Hypothenuse mit der Stablänge l ist (Kreis des *Thales*). Zum anderen ist die Spurkurve ein Viertelkreis um 0 mit l, weil stets

$$\overline{OP} = \sqrt{(\overline{1P})^2 + (\overline{2P})^2} = l$$

ist. Aus diesem Sachverhalt folgt, daß wir die gleiche Bewegung auch durch das Abrollen eines Kreises (Durchmesser l) im Innern eines Kreises mit dem doppelten Durchmesser realisieren können (vgl. Bild 6.6). Von solchen Überlegungen macht man im Rahmen der Getriebetechnik Gebrauch.

Für kantige Körper können Spurkurve und Polkurve unstetig werden, wie das in Bild 6.7 dargestellte Beispiel zeigt. Beide Kurven bestehen hier nur noch aus diskreten Punkten.

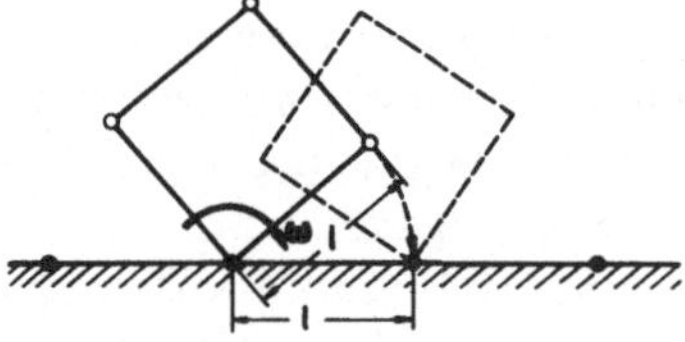

Bild 6.7
Kantige Körper: Punkte der Polkurve (∘) und der Spurkurve (•)

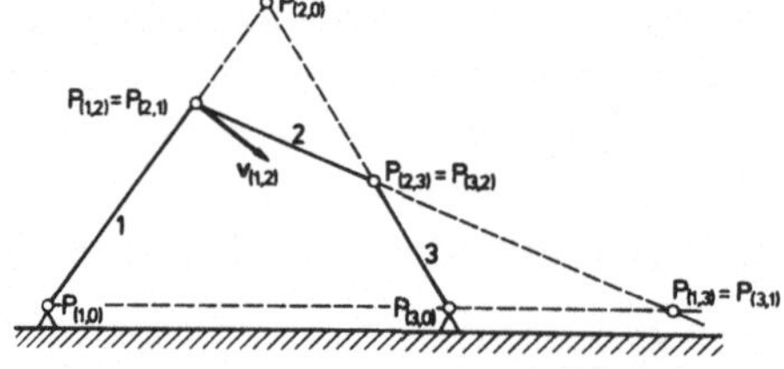

Bild 6.8
Hauptpole und Nebenpole eines Systems von Körpern

Bei ebenen Systemen starrer Körper können wir unterscheiden:

a) Geschwindigkeitspole der (Absolut-)Bewegung gegenüber dem Raum (Hauptpole): $P_{(i,0)}$,
b) Geschwindigkeitspole der Relativ-Bewegung zwischen den Körpern des Systems (Nebenpole): $P_{(i,k)} = P_{(k,i)}$.

In Bild 6.8 ist beispielsweise der Punkt $P_{(2,1)} = P_{(1,2)}$ der Geschwindigkeitspol der Relativ-Bewegung des Körpers 2 gegenüber 1 (bzw. 1 gegenüber 2), weil in diesem Punkt die Relativgeschwindigkeit der beiden Körper verschwindet. Für die Lage der Geschwindigkeitspole gilt der

---

Satz 6.7: Bei ebenen Systemen starrer Körper liegen die drei einander zugeordneten Geschwindigkeitspole

$$P_{(i,k)}, P_{(k,l)}, P_{(l,i)} \qquad (i \neq k \neq l \neq i)$$

jeweils auf einer Geraden.

Den Beweis führen wir leicht anhand des Beispiels von Bild 6.8. Aus der Tatsache, daß im Punkt $P_{(1,2)}$ die Körper 1 und 2 die gleiche Geschwindigkeit gegenüber dem Raum haben, folgt z.B., daß die Geschwindigkeitspole $P_{(1,0)}$ und $P_{(2,0)}$ auf einer Geraden durch $P_{(1,2)}$ liegen müssen, die senkrecht auf der Geschwindigkeit dieses Punktes steht. Diese Feststellung läßt sich dann leicht zur Aussage des Satzes 6.7 verallgemeinern.

Bewegungszustände starrer Körper lassen sich additiv überlagern. Davon wird bei der technischen Realisierung vorgegebener Bewegungen vielfach Gebrauch gemacht. So bietet sich häufig an, die resultierende Bewegung des Körpers aufzuspalten in verschiedene Teilbewegungen, z.B. bei Relativbewegungen gegenüber einem Fahrzeug oder einem Rotor. Dabei tritt dann die Frage auf, wie sich der Bewegungszustand ändert, wenn einer gegebenen Bewegung eine Translation oder Rotation überlagert wird.

Wir betrachten zuerst die Überlagerung einer Translation (Bild 6.9). Die Ausgangsbewegung sei in der Form

$$\boldsymbol{v} = \boldsymbol{\omega} \times (\boldsymbol{r} - \boldsymbol{r}_p)$$

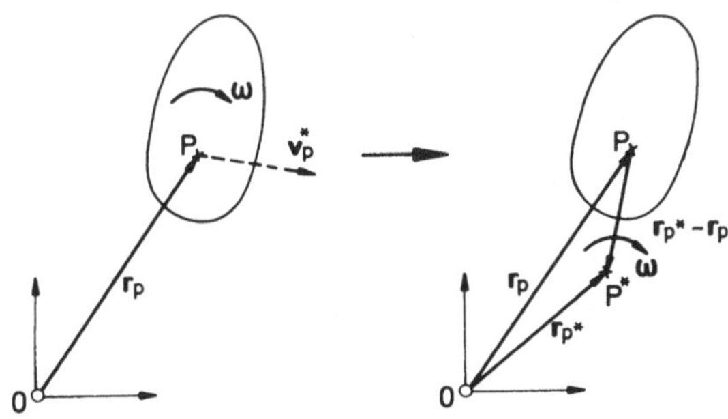

Bild 6.9 Überlagerung einer Translation

gegeben. Überlagert werde nun eine reine Translation mit der Geschwindigkeit

$$\boldsymbol{v}_{\bar{0}} = \boldsymbol{v}_p^* .$$

Wir erhalten dann als resultierende Bewegung

$$\boldsymbol{v}^* = \boldsymbol{v}_p^* + \boldsymbol{v} = \boldsymbol{v}_p^* + \boldsymbol{\omega} \times (\boldsymbol{r} - \boldsymbol{r}_p)\,.$$

Nach Satz 6.2 können wir diese wiederum als reine Rotation in der Form

$$\boldsymbol{v}^* = \boldsymbol{\omega} \times (\boldsymbol{r} - \boldsymbol{r}_p^*)$$

darstellen mit

$$\boldsymbol{r}_p^* = \boldsymbol{r}_p + \frac{1}{\omega^2}(\boldsymbol{\omega} \times \boldsymbol{v}_p^*)\,.$$

Die Überlagerung einer Translation bedeutet also eine Verschiebung des Geschwindigkeitspols senkrecht zu $\boldsymbol{v}_p^*$ um

$$\left|\boldsymbol{r}_p^* - \boldsymbol{r}_p\right| = \frac{|\boldsymbol{v}_p^*|}{|\boldsymbol{\omega}|}\,.$$

Die Überlagerung einer Rotation mit der Winkelgeschwindigkeit ω um 0 (Bild 6.10) führt auf

$$\begin{aligned}\boldsymbol{v}^* &= \boldsymbol{\omega} \times (\boldsymbol{r} - \boldsymbol{r}_p) + \boldsymbol{\Omega} \times \boldsymbol{r} = \underbrace{\boldsymbol{\Omega} \times \boldsymbol{r}_p}_{\boldsymbol{v}_p^*} + (\boldsymbol{\omega} + \boldsymbol{\Omega}) \times (\boldsymbol{r} - \boldsymbol{r}_p) \\ &= (\boldsymbol{\omega} + \boldsymbol{\Omega}) \times (\boldsymbol{r} - \boldsymbol{r}_p^*)\end{aligned}$$

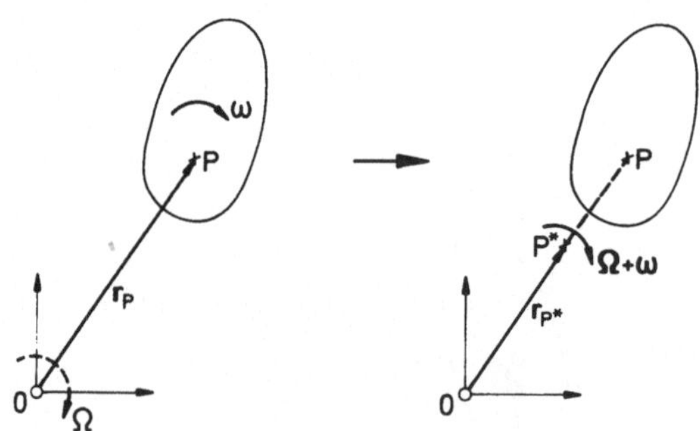

Bild 6.10 Überlagerung einer Rotation

mit

$$\boldsymbol{r}_p^* = \boldsymbol{r}_p + \frac{(\boldsymbol{\omega} + \boldsymbol{\Omega}) \times (\boldsymbol{\Omega} \times \boldsymbol{r}_p)}{(\omega + \Omega)^2} = \left(1 - \frac{\Omega}{\omega + \Omega}\right)\boldsymbol{r}_p\,.$$

Der Geschwindigkeitspol verlagert sich dabei also auf der durch $\boldsymbol{r}_p$ gegebenen Geraden, und zwar in Richtung 0, wenn ω und Ω gleiches Vorzeichen haben, von 0 weg bei verschiedenen Vorzeichen. Im Sonderfall

$$\boldsymbol{\Omega} = -\boldsymbol{\omega}$$

entsteht eine reine Translation mit

$$\boldsymbol{v}^* = \boldsymbol{\Omega} \times \boldsymbol{r}_p = -\boldsymbol{\omega} \times \boldsymbol{r}_p .$$

Wir können also die Translationsbewegung als resultierende Bewegung eines Drehpaares betrachten. Dies ist die duale Aussage zu dem entsprechenden Satz der Statik, daß das Moment eines Kräftepaares unabhängig vom Bezugspunkt ist.

6.1.3 Beschleunigungszustand

Wir gehen aus von der Darstellung des Geschwindigkeitszustandes in der Form

$$\boldsymbol{v} = \boldsymbol{v}_{\bar{0}} + \boldsymbol{\omega} \times (\boldsymbol{r} - \boldsymbol{r}_{\bar{0}})$$

und erhalten durch substantielle Differentiation nach der Zeit (vgl. Band I, Satz 5.5)

$$\begin{aligned} \dot{\boldsymbol{v}} &= \dot{\boldsymbol{v}}_{\bar{0}} + \dot{\boldsymbol{\omega}} \times (\boldsymbol{r} - \boldsymbol{r}_{\bar{0}}) + \boldsymbol{\omega} \times (\boldsymbol{v} - \boldsymbol{v}_{\bar{0}}) \\ &= \dot{\boldsymbol{v}}_{\bar{0}} + \dot{\boldsymbol{\omega}} \times (\boldsymbol{r} - \boldsymbol{r}_{\bar{0}}) + \boldsymbol{\omega} \times [\boldsymbol{\omega} \times (\boldsymbol{r} - \boldsymbol{r}_{\bar{0}})] . \end{aligned}$$

Unter Beachtung, daß bei ebenen Bewegungen $\boldsymbol{\omega}$ senkrecht zur Bewegungsebene ist, können wir dafür auch

$$\dot{\boldsymbol{v}} = \dot{\boldsymbol{v}}_{\bar{0}} + \dot{\boldsymbol{\omega}} \times (\boldsymbol{r} - \boldsymbol{r}_{\bar{0}}) - \omega^2 (\boldsymbol{r} - \boldsymbol{r}_{\bar{0}})$$

schreiben. Das ist die allgemeine Darstellungsform des Beschleunigungszustandes der ebenen Bewegung starrer Körper.

Wir behaupten nun

Satz 6.8: Bei der ebenen Bewegung starrer Körper existiert – abgesehen von reinen Translationen mit $\boldsymbol{\omega} = \mathbf{0}$ und $\dot{\boldsymbol{\omega}} = \mathbf{0}$ – ein Beschleunigungspol B, der momentan beschleunigungsfrei ist. Deshalb ist der Beschleunigungszustand auch in der Form

$$\dot{\boldsymbol{v}} = \dot{\boldsymbol{\omega}} \times (\boldsymbol{r} - \boldsymbol{r}_B) - \omega^2 (\boldsymbol{r} - \boldsymbol{r}_B)$$

zu beschreiben, sofern keine reine Translation mit

$$\dot{\boldsymbol{v}} = \dot{\boldsymbol{v}}_{\bar{0}}$$

vorliegt.

Zum Beweis dieses Satzes gehen wir wieder so vor, daß wir die Existenz eines Punktes B nachweisen, der beschleunigungsfrei ist, für den also

$$\dot{\boldsymbol{v}}_B = \mathbf{0} = \dot{\boldsymbol{v}}_{\bar{0}} + \dot{\boldsymbol{\omega}} \times (\boldsymbol{r}_B - \boldsymbol{r}_{\bar{0}}) - \omega^2 (\boldsymbol{r}_B - \boldsymbol{r}_{\bar{0}})$$

gilt. Dazu multiplizieren wir diese Bedingung mit $\dot{\boldsymbol{\omega}}$ vektoriell von links und erhalten

$$\begin{aligned}\mathbf{0} &= \dot{\boldsymbol{\omega}} \times \dot{\boldsymbol{v}}_{\bar{0}} + \dot{\boldsymbol{\omega}} \times [\dot{\boldsymbol{\omega}} \times (\boldsymbol{r}_B - \boldsymbol{r}_{\bar{0}})] - \omega^2 \dot{\boldsymbol{\omega}} \times (\boldsymbol{r}_B - \boldsymbol{r}_{\bar{0}}) \\ &= \dot{\boldsymbol{\omega}} \times \dot{\boldsymbol{v}}_{\bar{0}} - (\dot{\omega})^2 (\boldsymbol{r}_B - \boldsymbol{r}_{\bar{0}}) - \omega^2 [\omega^2 (\boldsymbol{r}_B - \boldsymbol{r}_{\bar{0}}) - \dot{\boldsymbol{v}}_{\bar{0}}] \\ &= \dot{\boldsymbol{\omega}} \times \dot{\boldsymbol{v}}_{\bar{0}} + \omega^2 \dot{\boldsymbol{v}}_{\bar{0}} - [(\dot{\omega})^2 + \omega^4](\boldsymbol{r}_B - \boldsymbol{r}_{\bar{0}}),\end{aligned}$$

d.h.

$$\boldsymbol{r}_B = \boldsymbol{r}_{\bar{0}} + \frac{1}{(\dot{\omega})^2 + \omega^4} [\dot{\boldsymbol{\omega}} \times \dot{\boldsymbol{v}}_{\bar{0}} + \omega^2 \dot{\boldsymbol{v}}_{\bar{0}}] .$$

Damit ist die Existenz eines Beschleunigungspoles bewiesen unter der Voraussetzung, daß zumindest $\boldsymbol{\omega}$ oder $\dot{\boldsymbol{\omega}}$ verschieden von Null ist. Der Beschleunigungspol B ist im allgemeinen verschieden vom Geschwindigkeitspol. Eine Ausnahme bildet die Rotation um eine feste Achse.

Die Kenntnis des Beschleunigungspoles kann bedeutsam sein, wenn es z.B. darum geht, empfindliche Teile eines starren Körpers (z.B. Meßgeräte in einem Träger-Körper) vor großen Beschleunigungen zu bewahren.

6.2 Grundgleichungen der ebenen Bewegung starrer Körper

Wir benutzen ein kartesisches raumfestes Koordinatensystem. Mit

$$v_z = 0 \qquad \text{und} \qquad \omega_x = \omega_y = 0 \qquad (\omega_z = \omega)$$

erhalten wir

Impulssatz:

$$\boxed{\begin{aligned} F_x &= \frac{\mathrm{D}}{\mathrm{dt}}(m\, v_{M_x}) = m\, \dot{v}_{M_x} \\ F_y &= \frac{\mathrm{D}}{\mathrm{dt}}(m\, v_{M_y}) = m\, \dot{v}_{M_y} \end{aligned}} \qquad \text{(A)}$$

$$F_z = 0 \qquad \text{(b)}$$

Drallsatz:
(in bezug auf den Massen-Mittelpunkt)

$$M_{(M)_x} = \frac{\mathrm{D}}{\mathrm{d}t}(\theta_{zx}\,\omega)$$
$$M_{(M)_y} = \frac{\mathrm{D}}{\mathrm{d}t}(\theta_{zy}\,\omega) \qquad \text{(a)}$$

$$\boxed{M_{(M)_z} = \frac{\mathrm{D}}{\mathrm{d}t}(\theta_{zz}\,\omega) = \theta_{zz}\,\dot{\omega}} \qquad \text{(B)}$$

(A) und (B) sind dabei die Bestimmungsgleichungen; (a) und (b) dagegen die Bedingungsgleichungen für ebene Bewegungen.

Aus diesen Beziehungen lesen wir ab, daß ungebundene ebene Bewegungen nur möglich sind, wenn

1. sich die eingeprägten Kräfte auf ein ebenes Kräftesystem reduzieren lassen, dessen Kräfte-Ebene den Massen-Mittelpunkt enthält,
2. die Achse senkrecht zur Bewegungsebene (= Kräfte-Ebene) eine Hauptachse des Massen-Trägheitstensors ist und
3. die Anfangsbedingungen für den Geschwindigkeitszustand den Bedingungen für eine ebene Bewegung genügen.

Wird die ebene Bewegung durch entsprechende kinematische Bindungen erzwungen, so stellen die in dem vorstehenden Gleichungssystem als Bedingungsgleichungen gekennzeichneten Beziehungen die Relationen dar, aus denen die auftretenden Reaktionen zu ermitteln sind.

Beziehen wir den Drall auf einen festen Raumpunkt 0, so können wir die z-Komponente des Drallsatzes bei ebenen Bewegungen in der Form

$$M_{(0)_z} = m\,\frac{\mathrm{D}}{\mathrm{d}t}\left[x_M\,v_{0_y} - y_M\,v_{0_x}\right] + \frac{\mathrm{D}}{\mathrm{d}t}(\theta_{(0)_{zz}}\omega)$$

schreiben (vgl. Satz 5.12). Für Bewegungen um eine feste Achse ($v_{0_x} = v_{0_y} \equiv 0$) reduziert sich diese Beziehung auf

---

Satz 6.9: Bei Rotationen um eine feste Achse 0 vereinfacht sich die aus dem Drallsatz folgende Bewegungsgleichung auf

$$M_{(0)_z} = \theta_{(0)_{zz}}\dot{\omega}\,.$$

Für die kinetische Energie gilt (vgl. Satz 5.15)

Satz 6.10: Bei ebenen Bewegungen starrer Körper ist die kinetische Energie

$$E = E_{\mathrm{tr}} + E_{\mathrm{rot}} = \frac{1}{2}mv_M^2 + \frac{1}{2}\theta_{zz}\,\omega^2\,.$$

Bei Rotationen um eine feste Achse 0 läßt sich dieser Ausdruck auf

$$E = \frac{1}{2}\theta_{(0)_{zz}}\omega^2$$

reduzieren.

Da wir bei den Momenten der Kräfte wie bei den Massen-Trägheitsmomenten in den Bewegungsgleichungen jeweils nur die Momente in bezug auf die z-Achse benötigen, lassen wir im folgenden den Index z fort und schreiben einfach $M_{(M)}$ anstatt $M_{(M)_z}$ bzw. θ anstelle von θ_{zz} usw.

6.3 Bewegungen um eine feste Achse

Der Freiheitsgrad des Körpers beträgt in diesem Falle nur noch $\lambda = 1$. Deshalb genügt die Einführung einer Lagekoordinate. Dafür bietet sich etwa der Winkel φ entsprechend Bild 6.11 an. Das Bewegungsgesetz des Körpers leiten wir am einfachsten aus dem auf 0 bezogenen Drallsatz

$$M_{(0)} = \theta_{(0)}\dot{\omega}$$

bzw. aus dem Energiesatz

$$\int_{\varphi_1}^{\varphi_2} M_{(0)}\,\mathrm{D}\varphi = \frac{1}{2}\theta_{(0)}\omega_2^2 - \frac{1}{2}\theta_{(0)}\omega_1^2$$

ab. Zur Ermittlung der Lagerreaktionen ziehen wir den Impulssatz bzw. den auf M bezogenen Drallsatz heran.

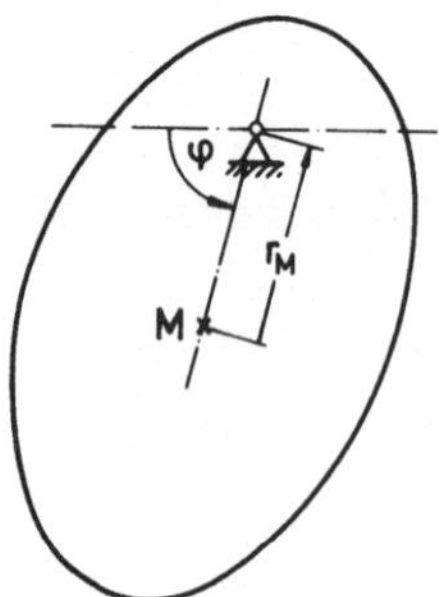

Bild 6.11
System mit einem Freiheitsgrad

1. Beispiel: Stabpendel (Bild 6.12)

Ein homogener Stab mit konstantem Querschnitt sei in 0 reibungsfrei drehbar gelagert.

Gegeben seien: $l, m, \theta = \frac{1}{12} ml^2$,
Anfangsbedingungen für $t = 0$: $\varphi = \varphi_0$
$\dot{\varphi} = 0$.

Gesucht sind: Schnittgrößen N, Q, M,
Lagerreaktionen A_N, A_Q.

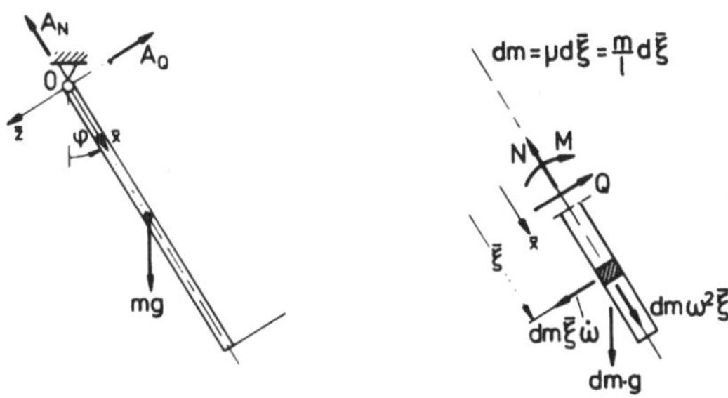

Bild 6.12 Stabpendel

Neben dem raumfesten (unüberstrichenen) Koordinatensystem führen wir ein körperfestes (überstrichenes) Koordinatensystem ein. $\dot{\omega}(\varphi)$ ermitteln wir mit Hilfe des Drallsatzes um 0. Er liefert (vgl. Bild 6.12)

$$\theta_{(0)}\dot{\omega} = -mg\,\frac{l}{2}\,\sin\varphi \quad \text{mit} \quad \theta_{(0)} = \theta + m\left(\frac{l}{2}\right)^2 = \frac{1}{3}ml^2,$$

d.h.

$$\dot{\omega}(\varphi) = \ddot{\varphi}(\varphi) = -\frac{3}{2}\,\frac{g}{l}\,\sin\varphi\,.$$

$\omega(\varphi)$ erhalten wir am einfachsten aus dem Energiesatz

$$\frac{1}{2}\,\theta_{(0)}\omega^2 = mg\,\frac{l}{2}\,\{\cos\varphi - \cos\varphi_0\}\,,$$

d.h.

$$\omega(\varphi) = \dot{\varphi}(\varphi) = \pm\sqrt{3\,\frac{g}{l}\,\{\cos\varphi - \cos\varphi_0\}}\,.$$

Der Stab führt Schwingungen um die Gleichgewichtslage $\varphi = 0$ aus. Die Ausschläge φ sind unter den gegebenen Anfangsbedingungen auf den Bereich $|\varphi| \leqslant |\varphi_0|$ beschränkt. Wollen wir die Ausschläge φ in Abhängigkeit von der Zeit erhalten, so ermitteln wir zunächst

$$t = t_0 + \int_{\varphi_0}^{\varphi} \frac{\mathrm{D}\varphi}{\omega(\varphi)} = t(\varphi)\,.$$

Dies führt auf ein elliptisches Integral. Die Umkehrfunktion von $t(\varphi)$ liefert dann $\varphi(t)$.

Zur Ermittlung der Schnittgrößen gehen wir zweckmäßig auf ein körperfestes System über (verallgemeinertes Prinzip von *d'Alembert*, Satz 4.13). Unter Berücksichtigung der Trägheitskräfte, die bei diesem Übergang zu den im Ausgangssystem vorhandenen Kräften zusätzlich in Rechnung zu stellen sind, erhalten wir (vgl. Bild 6.12)

$$\begin{aligned}
N(\bar{x},\varphi) &= \int_{\bar{x}}^{l} \{g \cos\varphi + \omega^2 \bar{\xi}\} \frac{m}{l}\, \mathrm{d}\bar{\xi} \\
&= \frac{1}{2} mg \left\{ \left[5 - 2\frac{\bar{x}}{l} - 3\left(\frac{\bar{x}}{l}\right)^2 \right] \cos\varphi - 3\left[1 - \left(\frac{\bar{x}}{l}\right)^2\right] \cos\varphi_0 \right\} \\
Q(\bar{x},\varphi) &= \int_{\bar{x}}^{l} \{g \sin\varphi + \dot{\omega}\bar{\xi}\} \frac{m}{l}\, \mathrm{d}\bar{\xi} = \frac{1}{4} mg \left[1 - 4\frac{\bar{x}}{l} + 3\left(\frac{\bar{x}}{l}\right)^2\right] \sin\varphi \\
M(\bar{x},\varphi) &= -\int_{\bar{x}}^{l} \{g \sin\varphi + \dot{\omega}\bar{\xi}\}(\bar{\xi} - \bar{x}) \frac{m}{l}\, \mathrm{d}\bar{\xi} = \frac{1}{4} mg\, l \left[1 - \frac{\bar{x}}{l}\right]^2 \frac{\bar{x}}{l} \sin\varphi \,.
\end{aligned}$$

Das größte Biegemoment tritt dort auf, wo $Q = 0$ ist. Das ist bei $\frac{\bar{x}}{l} = \frac{1}{3}$ der Fall, und zwar unabhängig von φ_0, also beispielsweise auch für einen aus der senkrechten Stellung ($\varphi_0 = \frac{\pi}{2}$) umfallenden Stab. Das erklärt, warum man bei umfallenden Schornsteinen (etwa nach einer Sprengung) beobachtet, daß diese ungefähr in einem Drittel der Höhe noch einmal brechen.

Die Lagerreaktionen ergeben sich aus den Schnittgrößen $\bar{x} = 0$ zu

$$\begin{aligned}
A_N &= N(0,\varphi) = \frac{1}{2} mg[5\cos\varphi - 3\cos\varphi_0] \\
A_Q &= Q(0,\varphi) = \frac{1}{4} mg \sin\varphi \,.
\end{aligned}$$

2. Beispiel: Windwerk

Wir betrachten das in Bild 6.13 skizzierte Windwerk.

Gegeben seien: System-Parameter: $m, \theta_1, \theta_2,$
$r_0, r_1, r_2,$
Antriebs-Moment: M.

Gesucht wird die Winkelbeschleunigung $\dot{\omega}_1$ der Trommel 1.

Wir zerlegen das System – in Gedanken – in seine Teile, indem wir die kinematischen Bindungen zwischen seinen Teilen lösen (Befreiungsprinzip) und schreiben für jedes Teil den Drall- bzw. Impulssatz an.

Masse: Impulssatz (Bild 6.14a)

$$m\ddot{h} = S - mg \;\rightarrow\; S = m(g + \ddot{h}). \tag{1}$$

Winden-Trommel: Drallsatz (Bild 6.14b)

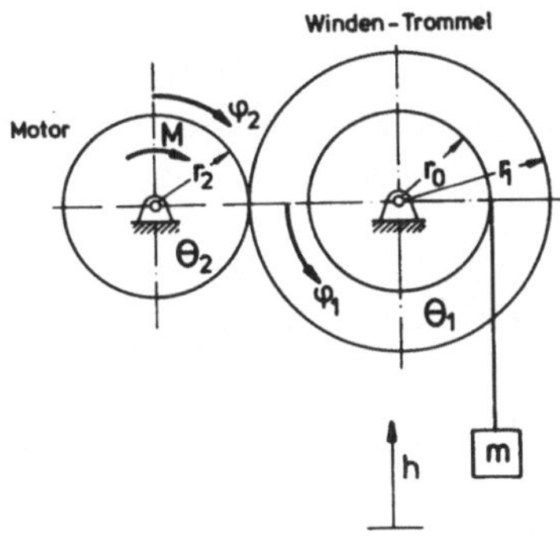

Bild 6.13
Windwerk

$$\theta_1 \dot{\omega}_1 = F r_1 - S r_0 \,. \tag{2}$$

Motor: Drallsatz (Bild 6.14c)

$$\theta_2 \dot{\omega}_2 = M - F r_2 \;\rightarrow\; F = \frac{1}{r_2}\left(M - \theta_2 \dot{\omega}_2\right). \tag{3}$$

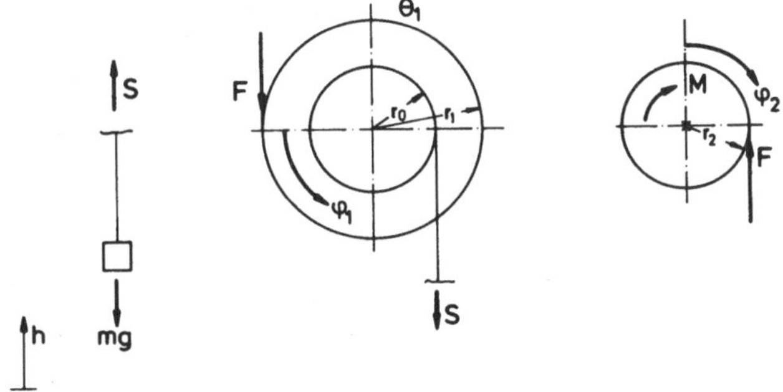

Bild 6.14 Windwerk – Teilsysteme

Hinzu kommen die Beziehungen, die sich aus den kinematischen Bindungen zwischen den Teilen des Systems ergeben, nämlich

$$\dot{h} = \omega_1 r_0 \;\rightarrow\; \ddot{h} = \dot{\omega}_1 r_o \tag{4}$$

$$\omega_2 r_2 = \omega_1 r_1 \;\rightarrow\; \dot{\omega}_2 = \dot{\omega}_1 \frac{r_1}{r_2} \,. \tag{5}$$

Setzen wir nun (4) in (1) und danach (1) in (2) sowie ferner (5) in (3) und danach (3) in (2) ein, so erhalten wir

$$\left\{\theta_1 + \theta_2 \left(\frac{r_1}{r_2}\right)^2 + m\, r_0^2\right\} \dot{\omega}_1 = M \frac{r_1}{r_2} - m g\, r_0 \,.$$

Hierin können wir

$$\theta_1 + \theta_2 \left(\frac{r_1}{r_2}\right)^2 + m\,r_0^2 = \theta_{(1)\mathrm{red}}$$ als das auf die Achse 1 reduzierte Massen-Trägheitsmoment des Systems

und

$$M\,\frac{r_1}{r_2} - mg\,r_0 = M_{(1)\mathrm{red}}$$ als das auf die Achse 1 reduzierte resultierende Moment der an dem System angreifenden eingeprägten Kräfte

bezeichnen.

6.4 Allgemeine ebene Bewegung starrer Körper

Je nach dem Freiheitsgrad λ des Körpers bzw. des Systems erhalten wir λ Bewegungsgleichungen, die den Bewegungsablauf bestimmen. Die überzähligen $3-\lambda$ Bewegungsgleichungen können wir aus dem allgemeinen System der Bestimmungsgleichungen für die ebene Bewegung (vgl. Abschnitt 6.2) unter Heranziehung der kinematischen Bindungen eliminieren. Wir benötigen sie jedoch, wenn wir nachträglich die Reaktionen der kinematischen Bindungen ermitteln wollen. Methodisch gehen wir bei allgemeinen ebenen Bewegungen vielfach so vor, daß wir uns – implizit – ein körperfestes Koordinatensystem eingeführt denken bzw. auf das Prinzip von d'Alembert zurückgreifen (vgl. Abschnitt 4.5), daß wir also zu den im Ausgangssystem gegebenen eingeprägten Kräften die entsprechenden Trägheitskräfte und ihre Momente hinzufügen und damit das kinetische Problem auf ein statisches zurückführen.

1. Beispiel: Walze (Scheibe) auf einer schiefen Ebene (Bild 6.15)

Gegeben seien:	System-Parameter:	$m,\ R,\ \theta = \dfrac{1}{2} mR^2, \alpha,$
	Reibungs-Koeffizienten:	$\mu_0, \mu,$
	Anfangsbedingungen für t = 0:	$x = 0,\ \dot{x} = 0,$
		$\varphi = 0,\ \dot{\varphi} = 0.$

Ob sich ein reines Rollen der Walze (Freiheitsgrad $\lambda = 1$) einstellt, wobei die Walze längs der Berührungsgeraden auf der schiefen Ebene haftet, oder ob auch ein Gleiten eintritt (der Freiheitsgrad erhöht sich dann auf $\lambda = 2$), können wir nicht von vornherein sagen. Wir gehen deshalb so vor, daß wir jeweils eine dieser beiden Möglichkeiten annehmen und nachprüfen, ob sich ein Widerspruch ergibt.

1. Annahme: reines Rollen (Haften)

Die Gleichgewichtsbedingung für die Momente (unter Einschluß der Momente der Trägheitskräfte) bezogen auf die Berührungsgerade (in diesem Falle zugleich Geschwindigkeitspol P) ergibt

$$\theta\dot{\omega} + m\ddot{x}\,R - mg\,R\,\sin\alpha = 0\,. \tag{1}$$

Bild 6.15 Walze auf einer schiefen Ebene

Hierzu kommt die Rollbedingung

$$\omega R = \dot{x} \;\rightarrow\; \dot{\omega} R = \ddot{x} \,. \tag{2}$$

Setzen wir (2) in (1) ein, so folgt

$$\underbrace{(\theta + mR^2)}_{\frac{3}{2}mR^2}\,\dot{\omega} - mg\,R\,\sin\alpha = 0\,,$$

d.h.

$$\dot{\omega} = \frac{2}{3}\,\frac{g}{R}\,\sin\alpha\,, \qquad \ddot{x} = \frac{2}{3}\,g\,\sin\alpha\,.$$

In diesem Sonderfall läßt sich die Dralländerung auf die Form $\theta_{(0)}\dot{\omega}$ reduzieren, weil beim Rollen für die Punkte der Berührungsgeraden (Geschwindigkeitspol P) die Geschwindigkeit $\boldsymbol{v}_p = \mathbf{0}$ und die Beschleunigung $\dot{\boldsymbol{v}}_p$ auf den Massen-Mittelpunkt hin gerichtet ist (siehe letzter Sonderfall des Satzes 5.12). Die Reduktion auf diese Form ist schon nicht mehr möglich, wenn der Massen-Mittelpunkt der Walze außerhalb des Volumen-Mittelpunktes liegt (inhomogener Werkstoff) oder die Walze unrund ist.

Rollen ist nur möglich, wenn die Haftbedingung

$$F_R \leqslant \mu_0 F_N$$

erfüllt ist. F_R ermitteln wir am einfachsten aus der Momenten-Gleichgewichtsbedingung in bezug auf den Massen-Mittelpunkt:

$$F_R R - \theta\dot{\omega} = 0\,.$$

Daraus folgt

$$F_R = \frac{1}{3}\,mg\,\sin\alpha\,.$$

Mit

$$F_N = mg\,\cos\alpha$$

lautet also die Haftbedingung

$$\frac{1}{3} mg \sin\alpha \leqslant \mu_0 \, mg \cos\alpha$$

oder

$$\tan\alpha \leqslant 3\mu_0 \,.$$

Ist diese Bedingung verletzt, dann muß Gleiten eintreten. Wir wollen aber unabhängig davon untersuchen, ob nicht auch in anderen Fällen ein Gleiten der Walze möglich ist. Deshalb untersuchen wir nun die

2. Annahme: Gleiten

Da in diesem Fall der Freiheitsgrad $\lambda = 2$ ist, erhalten wir auch 2 Bewegungsgleichungen, nämlich aus der Kräfte-Gleichgewichtsbedingung in x-Richtung:

$$m\ddot{x} + F_R - mg \sin\alpha = 0 \tag{1}$$

und aus der Momenten-Gleichgewichtsbedingung um M:

$$\theta\dot{\omega} - F_R R = 0 \,. \tag{2}$$

Hierzu kommt noch das Reibungsgesetz für Gleiten:

$$F_R = \mu F_N = \mu \, mg \cos\alpha \,. \tag{3}$$

Einsetzen von (3) in (1) bzw. (2) ergibt

$$\ddot{x} = g \sin\alpha \left\{1 - \frac{\mu}{\tan\alpha}\right\}$$

$$\dot{\omega} = 2\,\mu \frac{g}{R} \cos\alpha \,.$$

Gleitreibung kann nur auftreten, solange

$$\dot{x} > \omega R$$

ist. Unter unseren Anfangsbedingungen gilt

$$\dot{x} = g \sin\alpha \left\{1 - \frac{\mu}{\tan\alpha}\right\} t \quad \to \sim t$$

$$\omega = 2\,\mu \frac{g}{R} \cos\alpha \, t \quad \to \sim t \,.$$

Deshalb ist die Bedingung für Gleitreibung zeitunabhängig, und aus

$$g \sin\alpha \left\{1 - \frac{\mu}{\tan\alpha}\right\} > 2\,\mu \, g \cos\alpha$$

folgt die Gleitbedingung

$$\tan\alpha > 3\mu \,.$$

Damit ergibt sich der in Bild 6.16 dargestellte Sachverhalt (vgl. 1. Beispiel in Abschnitt 3.3.2), daß nämlich

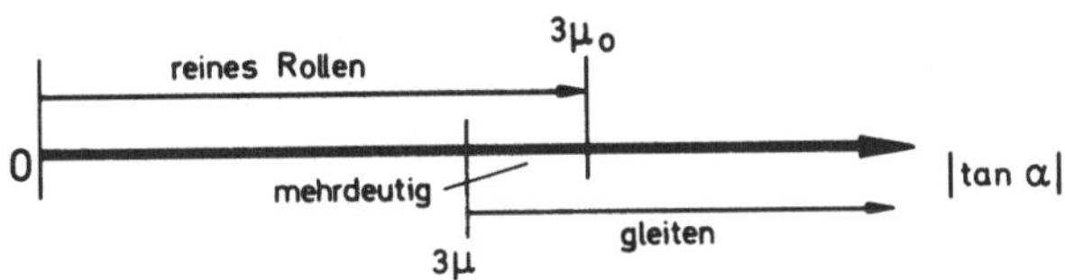

Bild 6.16 Mehrdeutigkeit der Lösung

a) $\mu \leqslant \mu_0$ sein muß, damit keine Widersprüche auftreten,
b) bei $\mu < \mu_0$ im Bereich $3\mu < \tan\alpha \leqslant 3\mu_0$ die Lösung jedoch mehrdeutig ist.

Anzumerken ist noch, daß in diesem mehrdeutigen Bereich bei Gleiten $\ddot{x}$ größer wird als bei Rollen, denn es ist

$$g\,\sin\alpha\left\{1 - \frac{\mu}{\tan\alpha}\right\} > \frac{2}{3}\,g\,\sin\alpha \quad \text{für} \quad \tan\alpha > 3\mu\,.$$

2. Beispiel: Flugzeug-Fahrgestell

Beim Aufsetzen eines Flugzeuges auf der Landebahn müssen die Räder des Fahrgestelles durch Reibung am Boden beschleunigt werden, bis sie rollen. Wir nehmen vereinfachend an, daß das Flugzeug während dieser Zeit eine konstante Geschwindigkeit v beibehalte. Diesen Vorgang wollen wir für ein einzelnes Rad untersuchen (Bild 6.17).

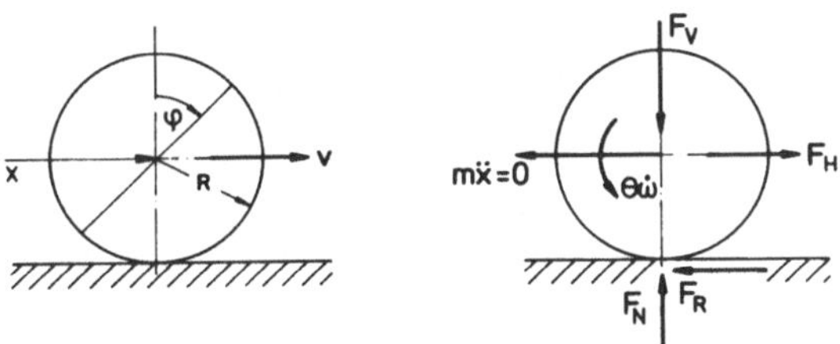

Bild 6.17 Rad eines Fahrgestelles

Der Freiheitsgrad des Systems ist $\lambda = 2$, sofern wir die Translationsgeschwindigkeit v prinzipiell als veränderlich betrachten.

Gegeben seien:	System-Parameter:	$m, \theta, R,$
	Landegeschwindigkeit:	$v = \text{konst.},$
	Vertikallast:	$F_V(t),$
	Gleitreibungs-Koeffizient:	$\mu,$
	Anfangsbedingungen für t = 0:	$x = 0, \quad \dot{x} = v,$
		$\varphi = 0, \quad \dot{\varphi} = 0.$

Aus Gleichgewichtsbetrachtungen (unter Einschluß der Trägheitskräfte) folgt zunächst

$$\theta\dot{\omega} - F_R(t)\,R = 0\,. \tag{1}$$

Die zweite Bewegungsgleichung ist

$$\dot{x} = v = \text{konst.} \;\rightarrow\; \ddot{x} = 0\,. \tag{2}$$

Aus ihr ergibt sich

$$F_H(t) = F_R(t)\,.$$

Hinzu tritt dann noch das Reibungsgesetz

$$F_R(t) = \mu F_N(t) = \mu F_V(t)\,. \tag{3}$$

Setzen wir (3) in (1) ein, so erhalten wir

$$\dot{\omega}(t) = \mu\,\frac{F_V(t)\,R}{\theta}\,,$$

d.h.

$$\omega(t) = \frac{\mu R}{\theta}\int\limits_0^t F_V(t)\,\mathrm{d}t\,.$$

Rollen tritt ein, wenn (zur Zeit t_1)

$$v = \omega_1 R = \frac{\mu R^2}{\theta}\int\limits_0^{t_1} F_V(t)\,\mathrm{d}t$$

wird. Aus dieser Bedingung ist bei bekanntem zeitlichen Verlauf von $F_V(t)$ die Zeit t_1 zu bestimmen. Damit sind dann auch die Radumdrehungen bis zum Rollen oder die Gleitstrecke auf der Landebahn zu ermitteln. Wir wollen hier noch ergänzend die Reibarbeit berechnen. Für sie gilt

$$A_R = \int\limits_0^{t_1} F_R(t)[v - \omega(t)R]\,\mathrm{d}t\,.$$

Nun ist

$$\int\limits_0^{t_1} F_R(t)\omega(t)R\,\mathrm{d}t = E_{\text{rot}}(t_1)$$

die in die Rotation des Rades hineingesteckte Energie. Wir erhalten somit im nächsten Schritt

$$A_R + E_{\text{rot}} = \int_0^{t_1} \mu F_V(t) v \,\mathrm{d}t = \mu v \int_0^{t_1} F_V(t)\,\mathrm{d}t$$

$$= \mu\omega_1 R \int_0^{t_1} F_V(t)\,\mathrm{d}t = \theta\omega_1^2 = 2\,E_{\text{rot}}$$

Daraus folgt

$$A_R = E_{\text{rot}}\,,$$

und zwar unabhängig davon, wie der Zeitverlauf $F_V(t)$ aussehen mag. Das gilt im übrigen auch dann noch, wenn $\mu = \mu(t)$ wird.

3. Beispiel: Fallender Stab auf rauher Unterlage (Bild 6.18)

Gegeben seien:	Stab-Parameter:	$m,\, l,\, \theta = \frac{1}{12} ml^2,$
	Reibungs-Koeffizienten:	$\mu_0 = 0,2\,;\; \mu = 0,18\,;$
	Anfangsbedingungen für t = 0:	$x = y = 0,\; \varphi = 0.$

Zwischen den Lagekoordinaten besteht die kinematische Bindung

$$y = \frac{l}{2}(1 - \cos\varphi) \;\rightarrow\; \dot{y} = \frac{l}{2}\dot{\varphi}\sin\varphi \;\rightarrow\; \ddot{y} = \frac{l}{2}\left[(\dot{\varphi})^2\cos\varphi + \ddot{\varphi}\sin\varphi\right]. \qquad (1)$$

Die Bewegungsgleichungen folgen aus den Gleichgewichtsbedingungen

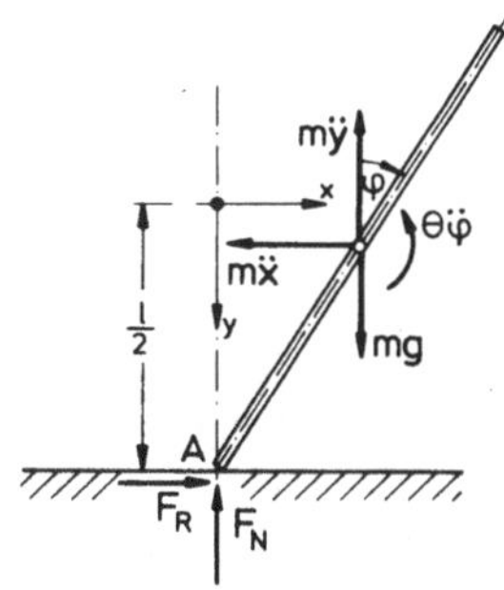

Bild 6.18
Fallender Stab

$$m\ddot{x} - F_R = 0 \qquad (2)$$

$$m\ddot{y} + F_N - mg = 0 \qquad (3)$$

$$\theta\ddot{\varphi} - F_N\,\frac{l}{2}\,\sin\varphi + F_R\,\frac{l}{2}\,\cos\varphi = 0\,. \qquad (4)$$

Beim Umfallen auf rauher Unterlage tritt zunächst Haften auf. Die Bewegung des Stabes ist dann eine reine Drehung um den Punkt A. Für diesen Bewegungsabschnitt besteht die zusätzliche kinematische Bindung

$$x = \frac{l}{2} \sin\varphi \rightarrow \dot{x} = \frac{l}{2} \dot{\varphi} \cos\varphi \rightarrow \ddot{x} = \frac{l}{2} [-(\dot{\varphi})^2 \sin\varphi + \ddot{\varphi} \cos\varphi] . \tag{5}$$

Aus den Gleichungen (1) bis (5) folgt

$$\ddot{\varphi} = \frac{\mathrm{d}}{\mathrm{d}\varphi} \left(\frac{\dot{\varphi}^2}{2} \right) = \frac{3g}{2l} \sin\varphi$$

und nach Integration unter Berücksichtiung der Anfangsbedingungen

$$\dot{\varphi} = \sqrt{\frac{6g}{l}} \sin\frac{\varphi}{2} .$$

Im Punkt A tritt Gleiten auf, wenn die Haftbedingung $F_R \leqslant \mu_0 F_N$ nicht mehr erfüllt ist, d.h. wenn

$$3(3\cos\varphi - 2)\sin\varphi = \mu_0(1 - 6\cos\varphi + 9\cos^2\varphi)$$

wird. Das ergibt $\varphi_0 \approx 15,52^0$. Danach tritt Gleiten auf. In diesem Fall gelten dann die Gleichungen (1) bis (4) und das Reibungsgesetz

$$|F_R| = \mu F_N .$$

Wir erhalten so ein gekoppeltes System der Bewegungsgleichungen in x und φ

$$m\frac{l}{2}[(\dot{\varphi})^2 \cos\varphi + \ddot{\varphi}\sin\varphi] + \frac{m}{\mu}\ddot{x} = mg \tag{3}$$

$$\theta\ddot{\varphi} - \frac{m}{\mu}\frac{l}{2}(\sin\varphi - \mu\cos\varphi)\ddot{x} = 0 . \tag{4}$$

Ihre numerische Integration zeigt, daß sich im weiteren Verlauf der Bewegung der Punkt A zunächst nach links bewegt. In der Lage $\varphi_1 \approx 67,72^0, x_1 \approx 0,376\,l$ wird die Geschwindigkeit des Punktes A zu Null. Dann tritt für einen Augenblick Haften auf, und danach folgt eine Umkehr der Gleitrichtung des Punktes A bis in die Lage $\varphi_2 = 90^0, x_2 \approx 0,447\,l$, in der der Stab auf der Unterlage aufschlägt.

Das Gleichungssystem vereinfacht sich wesentlich, wenn die Unterlage glatt (reibungsfrei) ist. Dann wird $F_R = 0$ und wir erhalten zunächst

$$\ddot{x} = 0 \tag{2}$$

$$m\ddot{y} + F_N - mg = 0 \tag{3}$$

$$\theta\ddot{\varphi} - F_N\frac{l}{2}\sin\varphi = 0 . \tag{4}$$

(4) geht mit F_N aus (3) über in

$$\theta\ddot{\varphi} - m(g - \ddot{y})\frac{l}{2}\sin\varphi = 0$$

und daraus folgt schließlich mit

$$\ddot{y} = \frac{l}{2}\{(\dot{\varphi})^2\cos\varphi + \ddot{\varphi}\sin\varphi\}$$

die Bewegungsgleichung

$$\theta\ddot{\varphi} + \frac{1}{4}ml^2\{(\dot{\varphi})^2\sin\varphi\cos\varphi + \ddot{\varphi}\sin^2\varphi\} - mg\frac{l}{2}\sin\varphi = 0\,.$$

Ein erstes Integral dieser Bewegungsgleichung erhalten wir mit Hilfe von Energiebetrachtungen, da infolge Reibungsfreiheit das System konservativ ist. Der Energiesatz liefert

$$mg\,y = \frac{1}{2}m(\dot{y})^2 + \frac{1}{2}\theta(\dot{\varphi})^2\,.$$

Mit

$$y = \frac{l}{2}(1-\cos\varphi)$$

und

$$\dot{y} = \frac{l}{2}\sin\varphi\,\dot{\varphi}$$

wird daraus

$$mg\frac{l}{2}(1-\cos\varphi) = \frac{1}{2}\,\frac{ml^2}{4}(\dot{\varphi})^2\sin^2\varphi + \frac{1}{2}\,\frac{ml^2}{12}(\dot{\varphi})^2\,,$$

d.h.

$$\dot{\varphi} = 2\sqrt{\frac{g}{l}}\sqrt{\frac{1-\cos\varphi}{\frac{1}{3}+\sin^2\varphi}}$$

und damit

$$\dot{y} = \sqrt{gl}\sqrt{\frac{1-\cos\varphi}{\frac{1}{3}+\sin^2\varphi}}\sin\varphi\,.$$

7 Räumliche Bewegung starrer Körper

7.1 Kinematik der räumlichen Bewegung starrer Körper

7.1.1 Geschwindigkeitszustand

Wir gehen davon aus, daß nach Satz 5.1 jeder Geschwindigkeitszustand eines starren Körpers in der Form

$$\boldsymbol{v} = \boldsymbol{v}_{\bar{0}} + \boldsymbol{\omega} \times (\boldsymbol{r} - \boldsymbol{r}_{\bar{0}})$$

darstellbar ist und wollen nun untersuchen, ob sich diese Darstellung auch für allgemeine räumliche Bewegungen etwa in ähnlicher Weise reduzieren läßt, wie dies bei ebenen Bewegungen möglich ist, die sich nach Satz 6.1 nämlich stets als reine Rotationen um den Geschwindigkeitspol beschreiben lassen. Dabei haben wir allerdings zu beachten, daß im Unterschied zu ebenen Bewegungen bei räumlichen Bewegungen nicht mehr vorausgesetzt werden kann, daß $\boldsymbol{v}_{\bar{0}}$ und $\boldsymbol{\omega}$ senkrecht aufeinander stehen. Deshalb zerlegen wir im ersten Schritt $\boldsymbol{v}_{\bar{0}}$ (Bild 7.1)

a) in eine Komponente in Richtung $\boldsymbol{e}_\omega$ von $\boldsymbol{\omega}$

$$\boldsymbol{v}_\omega^* = \frac{\boldsymbol{v}_{\bar{0}} \cdot \boldsymbol{\omega}}{\omega^2}\,\boldsymbol{\omega} = (\boldsymbol{v}_{\bar{0}} \cdot \boldsymbol{e}_\omega)\boldsymbol{e}_\omega$$

b) sowie in eine Komponente senkrecht dazu

$$\boldsymbol{v}_\omega^{**} = \boldsymbol{v}_{\bar{0}} - \boldsymbol{v}_\omega^*.$$

Mit dieser Zerlegung erhalten wir zunächst die folgende Beschreibung des Geschwindigkeitszustandes:

$$\boldsymbol{v} = \boldsymbol{v}_\omega^* + \boldsymbol{v}_\omega^{**} + \boldsymbol{\omega} \times (\boldsymbol{r} - \boldsymbol{r}_{\bar{0}}).$$

Die beiden letzten Terme beschreiben, da $\boldsymbol{v}_\omega^{**}$ senkrecht zu $\boldsymbol{\omega}$ ist, einen ebenen Geschwindigkeitszustand, den wir nach Satz 6.1 auch als reine Rotation um eine durch den Punkt $\boldsymbol{r}_\omega$ gehende Achse darstellen können

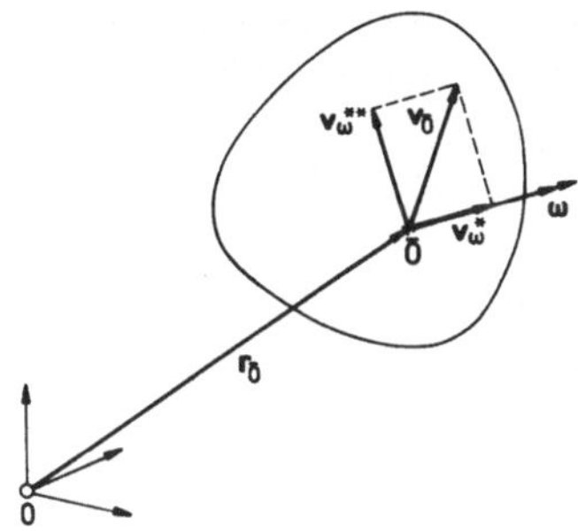

Bild 7.1
Körper mit Geschwindigkeiten

$$\boldsymbol{v}_\omega^{**} + \boldsymbol{\omega} \times (\boldsymbol{r} - \boldsymbol{r}_{\bar{0}}) = \boldsymbol{\omega} \times (\boldsymbol{r} - \boldsymbol{r}_\omega).$$

Dieser Rotation ist die zu $\boldsymbol{\omega}$ parallele Translation $\boldsymbol{v}_\omega^*$ überlagert. Wir können mithin die allgemeine räumliche Bewegung eines starren Körpers als eine Schraubenbewegung deuten bzw. auf eine Schraubenbewegung reduzieren (Bild 7.2). Die momentane Schraubenachse (Zentralachse des Geschwindigkeitszustandes des starren Körpers) finden wir mit Hilfe der Überlegung, daß für alle Punkte dieser Achse

$$\boldsymbol{\omega} \times \boldsymbol{v}(\boldsymbol{r}_\omega) = \boldsymbol{\omega} \times \underbrace{(\boldsymbol{v}_\omega^* + \boldsymbol{v}_\omega^{**})}_{\boldsymbol{v}_{\bar{0}}} + \boldsymbol{\omega} \times [\boldsymbol{\omega} \times (\boldsymbol{r}_\omega - \boldsymbol{r}_{\bar{0}})] = \boldsymbol{0}$$

sein muß (vgl. Beweis zu Satz 6.1). Das führt auf

$$\boldsymbol{r}_\omega = \boldsymbol{r}_{\bar{0}} + \frac{\boldsymbol{\omega} \times \boldsymbol{v}_{\bar{0}}}{\omega^2} + \lambda \boldsymbol{e}_\omega,$$

wobei der Parameter λ beliebige Zahlenwerte annehmen kann (Gleichung einer Geraden in Parameter-Darstellung).

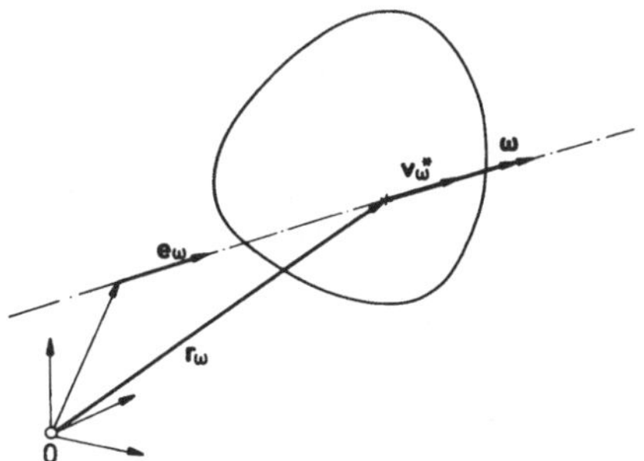

Bild 7.2
Zentralachse des Geschwindigkeitszustandes

Dieses Ergebnis fassen wir zusammen in

Satz 7.1: Jeder Geschwindigkeitszustand eines starren Körpers ist bei $\boldsymbol{\omega} \neq \boldsymbol{0}$ als Schraubenbewegung, d.h. in der Form

$$\boldsymbol{v} = \boldsymbol{v}_\omega^* + \boldsymbol{\omega} \times (\boldsymbol{r} - \boldsymbol{r}_\omega)$$

darstellbar, wobei $\boldsymbol{r}_\omega$ einen beliebigen Punkt der momentanen Schraubenachse (Zentralachse des Geschwindigkeitszustandes) bezeichnet, deren Lage im allgemeinen zeitabhängig ist.
Ausgehend von der allgemeinen Darstellungsform des Geschwindigkeitszustandes eines starren Körpers

$$\boldsymbol{v} = \boldsymbol{v}_{\bar{0}} + \boldsymbol{\omega} \times (\boldsymbol{r} - \boldsymbol{r}_{\bar{0}})$$

ist

$$\boldsymbol{v}^*_\omega = \frac{\boldsymbol{v}_{\bar{0}} \cdot \boldsymbol{\omega}}{\omega^2}\boldsymbol{\omega} = (\boldsymbol{v}_{\bar{0}} \cdot \boldsymbol{e}_\omega)\boldsymbol{e}_\omega$$

$$\boldsymbol{r}_\omega = \boldsymbol{r}_{\bar{0}} + \frac{\boldsymbol{\omega} \times \boldsymbol{v}_{\bar{0}}}{\omega^2} + \lambda \boldsymbol{e}_\omega$$

mit λ als freiem Parameter.

Satz 7.1 ist die duale Aussage zur Aussage 2 des Satzes 4.20 in Band I, der die Reduktion allgemeiner räumlicher Kräftesysteme zum Gegenstand hat. Auf die Dualität der einander entsprechenden Sätze der Dynamik und der Kinematik haben wir schon im Zusammenhang mit Satz 5.2 hingewiesen. Aus dieser Dualität ergibt sich ferner, daß wir den Geschwindigkeitszustand eines starren Körpers stets auch als Überlagerung zweier Rotationen um zwei im allgemeinen windschiefe Achsen darstellen können (Aussage 3 des Satzes 4.20 in Band I).

Die sich im Verlauf der Bewegung verlagernde momentane Schraubenachse erzeugt zwei Regelflächen (Regelfläche ist die allgemeine Bezeichnung für eine durch die Bewegung einer Geraden erzeugte Fläche). Die eine davon wird durch die Bewegung der momentanen Schraubenachse gegenüber dem Raum erzeugt (raumfeste Regelfläche oder Spurfläche), die andere entsteht durch Relativbewegung gegenüber dem Körper (körperfeste Regelfläche oder Polfläche). Aus der Verfolgung des Bewegungsablaufes ergibt sich

---

Satz 7.2: Jede Bewegung eines starren Körpers ist darstellbar als Überlagerung

a) eines Abwälzens der körperfesten Regelfläche auf der raumfesten Regelfläche und
b) eines Gleitens mit der Geschwindigkeit $\boldsymbol{v}^*_\omega$ in Richtung der momentanen Berührungsgeraden zwischen raumfester und körperfester Regelfläche, d.h. in Richtung der momentanen Schraubenachse.

Technisch wichtige Sonderfälle sind solche Bewegungen, bei denen $\boldsymbol{v}^*_\omega$ stets Null ist. Sie sind konstruktiv als reine Abwälzbewegungen realisierbar. Eine besondere Untergruppe bilden dabei die Bewegungen um einen festen Punkt. In diesem Fall werden die raumfeste und die körperfeste Regelfläche zu Kegelflächen (erzeugt durch Geraden, die durch einen festen Punkt und durch eine – geschlossene oder offene – Kurve gehen). Man bezeichnet dann

die raumfeste Regelfläche als Spurkegel (oder auch als Rastpolkegel),
die körperfeste Regelfläche als Polkegel (oder auch als Gangpolkegel).

Bei stationären (regulären) Bewegungen ergeben sich geschlossene Kegelflächen (s. Bild 7.3).

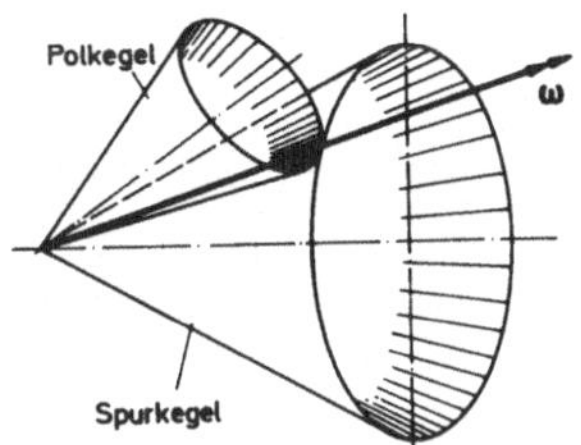

Bild 7.3
Spurkegel und Polkegel bei stationärer Bewegung

Für Systeme starrer Körper gilt in Verallgemeinerung von Satz 6.7

Satz 7.3: Bei Systemen starrer Körper haben die drei einander zugeordneten momentanen Schraubenachsen

$$e_{\omega(i,k)}, e_{\omega(k,l)}, e_{\omega(l,i)} \qquad (i \neq k \neq l \neq i)$$

mindestens eine gemeinsame Normale.

Bei ebenen Bewegungen haben wir untersucht, wie sich der Geschwindigkeitspol verlagert, wenn eine Translation oder Rotation der gegebenen Bewegung überlagert wird. Wir können diese Überlegungen auch auf allgemeine Bewegungen starrer Körper ausdehnen und etwa danach fragen, wie sich die Lage der momentanen Schraubenachse e_ω und die Geschwindigkeit v_ω^* bei Überlagerung einer Translation bzw. Rotation ändern. Wir begnügen uns hier mit dem Hinweis, daß die Antwort auf diese und ähnliche Fragen

a) entweder aus der Anschauung des Problems unter Verwendung bereits bekannter Ergebnisse über die Zerlegung und Zusammensetzung von Geschwindigkeitszuständen zu ermitteln ist oder
b) formal mit Hilfe des allgemeinen Äquivalenzsatzes für Geschwindigkeiten (Satz 5.2) gewonnen werden kann.

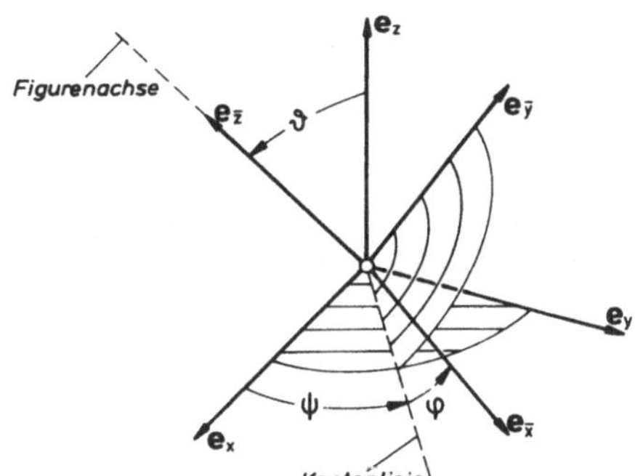

Bild 7.4
Bewegung um einen festen Punkt, *Euler*-Winkel

Bei Bewegungen um einen festen Punkt kann es nützlich sein, die Orientierung des Körpers im Raum mit Hilfe der *Euler*schen Winkel ψ, ϑ, φ zu beschreiben (Bild

7.4), die die Verdrehung eines körperfesten Systems von Bezugsrichtungen $e_{\bar{x}}$, $e_{\bar{y}}$, $e_{\bar{z}}$ gegenüber einer raumfesten Basis e_x, e_y, e_z eindeutig festlegen (vgl. Band I, Abschnitt 5.2). Hierbei bezeichnet

- ψ den Präzessionswinkel, der die Drehung der Knotenlinie um die raumfeste Achse e_z angibt,
- ϑ den Nutationswinkel, der die Drehung um die Knotenlinie, d.h. den Winkel zwischen e_z und $e_{\bar{z}}$ festlegt, und
- φ den Eigenrotationswinkel, der die Drehung um die körperfeste Achse $e_{\bar{z}}$ (sogenannte Figurenachse) beschreibt.

Die Bezeichnungen der Winkel usw. stammen aus der Kreiseltheorie. Für den Zusammenhang zwischen der Basis-Transformation

$$e_{\bar{i}} = \sum_k A_{\bar{i}k} e_k \qquad \text{bzw.} \qquad [e_{\bar{i}}] = [A_{\bar{i}k}] \cdot [e_k]$$

(vgl. Satz 4.1) und den *Euler*schen Winkeln gilt

Satz 7.4: Drücken wir die Basis-Transformation

$$e_{\bar{i}} = \sum_k A_{\bar{i}k} e_k \qquad \text{bzw.} \qquad [e_{\bar{i}}] = [A_{\bar{i}k}] \cdot [e_k]$$

zwischen der überstrichenen körperfesten Basis $e_{\bar{i}}$ und der raumfesten Basis e_k mit Hilfe der *Euler*schen Winkel aus, so können wir die Transformations-Matrix $[A_{\bar{i}k}]$ multiplikativ in drei aufeinanderfolgende Drehungen aufspalten, nämlich

1. Drehung ψ um e_z mit der Transformations-Matrix

$$\underset{(\psi)}{[A_{\alpha k}]} = \begin{bmatrix} \cos\psi & \sin\psi & 0 \\ -\sin\psi & \cos\psi & 0 \\ 0 & 0 & 1 \end{bmatrix},$$

2. Drehung ϑ um die Knotenlinie mit der Transformations-Matrix

$$\underset{(\vartheta)}{[A_{\beta\alpha}]} = \begin{bmatrix} 1 & 0 & 0 \\ 0 & \cos\vartheta & \sin\vartheta \\ 0 & -\sin\vartheta & \cos\vartheta \end{bmatrix},$$

3. Drehung φ um $e_{\bar{z}}$ mit der Transformations-Matrix

$$\underset{(\varphi)}{[A_{\bar{i}\beta}]} = \begin{bmatrix} \cos\varphi & \sin\varphi & 0 \\ -\sin\varphi & \cos\varphi & 0 \\ 0 & 0 & 1 \end{bmatrix}.$$

Für die Gesamt-Transformation gilt

$$[A_{\bar{i}k}] = \underset{(\varphi)}{[A_{\bar{i}\beta}]} \cdot \underset{(\vartheta)}{[A_{\beta\alpha}]} \cdot \underset{(\psi)}{[A_{\alpha k}]},$$

d.h.

$$A_{\bar{i}k} = \sum_{\beta} \sum_{\alpha} \underset{(\varphi)}{A_{\bar{i}\beta}} \underset{(\vartheta)}{A_{\beta\alpha}} \underset{(\psi)}{A_{\alpha k}}$$

Für den Zusammenhang zwischen den Zahlenwerten $\omega_{\bar{i}}$ bzw. ω_k der Winkelgeschwindigkeit $\boldsymbol{\omega}$, mit der die überstrichene Basis gegenüber der unüberstrichenen rotiert, und den zeitlichen Ableitungen der *Euler*schen Winkel (im unüberstrichenen System) folgt

---

Satz 7.5: Für die Transformation der zeitlichen Ableitungen der *Euler*schen Winkel in die Zahlenwerte $\omega_{\bar{i}}$ bzw. ω_k der Winkelgeschwindigkeit des Körpers gegenüber dem Raum gelten die Beziehungen

$$\begin{bmatrix} \omega_{\bar{x}} \\ \omega_{\bar{y}} \\ \omega_{\bar{z}} \end{bmatrix} = \begin{bmatrix} \sin\vartheta \sin\varphi & \cos\varphi & 0 \\ \sin\vartheta \cos\varphi & -\sin\varphi & 0 \\ \cos\vartheta & 0 & 1 \end{bmatrix} \cdot \begin{bmatrix} \dot{\psi} \\ \dot{\vartheta} \\ \dot{\varphi} \end{bmatrix}$$

bzw.

$$\begin{bmatrix} \omega_x \\ \omega_y \\ \omega_z \end{bmatrix} = \begin{bmatrix} 0 & \cos\psi & \sin\vartheta \sin\psi \\ 0 & \sin\psi & -\sin\vartheta \cos\psi \\ 1 & 0 & \cos\vartheta \end{bmatrix} \cdot \begin{bmatrix} \dot{\psi} \\ \dot{\vartheta} \\ \dot{\varphi} \end{bmatrix}.$$

Bei bekannter Winkelgeschwindigkeit $\boldsymbol{\omega}$ lassen sich die vorstehenden Gleichungen, die auch als kinematische Euler-Gleichungen bezeichnet werden, integrieren, um die zeitabhängige Orientierung des Körpers – repräsentiert durch ψ, ϑ, φ – zu ermitteln.

7.1.2 Beschleunigungszustand

Aus der allgemeinen Darstellung des Geschwindigkeitszustandes in der Form

$$\boldsymbol{v} = \boldsymbol{v}_{\bar{0}} + \boldsymbol{\omega} \times (\boldsymbol{r} - \boldsymbol{r}_{\bar{0}})$$

erhalten wir durch zeitliche Ableitung (vgl. Band I, Satz 5.5)

$$\dot{\boldsymbol{v}} = \boldsymbol{a} = \dot{\boldsymbol{v}}_{\bar{0}} + \dot{\boldsymbol{\omega}} \times (\boldsymbol{r} - \boldsymbol{r}_{\bar{0}}) + \boldsymbol{\omega} \times [\boldsymbol{\omega} \times (\boldsymbol{r} - \boldsymbol{r}_{\bar{0}})].$$

Diese Beziehung läßt sich im allgemeinen nicht weiter vereinfachen, weil $\dot{\boldsymbol{v}}_{\bar{0}}$, $\boldsymbol{\omega}$ und $\dot{\boldsymbol{\omega}}$ beliebige Richtungen haben können im Gegensatz zur ebenen Bewegung starrer Körper, die dadurch gekennzeichnet ist, daß $\boldsymbol{\omega}$ und $\dot{\boldsymbol{\omega}}$ stets senkrecht zu $\boldsymbol{v}_{\bar{0}}$ und

$\boldsymbol{r}$ sind. Deshalb gibt es bei räumlicher Bewegung im allgemeinen Fall auch keinen Körperpunkt, der beschleunigungsfrei ist. Eine Ausnahme ist die Bewegung um einen festen Punkt $\bar{0}$, bei der der Fixpunkt, für den $\dot{\boldsymbol{v}}_{\bar{0}} = \boldsymbol{0}$ und $\boldsymbol{r} = \boldsymbol{r}_{\bar{0}}$ gilt, nicht nur momentan, sondern dauernd beschleunigungsfrei ist.

7.2 Bewegungen starrer Körper um einen festen Punkt

7.2.1 Grundgleichungen

Bei der Bewegung eines starren Körpers um einen festen Punkt 0 ist der Freiheitsgrad $\lambda = 3$. Der Geschwindigkeitszustand ist vollständig beschrieben, wenn wir die Winkelgeschwindigkeit $\boldsymbol{\omega}$ um 0 angeben. Der Zusammenhang zwischen Bewegungsablauf und eingeprägten Kräften wird durch den auf 0 bezogenen Drallsatz bestimmt, der nach Satz 5.12 in diesem Fall die folgende Form annimmt:

Satz 7.6: Drallsatz für starre Körper bei Bewegungen um einen festen Punkt 0

$$\boldsymbol{M}_{(0)} = \frac{\mathrm{D}}{\mathrm{d}t}\boldsymbol{H}_{(0)} = \frac{\mathrm{D}}{\mathrm{d}t}(\boldsymbol{\Theta}_{(0)} \cdot \boldsymbol{\omega}).$$

Um die Veränderlichkeit der Massen-Trägheitsmomente gegenüber einem raumfesten Bezugssystem zu eliminieren, ist es im allgemeinen vorteilhaft, zu einem (überstrichenen) körperfesten Bezugssystem überzugehen (Bild 7.5). Dafür gilt nach Satz 4.6 (mit $\boldsymbol{\Omega}_{\bar{0}} = \boldsymbol{\omega}$)

$$\boxed{\boldsymbol{M}_{(0)} = \frac{\bar{\mathrm{D}}}{\mathrm{d}t}\boldsymbol{H}_{(0)} + \boldsymbol{\omega} \times \boldsymbol{H}_{(0)}.}$$

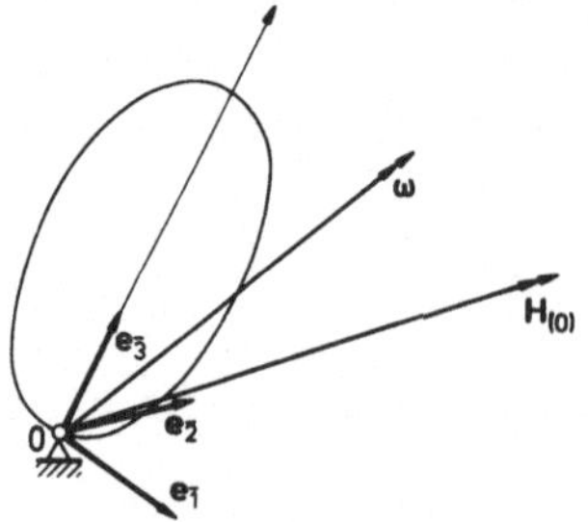

Bild 7.5
Körper mit körperfestem Bezugssystem

$\boldsymbol{H}_{(0)}$ ist dabei nach wie vor der Drall des Körpers gegenüber dem Raum und nicht etwa der Drall gegenüber dem körperfesten Bezugssystem, der ja verschwindet.

Im überstrichenen, körperfesten System sind die Massen-Trägheitsmomente und damit auch die Lage ihrer Hauptachsen zeitlich unveränderlich. In der auf die körperfesten Hauptachsen $\boldsymbol{e}_{\bar{i}}$ bezogenen Darstellung des Dralls

$$\boldsymbol{H}_{(0)} = \theta_{(0)_{\bar{1}}}\omega_{\bar{1}}\,\boldsymbol{e}_{\bar{1}} + \theta_{(0)_{\bar{2}}}\omega_{\bar{2}}\,\boldsymbol{e}_{\bar{2}} + \theta_{(0)_{\bar{3}}}\omega_{\bar{3}}\,\boldsymbol{e}_{\bar{3}}$$

sind deshalb die $\theta_{(0)_{\bar{i}}}$ konstant. Gehen wir damit in den Drallsatz, so folgt

---

Satz 7.7: *Eulersche Gleichungen*

Bei Bewegungen starrer Körper um einen festen Punkt 0 läßt sich der Drallsatz in die *Euler*schen Gleichungen

$$M_{(0)_{\bar{1}}} = \theta_{(0)_{\bar{1}}}\dot{\omega}_{\bar{1}} - [\theta_{(0)_{\bar{2}}} - \theta_{(0)_{\bar{3}}}]\,\omega_{\bar{2}}\,\omega_{\bar{3}}$$

$$M_{(0)_{\bar{2}}} = \theta_{(0)_{\bar{2}}}\dot{\omega}_{\bar{2}} - [\theta_{(0)_{\bar{3}}} - \theta_{(0)_{\bar{1}}}]\,\omega_{\bar{3}}\,\omega_{\bar{1}}$$

$$M_{(0)_{\bar{3}}} = \theta_{(0)_{\bar{3}}}\dot{\omega}_{\bar{3}} - [\theta_{(0)_{\bar{1}}} - \theta_{(0)_{\bar{2}}}]\,\omega_{\bar{1}}\,\omega_{\bar{2}}$$

überführen. Dabei stellt $\boldsymbol{\omega}$ die Winkelgeschwindigkeit des Körpers gegenüber dem Raum dar. Die Gleichungen sind auf eine Basis $\boldsymbol{e}_{\bar{i}}$ bezogen, die mit den körperfesten Hauptachsen des Massen-Trägheitstensors (bezogen auf Achsen durch 0) zusammenfällt.

Die aus der kinematischen Bindung des Körpers an den festen Punkt 0 resultierenden Reaktionen sind aus dem auf 0 bezogenen Drallsatz bzw. den *Euler*schen Gleichungen nicht zu ermitteln. Dazu sind der auf den Massen-Mittelpunkt bezogene Drallsatz bzw. der Impulssatz heranzuziehen. Bei geführten Bewegungen um einen festen Punkt werden wir gelegentlich auch andere – der Bewegung angepaßte – Bezugssysteme benutzen.

Für die Darstellung der kinetischen Energie ergibt sich aufgrund der in Zusammenhang mit Satz 5.15 durchgeführten Betrachtungen

---

Satz 7.8: Bei Bewegungen starrer Körper um einen festen Punkt 0 läßt sich die kinetische Energie unter Verwendung einer Basis $\boldsymbol{e}_{\bar{i}}$, die mit den Hauptachsen des Massenträgheitstensors zusammenfällt, in folgender Form darstellen:

$$E = \frac{1}{2}\,\{\theta_{(0)_{\bar{1}}}\omega_{\bar{1}}^2 + \theta_{(0)_{\bar{2}}}\omega_{\bar{2}}^2 + \theta_{(0)_{\bar{3}}}\omega_{\bar{3}}^2\}.$$

$\boldsymbol{\omega}$ ist die Winkelgeschwindigkeit des Körpers gegenüber dem Raum.

Vielfach bezeichnet man die hier betrachteten Bewegungen starrer Körper um einen festen Punkt zusammenfassend als Kreiselbewegungen, weil sich gerade in den Kreiselgeräten, die der Navigation von See-, Luft- und Raumfahrzeugen dienen, zahlreiche technische Beispiele für solche Bewegungen finden. Wir kennen jedoch auch viele andere technische Beispiele für starre Körper, die um einen festen Punkt rotieren, die man gemeinhin nicht als Kreisel anspricht. Doch auch dafür übernimmt man im allgemeinen die in der Kreiseltheorie üblichen Bezeichnungen wie Kreiselmoment usw.

7.2.2 Beispiele für Bewegungen starrer Körper um einen festen Punkt

Zur Vereinfachung der Schreibweise lassen wir bei den folgenden Beispielen die Überstreichung der Indices bei den körperfesten (bzw. mit der Figurenachse rotierenden)

Koordinatensystemen und den darauf bezogenen Größen fallen, da Mißverständnisse kaum zu befürchten sind. Ferner werden wir in der Bezeichnungsweise von der Regel abweichen, daß bei den Massen-Hauptträgheitsmomenten jeweils $\theta_1 \geqslant \theta_2 \geqslant \theta_3$ sein soll. Wir werden vielmehr die 3-Achse mit der sogenannten Figurenachse identifizieren, unabhängig davon, ob θ_3 das größte oder das kleinste Massen-Trägheitsmoment ist.

7.2.2.1 Der momentenfreie Kreisel

Wir betrachten einen Körper, der in seinem Massen-Mittelpunkt M allseitig drehbar gelagert sein möge (Bild 7.6). 0 und M fallen dann zusammen. Infolgedessen gilt auch für die Massen-Hauptträgheitsmomente

$$\theta_{(0)_i} = \theta_i .$$

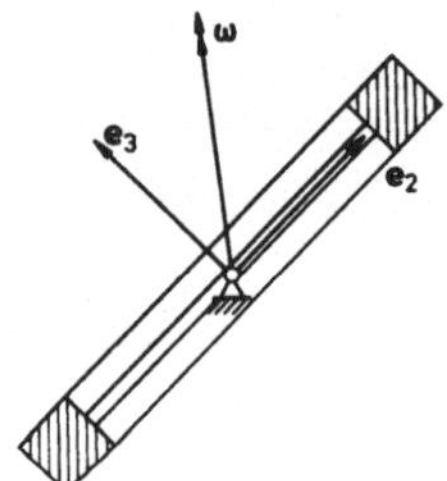

Bild 7.6
Momentenfreier Kreisel

In einem homogenen Schwerefeld – andere Felder und sonstige äußere Kräfte lassen wir außer Betracht – verschwindet das resultierende Moment der äußeren Kräfte bezüglich 0. Wir sprechen deshalb von einem momentenfreien Kreisel. Der Drall eines solchen Kreisels ist wegen $\boldsymbol{M}_{(0)} = \boldsymbol{0}$ konstant:

$$\boldsymbol{H}_{(0)} = \boldsymbol{H} = \text{konst.}$$

Fällt die Winkelgeschwindigkeit $\boldsymbol{\omega}$ mit einer der Hauptachsen $\boldsymbol{e}_i$ des Kreisels zusammen, so stimmt die Richtung des Dralles $\boldsymbol{H}$ mit der Richtung von $\boldsymbol{\omega}$ überein. Der momentenfreie Kreisel führt in diesem Fall – und nur in diesem – permanente Drehungen aus, bei denen $\boldsymbol{\omega}$ nach Betrag und Richtung (sowohl gegenüber dem Raum wie gegenüber dem Körper) konstant ist.

Wir wollen nun untersuchen, wie sich die permanenten Drehungen eines momentenfreien Kreisels bei kleinen Störungen verhalten. Dazu setzen wir – im Sinne der Störungsrechnung

$$\boldsymbol{\omega}(t) = \boldsymbol{\omega}_0 + \epsilon\, \boldsymbol{\omega}^*(t) \qquad \text{mit} \qquad \epsilon \ll 1.$$

Dabei entspricht $\boldsymbol{\omega}_0$ einer permanenten Drehung, beispielsweise

$$\boldsymbol{\omega}_0 = \omega_0\, \boldsymbol{e}_3.$$

In diesem Fall nehmen die *Euler*schen Gleichungen (Satz 7.7) die folgende Form an:

$$\begin{aligned}
\theta_1\epsilon\,\dot{\omega}_1^* - (\theta_2-\theta_3)\epsilon\,\omega_2^*(\omega_0+\epsilon\,\omega_3^*) &= 0\\
\theta_2\epsilon\,\dot{\omega}_2^* - (\theta_3-\theta_1)(\omega_0+\epsilon\,\omega_3^*)\epsilon\,\omega_1^* &= 0\\
\theta_3\epsilon\,\dot{\omega}_3^* - (\theta_1-\theta_2)\epsilon^2\omega_1^*\omega_2^* &= 0.
\end{aligned}$$

Vernachlässigen wir nun die in ϵ quadratischen Glieder gegenüber den linearen, so erhalten wir

$$\begin{aligned}
\theta_1\,\dot{\omega}_1^* - (\theta_2-\theta_3)\,\omega_0\omega_2^* &= 0\\
\theta_2\,\dot{\omega}_2^* - (\theta_3-\theta_1)\,\omega_0\omega_1^* &= 0\\
\theta_3\,\dot{\omega}_3^* &= 0.
\end{aligned}$$

Aus der letzten Gleichung folgt unmittelbar, daß die Störung von ω_0 auf die Größe der Anfangsstörung $\epsilon\,\omega_3^*(0)$ beschränkt bleibt. Die beiden ersten Gleichungen überführen wir durch Elimination in zwei Differentialgleichungen zweiter Ordnung, in denen jeweils nur noch eine abhängige Variable vorkommt

$$\begin{aligned}
\theta_1\theta_2\,\ddot{\omega}_1^* + (\theta_3-\theta_1)(\theta_3-\theta_2)\,\omega_0^2\omega_1^* &= 0\\
\theta_1\theta_2\,\ddot{\omega}_2^* + (\theta_3-\theta_2)(\theta_3-\theta_1)\,\omega_0^2\omega_2^* &= 0.
\end{aligned}$$

Ist hierin nun

$$(\theta_3-\theta_1)(\theta_3-\theta_2) > 0,$$

d.h. θ_3 das größte oder das kleinste Massen-Trägheitsmoment, so entstehen oszillierende Lösungen für ω_1^* bzw. ω_2^*. Die Störung bleibt in diesem Fall also beschränkt. Ist dagegen

$$(\theta_3-\theta_1)(\theta_3-\theta_2) \leqslant 0,$$

so entstehen zeitlich unbeschränkt anwachsende Lösungen für ω_1^* bzw. ω_2^*. Wir folgern daraus

---

Satz 7.9: Permanente Drehungen eines momentenfreien Kreisels sind nur möglich, wenn die Winkelgeschwindigkeit $\boldsymbol{\omega}$ mit einer der Massen-Hauptträgheitsachsen zusammenfällt. Sie sind nur stabil, wenn die Rotation um die Achse des größten bzw. kleinsten Hauptträgheitsmomentes erfolgt.

Dieser Satz gilt auch für momentenfreie Rotationen um einen festen Punkt 0, der nicht mit dem Massen-Mittelpunkt M zusammenfällt. Die Hauptträgheitsmomente sind dann auf Achsen durch 0 zu beziehen. Fällt 0 nicht mit M zusammen, so treten Lager-Reaktionen auf, die im Fall $0 = M$ verschwinden. Im Fall $0 = M$ ist deshalb der Kreisel nicht nur momentenfrei, sondern auch kräftefrei d.h., es verschwindet dann auch die Resultierende der äußeren Kräfte.

Wird θ_3 – etwa durch Verlagerung von Massen – während der Drehung verändert, so bleibt beim momentenfreien Kreisel der Drall konstant

$$\theta_3\,\omega_3 = H = \text{konst.} \quad \rightarrow \quad \omega_3 \sim \frac{1}{\theta_3}\,.$$

Die kinetische Energie dagegen ändert sich

$$E = \frac{1}{2}\,\theta_3\,\omega_3^2 = \frac{1}{2}\,H\omega_3 = \frac{1}{2}\,\frac{H^2}{\theta_3}\,.$$

Diese Energieänderung wird durch die Arbeit der (inneren oder äußeren) Kräfte bewirkt, die zur Änderung von θ_3 erforderlich sind.

Daraus können wir noch folgern: Wird einem momentenfreien Kreisel kinetische Energie entzogen, so hat das ein Anwachsen von θ_3 zur Folge. Deshalb können in diesem Fall Drehungen um die Achse des kleinsten Hauptträgheitsmomentes (3-Achse) mit der Zeit instabil werden. Ein Entzug kinetischer Energie ohne Einwirkung eines äußeren Momentes findet beispielsweise statt, wenn im Kreisel gedämpfte Eigenschwingungen auftreten.

Bei der Untersuchung allgemeinerer Bewegungen momentenfreier Kreisel wollen wir uns auf symmetrische Kreisel beschränken. Ihre Symmetrieachse, die den Index 3 erhalten soll, bezeichnen wir als Figurenachse. Wir nennen

Kreisel mit $\theta_3 > \theta_1 = \theta_2$: abgeplattete Kreisel,
Kreisel mit $\theta_3 < \theta_1 = \theta_2$: schlanke Kreisel.

Wir gehen vorerst wiederum davon aus, daß der Massen-Mittelpunkt M und der raumfeste Punkt 0 identisch seien. Das raumfeste Koordinatensystem sei so festgelegt, daß die z-Richtung mit der Richtung des konstanten Dralls zusammenfalle (Bild 7.7). Der Vektor der Winkelgeschwindigkeit $\boldsymbol{\omega}$ falle momentan in die 3,2-Ebene. Hinsichtlich der *Euler*schen Winkel (vgl. Bild 7.4) bedeutet das, daß wir in

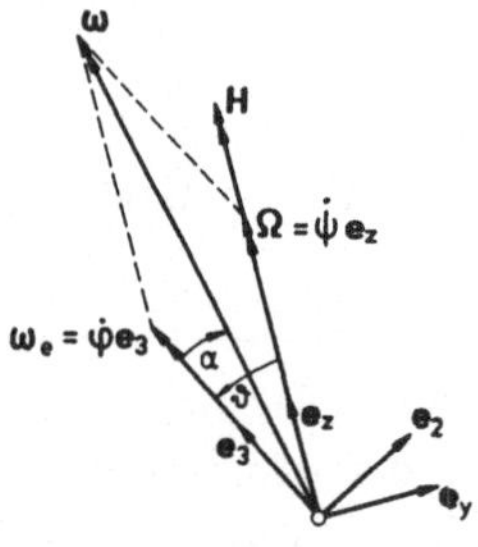

Bild 7.7
Momentenfreier symmetrischer Kreisel

dem betrachteten Augenblick den Eigenrotationswinkel φ zu Null setzen. Dies ist keine Einschränkung der Allgemeinheit, weil der Kreisel als symmetrisch in bezug auf die 3-Achse vorausgesetzt ist.

Für den Drall $\boldsymbol{H}$ erhalten wir mit dieser Festsetzung des Koordinatensystems (mit $\theta_2 = \theta_1$)

$$\begin{aligned} H_1 &= \theta_1\,\omega_1 = 0 \\ H_2 &= \theta_1\,\omega_2 = H\sin\vartheta \\ H_3 &= \theta_3\,\omega_3 = H\cos\vartheta. \end{aligned}$$

Andererseits gilt nach Satz 7.5 zwischen den Winkelgeschwindigkeiten $\omega_1 = \omega_{\bar{x}}$, $\omega_2 = \omega_{\bar{y}}$, $\omega_3 = \omega_{\bar{z}}$ und den zeitlichen Ableitungen der *Euler*schen Winkel (mit $\varphi = 0$)

$$\begin{aligned}
\omega_1 &= \dot{\psi}\sin\vartheta\sin\varphi + \dot{\vartheta}\cos\varphi = \dot{\vartheta}\\
\omega_2 &= \dot{\psi}\sin\vartheta\cos\varphi - \dot{\vartheta}\sin\varphi = \dot{\psi}\sin\vartheta\\
\omega_3 &= \dot{\psi}\cos\vartheta + \dot{\varphi}.
\end{aligned}$$

Setzen wir das in die Ausdrücke für den Drall ein, so erhalten wir

$$\begin{aligned}
\theta_1\,\omega_1 &= \theta_1\dot{\vartheta} &&= 0\\
\theta_2\,\omega_2 &= \theta_1\dot{\psi}\sin\vartheta &&= H\sin\vartheta\\
\theta_3\,\omega_3 &= \theta_3(\dot{\psi}\cos\vartheta + \dot{\varphi}) &&= H\cos\vartheta.
\end{aligned}$$

Aus diesem Gleichungssystem folgt unmittelbar

$$\dot{\vartheta} = 0, \qquad \text{d.h.} \qquad \vartheta = \text{konst.}$$

sowie ferner

$$\dot{\omega}_2 = \dot{\omega}_3 = 0, \qquad \text{d.h.} \qquad \alpha = \text{konst.}$$

Dies bedeutet, daß die Figurenachse und die momentane Drehachse gemeinsam – ohne ihre Lage zueinander und zur Drallachse zu ändern – um die Drallachse mit der Präzessions-Winkelgeschwindigkeit

$$\boldsymbol{\Omega} = \dot{\psi}\boldsymbol{e}_z$$

rotieren. Für $\dot{\psi}$ leiten wir aus obigem Gleichungssystem ab

$$\dot{\psi} = \frac{H}{\theta_1} = \frac{\theta_3}{\theta_1 - \theta_3}\,\frac{\dot{\varphi}}{\cos\vartheta}.$$

Für den Zusammenhang zwischen ω_3 und $\dot{\varphi}$ ergibt sich damit schließlich

$$\omega_3 = \frac{\theta_1}{\theta_1 - \theta_3}\,\dot{\varphi}.$$

Diesen Sachverhalt fassen wir zusammen in

Satz 7.10: Bei einem momentenfreien symmetrischen Kreisel rotieren Figurenachse und momentane Drehachse mit der Winkelgeschwindigkeit

$$\dot{\psi} = \frac{\theta_3}{\theta_1 - \theta_3}\,\frac{\dot{\varphi}}{\cos\vartheta} = \frac{H}{\theta_1}$$

um die raumfeste Drallachse, wobei

$$\dot{\varphi} = \omega_e = \omega_3 - \cos\vartheta\dot{\psi} = \frac{\theta_1 - \theta_3}{\theta_1}\,\omega_3$$

die Eigenrotations-Winkelgeschwindigkeit um die Figurenachse (3-Achse) ist.

Veranschaulichen wir uns die Kreiselbewegung als ein Abwälzen des Polkegels auf dem Spurkegel (vgl. Satz 7.2), so haben wir zu unterscheiden zwischen schlanken und abgeplatteten Kreiseln. Für schlanke Kreisel gilt das in Bild 7.8 skizzierte Bild. ω_e hat das gleiche Vorzeichen wie ω_3, und es ist $\vartheta < \frac{\pi}{2}$. Der Polkegel rollt auf der Außenseite des Spurkegels ab. Beim abgeplatteten Kreisel ergibt sich das in Bild

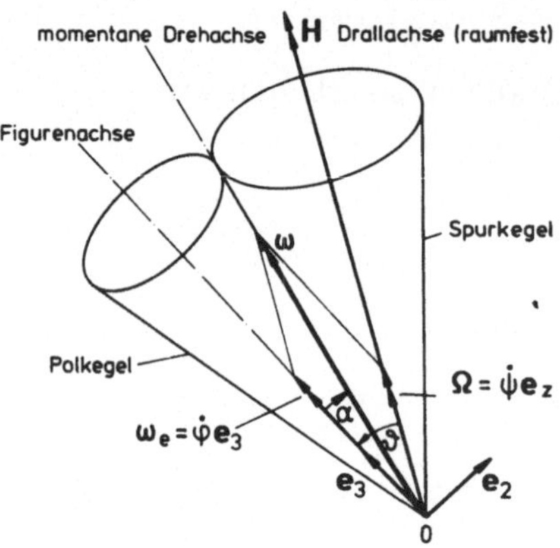

Bild 7.8
Kegelflächen: schlanker Kreisel

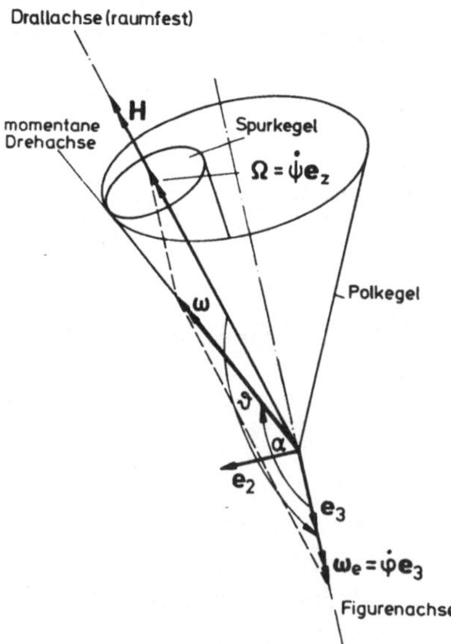

Bild 7.9
Kegelflächen: abgeplatteter Kreisel

7.9 skizzierte Bild. ω_e ist ω_3 entgegengerichtet, $\vartheta > \frac{\pi}{2}$. Der Polkegel umschließt den Spurkegel, wälzt sich also mit seiner Innenseite auf der Außenseite des Spurkegels ab. Die Richtung der Figurenachse ist dabei jeweils so festgelegt, daß die durch $\dot{\varphi}$ gekennzeichnete Eigenrotation stets positiv ist.

Die Rotation der Figurenachse um die raumfeste Drallachse stellte sich in unseren Betrachtungen als eine Präzessionsbewegung dar. Bei der Untersuchung der allgemeinen Bewegung eines nicht-momentenfreien Kreisels bedeutet die Wanderung der

Figurenachse um die dann nicht mehr raumfeste Drallachse eine Nutation. Deshalb nennt man die hier betrachtete Bewegung der Figurenachse eines momentenfreien Kegels häufig auch eine Nutationsbewegung, obwohl für sie die zeitliche Änderung des Präzessionswinkels ψ maßgebend ist.

7.2.2.2 Die reguläre Präzession des schweren symmetrischen Kreisels

Wir betrachten einen in bezug auf seine Figurenachse (3-Achse) symmetrischen Kreisel in einem homogenen Schwerefeld (Bild 7.10). Der Kreisel habe die Eigenrotations-Winkelgeschwindigkeit

$$\boldsymbol{\omega}_e = \omega_e \boldsymbol{e}_3 = \dot{\varphi}\, \boldsymbol{e}_3 .$$

Wir wollen untersuchen, ob es reguläre Präzessionsbewegungen gibt, bei denen die Figurenachse mit einer konstanten Präzessions-Winkelgeschwindigkeit

$$\boldsymbol{\Omega} = \Omega\, \boldsymbol{e}_z = \dot{\psi}\, \boldsymbol{e}_z$$

auf einem Kegelmantel, d.h. mit $\vartheta =$ konst., um die raumfeste Achse $\boldsymbol{e}_z$ wandert. Dabei gehen wir so vor, daß wir zunächst die allgemeinen Bewegungsgleichungen des schweren symmetrischen Kreisels aufstellen und danach prüfen, ob und unter welchen Bedingungen eine reguläre Präzession möglich ist. Das Bezugssystem legen wir wiederum – ohne Beeinträchtigung der Allgemeinheit – so fest, daß im betrachteten Zeitpunkt die 1- und 2-Achse die in Bild 7.10 skizzierte Orientierung haben ($\varphi = 0$).

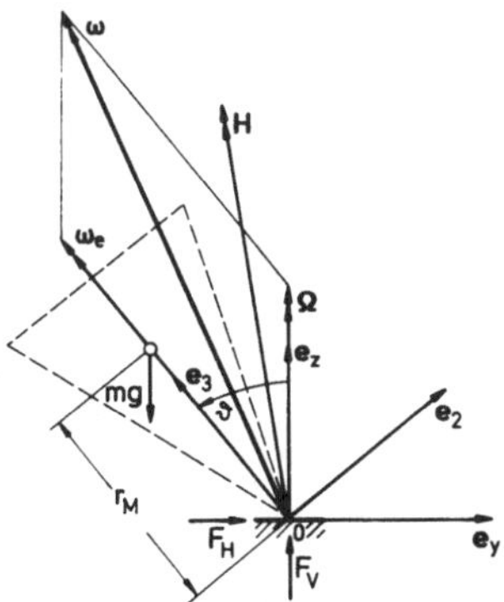

Bild 7.10
Der schwere symmetrische Kreisel

Mit den auf Hauptachsen durch den Punkt 0 bezogenen Massenträgheitsmomenten

$$\begin{aligned} \theta_{(0)_1} &= \theta_{(0)_2} = \theta_1 + m r_M^2 \\ \theta_{(0)_3} &= \theta_3 \end{aligned}$$

liefern die *Euler*schen Gleichungen

$$\begin{aligned}
M_{(0)_1} = mgr_M \sin\vartheta &= \theta_{(0)_1}\dot\omega_1 - [\theta_{(0)_2} - \theta_{(0)_3}]\,\omega_2\,\omega_3 \\
&= [\theta_1 + mr_M^2]\{\dot\omega_1 - \omega_2\,\omega_3\} + \theta_3\,\omega_2\,\omega_3 \\
M_{(0)_2} = 0 \qquad &= \theta_{(0)_2}\dot\omega_2 - [\theta_{(0)_3} - \theta_{(0)_1}]\,\omega_3\,\omega_1 \\
&= [\theta_1 + mr_M^2]\{\dot\omega_2 + \omega_3\,\omega_1\} - \theta_3\,\omega_3\,\omega_1 \\
M_{(0)_3} = 0 \qquad &= \theta_{(0)_3}\dot\omega_3 - [\theta_{(0)_1} - \theta_{(0)_2}]\,\omega_1\,\omega_2 = \theta_3\,\dot\omega_3 .
\end{aligned}$$

Aus der letzten Gleichung folgt unmittelbar

$$\omega_3 = \text{konst.}$$

Zwischen den Winkelgeschwindigkeiten ω_i und ihren Ableitungen $\dot\omega_i$ einerseits und den zeitlichen Ableitungen der *Euler*schen Winkel andererseits bestehen nach Satz 7.5 (unter Berücksichtigung von $\varphi = 0$) die folgenden Beziehungen

$$\begin{aligned}
\omega_1 &= \dot\vartheta & \dot\omega_1 &= \dot\psi\,\dot\varphi \sin\vartheta + \ddot\vartheta \\
\omega_2 &= \sin\vartheta\,\dot\psi & \dot\omega_2 &= \dot\psi\,\dot\vartheta\cos\vartheta + \ddot\psi\sin\vartheta - \dot\varphi\,\dot\vartheta \\
\omega_3 &= \cos\vartheta\,\dot\psi + \dot\varphi & (\dot\omega_3 &= -\dot\vartheta\,\dot\psi\sin\vartheta + \ddot\psi\cos\vartheta + \ddot\varphi = 0).
\end{aligned}$$

Setzen wir diese Ausdrücke in die ersten beiden *Euler*schen Gleichungen ein und drücken dabei $\dot\varphi$ durch

$$\dot\varphi = \omega_3 - \dot\psi\cos\vartheta$$

aus, so entsteht das folgende Gleichungssystem

$$\begin{aligned}
mgr_M \sin\vartheta &= [\theta_1 + mr_M^2]\{\ddot\vartheta + \dot\psi\sin\vartheta\,[\omega_3 - \dot\psi\cos\vartheta] - \dot\psi\,\omega_3\sin\vartheta\} + \theta_3\dot\psi\,\omega_3\sin\vartheta \\
&= [\theta_1 + mr_M^2]\{\ddot\vartheta - (\dot\psi)^2\sin\vartheta\cos\vartheta\} + \theta_3\dot\psi\,\omega_3\sin\vartheta \qquad (1) \\
0 &= [\theta_1 + mr_M^2]\{\ddot\psi\sin\vartheta + \dot\psi\,\dot\vartheta\cos\vartheta - \dot\vartheta\,[\omega_3 - \dot\psi\cos\vartheta] + \dot\vartheta\,\omega_3\} - \theta_3\dot\vartheta\,\omega_3 \\
&= [\theta_1 + mr_M^2]\{\ddot\psi\sin\vartheta + 2\dot\psi\,\dot\vartheta\cos\vartheta\} - \theta_3\dot\vartheta\,\omega_3 . \qquad (2)
\end{aligned}$$

Für eine reguläre Präzessionsbewegung muß nun

$$\vartheta = \text{konst.}, \qquad \text{d.h.} \qquad \dot\vartheta = 0,\ \ddot\vartheta = 0,$$

und

$$\dot\psi = \Omega = \text{konst.}$$

sein. Gehen wir mit dieser Forderung in die obige Gleichung (1), so folgt daraus die Bedingung

$$mgr_M \sin\vartheta = \sin\vartheta\{-[\theta_1 + mr_M^2]\cos\vartheta\,\Omega^2 + \theta_3\,\omega_3\,\Omega\}$$

oder nach Umordnung

$$\{\Omega^2[\theta_1 + mr_M^2]\cos\vartheta - \Omega\,\theta_3\,\omega_3 + mgr_M\}\sin\vartheta = 0. \qquad (1^*)$$

Gleichung (2) ist für die reguläre Präzession wegen $\dot\vartheta = 0$ und $\ddot\psi = 0$ identisch erfüllt.

Die Gleichung (1*) gibt an, wie die Winkelgeschwindigkeit Ω der regulären Präzession mit dem zugehörigen Winkel ϑ in Abhängigkeit von den Systemparametern (θ_i, m, r_M, ω_3) verknüpft ist. Wir können diese Bedingungsgleichung für eine reguläre Präzession als eine quadratische Gleichung für

$$\Omega = \Omega(\vartheta; \theta_i, m, r_M, \omega_3)$$

auffassen. Bei ihrer Lösung sind verschiedene Fälle zu unterscheiden.

Sonderfälle:

1. Sonderfall: $\sin\vartheta = 0 \quad \rightarrow \quad \vartheta = \begin{cases} 0 \\ \pi \end{cases}.$

In diesen trivialen Fällen, bei denen die Figurenachse in die Lotrechte fällt (sog. schlafender Kreisel), kann Ω beliebige Werte ($\Omega \lesseqgtr 0$) annehmen. Zu untersuchen bleibt noch, welche dieser Bewegungszustände stabil sind.

2. Sonderfall: $\cos\vartheta = 0 \quad \rightarrow \quad \vartheta = \frac{\pi}{2}.$

In diesem Sonderfall degeneriert die quadratische Gleichung zu einer linearen mit der Lösung

$$\frac{\Omega}{\omega_3} = \frac{mgr_M}{\theta_3\,\omega_3^2}.$$

Allgemeine Fälle:

Wir setzen jetzt voraus

$$\sin\vartheta \neq 0, \qquad \cos\vartheta \neq 0.$$

Dann erhalten wir für Ω jeweils zwei Lösungen

$$\boxed{\frac{\Omega}{\omega_3} = \frac{1}{2\xi\cos\vartheta}\left\{1 \pm \sqrt{1 - 4\,\xi\cos\vartheta\,\frac{mgr_M}{\theta_3\,\omega_3^2}}\right\}}$$

mit $\xi = \dfrac{\theta_1 + mr_M^2}{\theta_3} = \dfrac{\theta_{(0)_1}}{\theta_{(0)_3}}.$

Reelle Lösungen für Ω existieren nur für

$$4\,\xi\cos\vartheta\,\frac{mgr_M}{\theta_3\,\omega_3^2} \leqslant 1,$$

d.h. für

$$\omega_3^2 \geqslant 4\,\xi\cos\vartheta\,\frac{mgr_M}{\theta_3} = \omega_{3\,\mathrm{gr}}^2(\vartheta).$$

Für den hängenden Kreisel ($\vartheta > \frac{\pi}{2}$, $\cos\vartheta < 0$) ist diese Bedingung immer erfüllt. Für den stehenden Kreisel ($\vartheta < \frac{\pi}{2}$, $\cos\vartheta > 0$) markiert die obige Ungleichung jedoch eine untere Grenze, die $|\omega_3|$ übersteigen muß, damit eine reguläre Präzession möglich ist. Im Grenzfall

$$\omega_3^2 = \omega_{3\,\mathrm{gr}}^2 > 0$$

erhalten wir die Doppelwurzel

$$\boxed{\frac{\Omega}{\omega_3} = \frac{\theta_3}{2[\theta_1 + mr_M^2]\cos\vartheta} = \frac{2mgr_M}{\theta_3\,\omega_3^2}\,.}$$

Für schnelle Kreisel, d.h. für

$$\frac{\omega_3^2}{|\omega_{3\,\mathrm{gr}}^2|} \gg 1,$$

erhalten wir durch Reihenentwicklung der Wurzel als gute Näherungslösung:

langsame Präzession: (wie 2. Sonderfall) $\quad \dfrac{\Omega}{\omega_3} \approx \dfrac{mgr_M}{\theta_3\omega_3^2}, \quad$ also $\quad \Omega \sim \dfrac{1}{\omega_3},$

schnelle Präzession: $\quad \dfrac{\Omega}{\omega_3} \approx \dfrac{\theta_3}{[\theta_1 + mr_M^2]\cos\vartheta}, \quad$ also $\quad \Omega \sim \omega_3.$

Die langsame Präzession des schnellen Kreisels ist näherungsweise unabhängig von ϑ. Deshalb kann ϑ beliebig vorgegeben werden. In Abhängigkeit von den Anfangsbedingungen überlagert sich dieser langsamen Präzession im allgemeinen allerdings eine Nutation, die meistens jedoch kaum wahrnehmbar ist und sich lediglich in einem Zittern der Figurenachse äußert. Man spricht dann von einer pseudoregulären Präzession im Gegensetz zur regulären Präzession (ohne Nutation), die sich nur bei genau passenden Anfangsbedingungen Ω , ϑ einstellt. Im übrigen lassen sich bei schnellen Kreiseln Präzessions- und Nutationsbewegung näherungsweise getrennt ermitteln.

Die schnelle Präzession ist versuchsmäßig schwer zu realisieren. Meist stellt sich eine Bewegung ein, die der Überlagerung einer langsamen Präzession mit großer Nutation entspricht, deren Winkelgeschwindigkeit für schnelle Kreisel ja mit der schnellen Präzession übereinstimmt, wie ein Vergleich des obigen Ergebnisses mit Satz 7.10 zeigt.

Die vorstehenden Betrachtungen lassen sich analog auch auf die reguläre Präzession von Kreiseln übertragen, bei denen der Massen-Mittelpunkt in Ruhe bleibt, sich dafür aber der Fußpunkt reibungsfrei auf einer Kreisbahn um die Vertikale bewegt. Wir haben dann nur $\theta_{(0)1}$ durch θ_1 zu ersetzen (Bild 7.11).

Abschließend wollen wir noch die kinetische Stabilität des aufrechten schlafenden Kreisels untersuchen. Die Bedingung, daß eine reguläre Präzession für $\vartheta \to 0$ ($\cos\vartheta \to 1$) nur möglich ist, wenn

$$\omega_3^2 \geqslant \frac{4mgr_M[\theta_1 + mr_M^2]}{\theta_3^2} = \omega_{3\,\mathrm{gr}}^2(0)$$

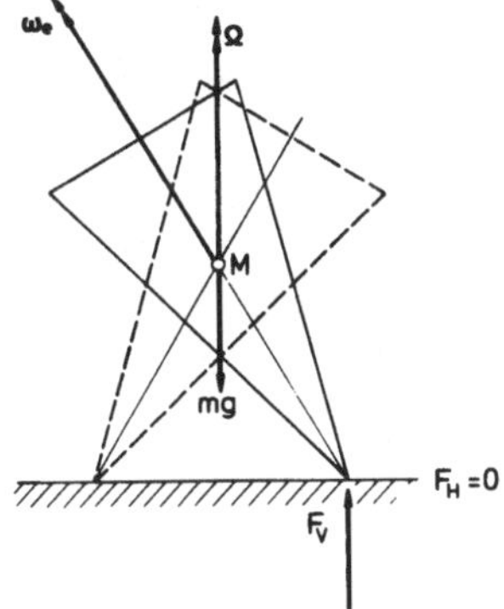

Bild 7.11
Bewegung um den Massen-Mittelpunkt

ist, läßt bereits vermuten, daß der schlafende Kreisel für $|\omega_3| < \omega_{3_{gr}}(0)$ instabil wird. Eine exakte Antwort können wir allerdings erst geben, wenn wir das Verhalten des schlafenden Kreisels bei kleinen Störungen untersuchen. Dazu greifen wir auf die allgemeinen Bewegungsgleichungen (1) und (2) zurück und fragen, wie der schlafende Kreisel sich verhält, wenn ihm durch eine Störung eine kleine Nutations-Winkelgeschwindigkeit $\dot{\vartheta}_0$ aufgezwungen wird. Dabei beschränken wir uns auf kleine Werte von ϑ, für die wir näherungsweise

$$\sin\vartheta \approx \vartheta \qquad \text{und} \qquad \cos\vartheta \approx 1$$

setzen können. Dann nehmen die allgemeinen Bewegungsgleichungen die folgende Form an

$$mgr_M\vartheta = [\theta_1 + mr_M^2]\{\ddot{\vartheta} - \vartheta(\dot{\psi})^2\} + \theta_3\vartheta\,\dot{\psi}\,\omega_3 \tag{1}$$

$$0 = [\theta_1 + mr_M^2]\{\vartheta\ddot{\psi} + 2\dot{\psi}\dot{\vartheta}\} - \theta_3\dot{\vartheta}\,\omega_3. \tag{2}$$

Multiplizieren wir die zweite Gleichung mit ϑ, so erhalten wir

$$\begin{aligned} 0 &= [\theta_1 + mr_M^2]\{\vartheta^2\ddot{\psi} + 2\dot{\psi}\vartheta\dot{\vartheta}\} - \theta_3\vartheta\dot{\vartheta}\omega_3 \\ &= [\theta_1 + mr_M^2]\dot{(\vartheta^2\dot{\psi})} - \frac{1}{2}\theta_3\,\omega_3\dot{(\vartheta^2)}. \end{aligned}$$

Die Integration dieser Gleichung ergibt unter Berücksichtigung der Anfangsbedingung $\vartheta(0) = 0$

$$0 = [\theta_1 + mr_M^2]\,\vartheta^2\dot{\psi} - \frac{1}{2}\theta_3\,\omega_3\vartheta^2,$$

d.h.

$$\dot{\psi} = \frac{1}{2}\,\frac{\theta_3}{\theta_1 + mr_M^2}\,\omega_3.$$

Setzen wir das in (1) ein, so folgt

$$mgr_M\vartheta = [\theta_1 + mr_M^2]\left\{\ddot{\vartheta} - \frac{1}{4}\left[\frac{\theta_3\,\omega_3}{\theta_1 + mr_M^2}\right]^2\vartheta\right\} + \frac{1}{2}\,\frac{\theta_3^2\,\omega_3^2}{\theta_1 + mr_M^2}\,\vartheta$$

oder nach Umordnung

$$\ddot{\vartheta} + \underbrace{\left\{\frac{1}{4}\left[\frac{\theta_3\,\omega_3}{\theta_1 + mr_M^2}\right]^2 - \frac{mgr_M}{\theta_1 + mr_M^2}\right\}}_{\nu^2}\vartheta = 0.$$

Diese Differentialgleichung für ϑ hat nur dann unter den gegebenen Anfangsbedingungen beschränkte Lösungen, wenn

$$\nu^2 > 0 \qquad \text{d.h.} \qquad \omega_3^2 > \frac{4mgr_M[\theta_1 + mr_M^2]}{\theta_3^2} = \omega_{3\,\text{gr}}^2(0)$$

ist. Damit ist nachgewiesen, daß der schlafende Kreisel nur für

$$|\omega_3| > \omega_{3\,\text{gr}}(0)$$

kinetisch stabil ist.

7.2.2.3 Geführte Kreiselbewegungen

Bei den bisher betrachteten Beispielen waren die eingeprägten Kräfte gegeben und die zugehörigen Bewegungen des Kreisels wurden gesucht. Das Gegenstück dazu sind die Fälle, in denen bei gegebenem Bewegungsablauf die zugehörigen Kräfte gesucht werden. Wir betrachten hierzu drei Beispiele.

1. Beispiel: Kollergang (Bild 7.12)

Gegeben sei die konstante Winkelgeschwindigkeit Ω, mit der sich die Mahlwalze um die zentrale vertikale Achse 2 bewegt. Aus der Rollbedingung

$$\Omega R = \omega_e r$$

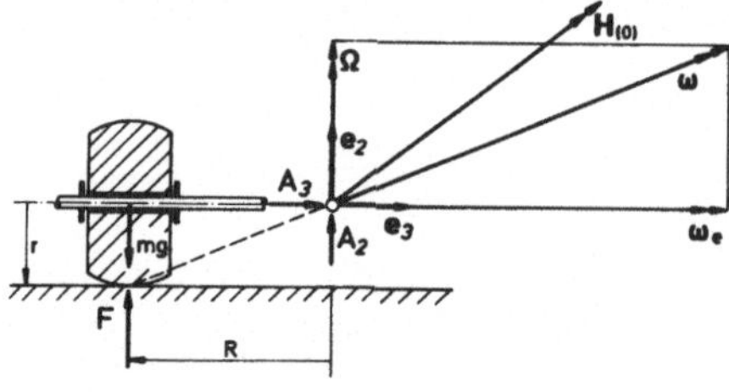

Bild 7.12
Kollergang

folgt

$$\omega_e = \Omega\,\frac{R}{r}\,.$$

Die Achse der resultierenden Winkelgeschwindigkeit

$$\boldsymbol{\omega} = \boldsymbol{\Omega} + \boldsymbol{\omega}_e = \Omega\, \boldsymbol{e}_2 + \omega_e \boldsymbol{e}_3$$

geht durch den Berührungspunkt der Walze mit dem Mahlboden. In einem mit $\boldsymbol{\Omega}$ rotierenden Bezugssystem ändert sich der Drall $\boldsymbol{H}_{(0)}$ der Walze nicht. Es gilt also

$$\boldsymbol{M}_{(0)} = \boldsymbol{\Omega} \times \boldsymbol{H}_{(0)}.$$

Aus dieser vektoriellen Gleichung folgen die drei skalaren Gleichungen

$$\begin{aligned} M_{(0)_1} &= F\,R - mg\,R = \Omega\, \theta_3\, \omega_e \\ M_{(0)_2} &= M_{(0)_3} = 0. \end{aligned}$$

Aus der ersten Gleichung entnehmen wir (mit $\omega_e = \Omega \frac{R}{r}$)

$$F = mg + \theta_3 \frac{\Omega^2}{r} .$$

Der zweite Term gibt die Erhöhung der Mahlkraft infolge der Kreiselwirkung der Mahlwalze an.

Durch Anwendung des Impulssatzes in 3-Richtung sowie des Drallsatzes in bezug auf den Massen-Mittelpunkt M finden wir ferner

$$\begin{aligned} A_3 &= m\Omega^2 R \\ A_2 &= -\theta_3 \frac{\Omega^2}{r} . \end{aligned}$$

2. Beispiel: Unwucht eines starren Rotors (Bild 7.13)

Wir betrachten einen zu seiner Figurenachse $\boldsymbol{e}_3$ symmetrischen Rotor, der um eine exzentrische, raumfeste Achse $\boldsymbol{e}_z$ mit $\boldsymbol{\Omega}$ rotiert. Lagerung, Welle und Rotor seien dabei als starr angenommen. Zur Vereinfachung sei vorausgesetzt, daß sich Figurenachse und Drehachse in einem Punkt 0 unter dem Winkel ϑ schneiden mögen. Die Exzentrizität des Massen-Mittelpunktes sei e. Wir suchen die Lager-Reaktionen A und B.

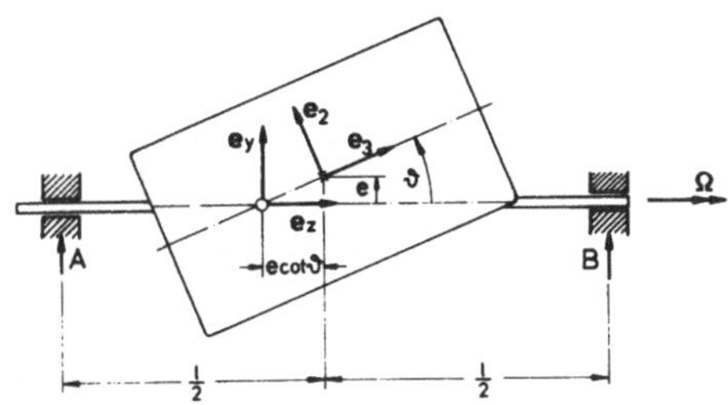

Bild 7.13
Unwucht eines Rotors

Bei der Beschreibung der Änderung des Dralls $\boldsymbol{H}_{(0)}$ gehen wir wiederum von einem mit $\boldsymbol{\Omega}$ rotierenden Bezugssystem aus, in dem sich $\boldsymbol{H}_{(0)}$ nicht ändert. Mit

$$\boldsymbol{\Omega} = -\Omega \sin\vartheta\, \boldsymbol{e}_2 + \Omega \cos\vartheta\, \boldsymbol{e}_3$$

und

$$\boldsymbol{H}_{(0)} = -\left\{\theta_1 + m\left(\frac{e}{\sin\vartheta}\right)^2\right\}\Omega \sin\vartheta\, \boldsymbol{e}_2 + \theta_3\, \Omega \cos\vartheta\, \boldsymbol{e}_3$$

folgt aus

$$\boldsymbol{M}_{(0)} = \boldsymbol{\Omega} \times \boldsymbol{H}_{(0)}$$

die Beziehung

$$(A-B)\,\frac{l}{2} - (A+B)e\cot\vartheta = \left\{\theta_1 + m\left(\frac{e}{\sin\vartheta}\right)^2 - \theta_3\right\}\Omega^2 \sin\vartheta\cos\vartheta.$$

Andererseits liefert der Impulssatz

$$A + B = -m\Omega^2 e.$$

Aus diesen beiden Gleichungen sind die mit Ω umlaufenden Lager-Reaktionen zu errechnen. Wir erhalten nach kurzer Zwischenrechnung

$$\left.\begin{matrix} A \\ B \end{matrix}\right\} = -\frac{1}{2}m\Omega^2 e\left\{1 \mp \frac{\theta_1 - \theta_3}{mle}\sin 2\vartheta\right\}.$$

Umgekehrt können wir bei gemessenen Lager-Reaktionen die Größen e und ϑ bestimmen und durch einen entsprechenden Massen-Ausgleich den Rotor auswuchten.

7.2.2.4 Das rollende Rad

Wir betrachten (vgl. Bild 7.14) ein auf einer horizontalen Ebene rollendes Rad ($\theta_3 = 2\theta_1$). Seine Eigenrotations-Winkelgeschwindigkeit ω_e und damit auch seine Fortschritts-Geschwindigkeit

$$v = \omega_e r$$

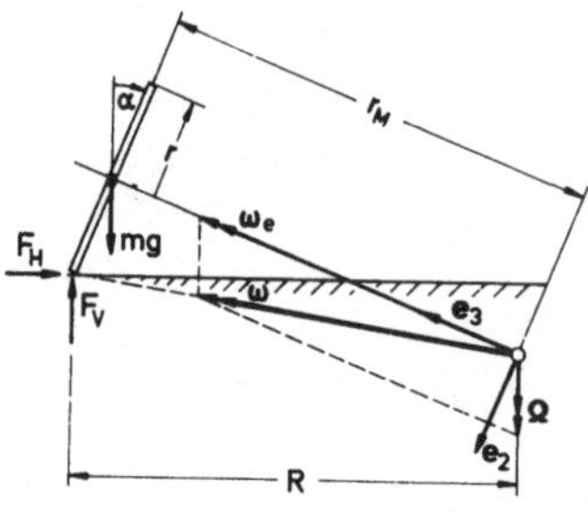

Bild 7.14
Rollendes Rad

sei gegeben und konstant. Wir suchen den Zusammenhang zwischen der Neigung α der Scheibe gegen die Vertikale und dem Radius R der Kreisbahn, die sich aufgrund dieser Neigung bei einer stationären Bewegung, die einer regulären Präzession entspricht, einstellt. Wir können diesen Vorgang als eine Bewegung um einen festen Punkt 0 betrachten, wobei die Lage dieses Punktes vorerst freilich unbekannt ist.

Die resultierende Winkelgeschwindigkeit $\boldsymbol{\omega}$, deren Achse durch den Punkt 0 und den Fußpunkt des Rades geht, setzt sich zusammen aus der Eigenrotations-Winkelgeschwindigkeit

$$\boldsymbol{\omega}_e = \omega_e \boldsymbol{e}_3$$

und der Winkelgeschwindigkeit um die vertikale Achse durch 0

$$\boldsymbol{\Omega} = \Omega \cos\alpha\, \boldsymbol{e}_2 - \Omega \sin\alpha\, \boldsymbol{e}_3 .$$

Ω erhalten wir aus der Rollbedingung

$$\omega_e r = \Omega R .$$

Die resultierende Winkelgeschwindigkeit ist deshalb

$$\boldsymbol{\omega} = \omega_e \frac{r}{R} \cos\alpha\, \boldsymbol{e}_2 + \omega_e \left(1 - \frac{r}{R} \sin\alpha\right) \boldsymbol{e}_3 .$$

Für den Drall des rollenden Rades ergibt sich somit

$$\boldsymbol{H}_{(0)} = \{\theta_1 + m r_M^2\}\, \omega_e \frac{r}{R} \cos\alpha\, \boldsymbol{e}_2 + \theta_3\, \omega_e \left(1 - \frac{r}{R} \sin\alpha\right) \boldsymbol{e}_3$$

mit

$$r_M = \frac{R}{\cos\alpha} \left(1 - \frac{r}{R} \sin\alpha\right) .$$

Als äußere Kräfte greifen das Eigengewicht mg sowie die Reaktion der Führung mit ihren Komponenten F_V und F_H an. Der Impulssatz liefert

$$F_V = mg$$
$$F_H = m \frac{v_M^2}{r_M \cos\alpha} = m\, \omega_e^2 r \frac{r}{R} \left(1 - \frac{r}{R} \sin\alpha\right)$$

mit

$$v_M = \Omega\, r_M \cos\alpha = \omega_e r \left(1 - \frac{r}{R} \sin\alpha\right) .$$

Beziehen wir die Dralländerungen auf ein mit $\boldsymbol{\Omega}$ rotierendes Bezugssystem, so nimmt der Drallsatz die Form

$$\boldsymbol{M}_{(0)} = \boldsymbol{\Omega} \times \boldsymbol{H}_{(0)}$$

an, da in diesem Bezugssystem der Drall unverändert bleibt. Daraus ergibt sich für die Dralländerung in 1-Richtung

$$\underbrace{mgr\sin\alpha + F_H\left(R\tan\alpha - \frac{r}{\cos\alpha}\right)}_{M_{(0)_1}}$$

$$= \underbrace{\omega_e \frac{r}{R}\cos\alpha}_{\Omega_2}\,\underbrace{\theta_3\,\omega_e\left(1 - \frac{r}{R}\sin\alpha\right)}_{H_{(0)_3}} - \underbrace{\left(-\omega_e \frac{r}{R}\sin\alpha\right)}_{\Omega_3}\underbrace{\{\theta_1 + mr_M^2\}\,\omega_e \frac{r}{R}\cos\alpha}_{H_{(0)_2}}.$$

Setzen wir F_H, r_M, $\theta_1 = \frac{1}{2}\theta_3$ in diese Gleichung ein und fassen entsprechend zusammen, so folgt daraus

$$\boxed{\tan\alpha = \frac{\omega_e^2 r}{g}\frac{r}{R}\left\{\underbrace{1 - \frac{r}{R}\sin\alpha}_{\text{Einfluß der Fliehkraft}} + \underbrace{\frac{\theta_3}{mr^2}\left(1 - \frac{1}{2}\frac{r}{R}\sin\alpha\right)}_{\text{Einfluß der Kreiselwirkung}}\right\}.}$$

Der Quotient $\dfrac{\theta_3}{mr^2}$ hängt von der Massenverteilung ab, und zwar gilt für

homogene Vollscheibe: $\dfrac{\theta_3}{mr^2} = \dfrac{1}{2}$,

Reifen (Ring): $\dfrac{\theta_3}{mr^2} \approx 1$.

Setzen wir hier entsprechende Zahlenwerte ein, so erhalten wir eine Beziehung, die für gegebenes ω_e und r zu einem vorgegebenen Neigungswinkel α den zugehörigen Bahnradius R festlegt bzw. den zu einem vorgegebenen R entsprechenden Winkel α.

Für kleine Neigungswinkel α können wir

$$\tan\alpha \approx \sin\alpha \approx \alpha$$

setzen und erhalten dann

$$\alpha \approx \frac{\dfrac{\omega_e^2 r}{g}\dfrac{r}{R}\left[1 + \dfrac{\theta_3}{mr^2}\right]}{1 + \dfrac{\omega_e^2 r}{g}\left(\dfrac{r}{R}\right)^2\left[1 + \dfrac{1}{2}\dfrac{\theta_3}{mr^2}\right]}.$$

Diese Beziehung ordnet jedem Wert r/R eindeutig einen Wert α zu. Das gilt auch für die Umkehrung, da die nach r/R aufgelöste quadratische Gleichung jeweils nur eine positive Wurzel hat.

Für $\alpha \to 0$ geht $R \to \infty$, d.h. wir bekommen – wie zu erwarten – das geradeaus laufende Rad unabhängig von ω_e. Für diesen Fall stellt sich dann jedoch die Frage, unter welchen Bedingungen diese Bewegung stabil ist, kleine Störungen also auch nur kleine Abweichungen bedingen. Als Ergebnis einer entsprechenden Störungsrechnung halten wir fest, daß der Geradeauslauf eines Rades stabil ist, solange

$$\frac{\omega_e^2 r}{g}\frac{\theta_3}{\theta_1}\left[1+\frac{\theta_3}{mr^2}\right]=\frac{\omega_e^2 r}{g}2\left[1+\frac{\theta_3}{mr^2}\right]>1\,.$$

Dies bedeutet für

$$\text{homogene Vollscheibe}\left(\frac{\theta_3}{mr^2}=\frac{1}{2}\right):\quad 3\,\frac{\omega_e^2 r}{g}>1,$$

$$\text{Reifen}\left(\frac{\theta_3}{mr^2}\approx 1\right):\quad 4\,\frac{\omega_e^2 r}{g}>1.$$

Eine weitere Frage läßt sich unmittelbar an diese Untersuchungen anschließen. Damit das Rad nicht ausrutscht, muß

$$F_H \leqslant \mu_0 F_V,$$

d.h.

$$\frac{\omega_e^2 r}{g}\frac{r}{R}\left(1-\frac{r}{R}\sin\alpha\right)\leqslant\mu_0$$

bzw.

$$\tan\alpha\leqslant\mu_0\left\{1+\frac{\theta_3}{mr^2}\,\frac{1-\dfrac{1}{2}\dfrac{r}{R}\sin\alpha}{1-\dfrac{r}{R}\sin\alpha}\right\}$$

sein.

Abschließend sei noch auf folgendes hingewiesen. Nur wenn der Punkt 0 in der Bahnebene liegt, also auch die resultierende Winkelgeschwindigkeit $\boldsymbol{\omega}$ in diese Ebene fällt, liegt eine reine Abwälzbewegung des Rades auf der Bahnebene vor. Andernfalls enthält $\boldsymbol{\omega}$ auch eine vertikale Komponente, und der Abwälzbewegung (verbunden mit Rollreibung) ist dann auch eine Bohrbewegung (verbunden mit Bohrreibung) überlagert. Im Sonderfall der reinen Abwälzbewegung muß

$$\sin\alpha=\frac{r}{R}$$

sein, d.h.

$$\tan\alpha=\frac{\omega_e^2 r}{g}\sin\alpha\left\{\cos^2\alpha+\frac{1}{2}\frac{\theta_3}{mr^2}(1+\cos^2\alpha)\right\}.$$

Neben der trivialen Lösung $\alpha=0$ (Geradeauslauf) gibt es jeweils noch genau eine von Null verschiedene Lösung für α (und damit auch für r/R), die der Bedingung des reinen Abwälzens genügt.

7.3 Allgemeine Bewegungen starrer Körper

7.3.1 Grundgleichungen

Bei allgemeinen Bewegungen starrer Körper, die also weder ebene Bewegungen noch Bewegungen um einen festen Punkt sind, gehen wir im allgemeinen so vor, daß wir die Bewegung aufteilen in eine Translationsbewegung entsprechend der Bewegung des Massen-Mittelpunktes M und in eine Rotation um M. Die Bewegung des Massen-Mittelpunktes wird bestimmt durch den Massen-Mittelpunktsatz (vgl. Satz 1.3)

$$\boldsymbol{F} = \frac{\mathrm{D}}{\mathrm{d}t}(m\boldsymbol{v}_M) = m\dot{\boldsymbol{v}}_M.$$

Zur Berechnung der Rotationsbewegung um M verwenden wir den auf den bewegten Massen-Mittelpunkt M bezogenen Drallsatz (vgl. Satz 5.11)

$$\boldsymbol{M}_{(M)} = \frac{\mathrm{D}}{\mathrm{d}t}\boldsymbol{H}_{(M)} = \frac{\mathrm{D}}{\mathrm{d}t}(\boldsymbol{\Theta}\cdot\boldsymbol{\omega}).$$

Durch Übergang zu einem körperfesten Bezugssystem mit M als Bezugspunkt und mit den Hauptachsen $\boldsymbol{e}_{\bar{i}}$ des Massen-Trägheitsmomentes als Bezugsrichtungen folgt analog zur Bewegung um einen festen Punkt (vgl. Satz 7.7)

Satz 7.11: *Eulersche Gleichungen*

Bei allgemeinen Bewegungen starrer Körper läßt sich der auf den mitbewegten Massen-Mittelpunkt M bezogene Drallsatz in die *Euler*schen Gleichungen

$$M_{(M)_{\bar{1}}} = \theta_{\bar{1}}\dot{\omega}_{\bar{1}} - (\theta_{\bar{2}} - \theta_{\bar{3}})\omega_{\bar{2}}\omega_{\bar{3}}$$
$$M_{(M)_{\bar{2}}} = \theta_{\bar{2}}\dot{\omega}_{\bar{2}} - (\theta_{\bar{3}} - \theta_{\bar{1}})\omega_{\bar{3}}\omega_{\bar{1}}$$
$$M_{(M)_{\bar{3}}} = \theta_{\bar{3}}\dot{\omega}_{\bar{3}} - (\theta_{\bar{1}} - \theta_{\bar{2}})\omega_{\bar{1}}\omega_{\bar{2}}$$

überführen. Dabei stellt $\boldsymbol{\omega}$ die Winkelgeschwindigkeit des Körpers gegenüber dem Raum dar. Die Gleichungen sind auf eine Basis bezogen, die mit den körperfesten Hauptachsen des Massen-Trägheitstensors zusammenfällt.

In vielen Fällen verwendet man den Drallsatz auch in anderen Fassungen, sofern sich dies als vorteilhaft erweist. Für die Anwendung des Energiesatzes sei auf Abschnitt 5.4 und insbesondere auf die Sätze 5.15 und 5.16 verwiesen.

Die Berechnung allgemeiner Bewegungen starrer Körper kann sehr mühsam werden. Relativ einfach liegen die Dinge noch, wenn der Bewegungsablauf vollständig bekannt ist, es sich also um vollständig geführte Bewegungen handelt. Dann lassen sich die zugehörigen resultierenden Kräfte und Momente (bei entsprechenden Gegebenheiten auch die einzelnen Teilkräfte des Kräftesystems) aus Impuls- und

Drallsatz ermitteln. In den anderen Fällen kann schon allein das Aufstellen der Bewegungsgleichungen Schwierigkeiten bereiten, insbesondere dann, wenn es sich um Systeme von mehreren starren Körpern handelt. Hier erweisen sich die Methoden der analytischen Mechanik, deren Elemente wir in Kapitel 9 noch entwickeln werden, häufig als wichtige Hilfe.

Es gibt jedoch auch Probleme, zu deren Lösung besondere Methoden entwickelt wurden. Auf eine spezielle Frage von großer technischer Bedeutung wollen wir im folgenden Abschnitt kurz eingehen.

7.3.2 Elemente der Theorie der Kreiselgeräte

7.3.2.1 Grundlagen

Kreiselgeräte finden vielfach als Navigationsgeräte – insbesondere bei See-, Luft- und Raumfahrzeugen – Einsatz, um Richtungen oder Richtungsänderungen anzuzeigen. In ihrer Grundform bestehen sie aus einem symmetrischen Rotor, dem eigentlichen Kreisel, der drehbar in einem Kreiselgehäuse gelagert ist und um seine Figurenachse (die Achse des maximalen Haupt-Trägheitsmomentes) gegenüber diesem mit konstanter Winkelgeschwindigkeit $\boldsymbol{\omega}_e$ (Eigenrotations-Winkelgeschwindigkeit) rotiert. Für die Aufrechterhaltung dieser Eigenrotation sorgt ein entsprechender Antrieb. Die Lagerung des Gehäuses gegenüber dem Fahrzeug richtet sich nach der jeweiligen Aufgabe des Kreiselgerätes. Bei vielen Geräten bildet ein entsprechend beweglicher Rahmen das Zwischenglied zwischen Kreisel und Fahrzeug. Bei anderen Geräten ist das Kreiselgehäuse schwimmend gelagert.

Die Lagerung des Kreisels ist im allgemeinen so gestaltet, daß reine Translationsbewegungen – auch beschleunigte – möglichst ohne Einfluß auf die Anzeige des Kreiselgerätes bleiben. Deshalb lassen wir sie hier ebenfalls außer Betracht. Die resultierende Winkelgeschwindigkeit spalten wir auf in

$$\boldsymbol{\omega} = \boldsymbol{\omega}_e + \boldsymbol{\Omega},$$

wobei

$\boldsymbol{\omega}_e$ die konstante Eigenrotations-Winkelgeschwindigkeit des Kreisels gegenüber dem Gehäuse und

$\boldsymbol{\Omega}$ die Winkelgeschwindigkeit des Gehäuses

ist.

Wir setzen nun voraus, daß der Massen-Mittelpunkt M des Kreisels mit dem Massen-Mittelpunkt des Gehäuses zusammenfalle und daß die Figurenachse des Kreisels zugleich Hauptachse des Gehäuses sei. Das erlaubt uns, für den Kreisel und sein Gehäuse ein gemeinsames, mit dem Gehäuse fest verbundenes Bezugssystem einzuführen, dessen Bezugspunkt der Massen-Mittelpunkt M ist, dessen 3-Achse mit der Figurenachse zusammenfällt und dessen 1- und 2-Achsen die entsprechenden Hauptachsen des Gehäuses sind, die aufgrund der vorausgesetzten Symmetrie des Kreisels dann auch in jedem Fall Hauptachsen des Kreisels sind. Dieses Bezugssystem rotiert mit $\boldsymbol{\Omega}$. Wir erhalten dann folgende Darstellung für die Winkelgeschwindigkeit und den Drall des Kreisels sowie des Gehäuses gegenüber dem

Raum

Kreisel:
$$\boldsymbol{\omega} = \boldsymbol{\omega}_e + \boldsymbol{\Omega} = \Omega_1 \boldsymbol{e}_1 + \Omega_2 \boldsymbol{e}_2 + (\Omega + \omega_e)\boldsymbol{e}_3$$
$$\boldsymbol{H}_K = \underbrace{\theta_{K_1}\Omega_1 \boldsymbol{e}_1 + \theta_{K_2}\Omega_2\, \boldsymbol{e}_2 + \theta_{K_3}\Omega_3\, \boldsymbol{e}_3}_{\boldsymbol{H}_K^*} + \underbrace{\theta_{K_3}\omega_e \boldsymbol{e}_3}_{\boldsymbol{H}_e},$$

Gehäuse:
$$\boldsymbol{\Omega} = \Omega_1 \boldsymbol{e}_1 + \Omega_2 \boldsymbol{e}_2 + \Omega_3 \boldsymbol{e}_3$$
$$\boldsymbol{H}_G = \theta_{G_1}\Omega_1 \boldsymbol{e}_1 + \theta_{G_2}\Omega_2\, \boldsymbol{e}_2 + \theta_{G_3}\Omega_3 \boldsymbol{e}_3.$$

Für die Bewegung von Kreisel und Gehäuse liefert der Drallsatz bezüglich M

$$\boldsymbol{M}_{(M)} = \frac{\bar{\mathrm{D}}}{\mathrm{d}t}\{\boldsymbol{H}_e + \boldsymbol{H}_K^* + \boldsymbol{H}_G\} + \boldsymbol{\Omega} \times \{\boldsymbol{H}_e + \boldsymbol{H}_K^* + \boldsymbol{H}_G\}.$$

$\boldsymbol{M}_{(M)}$ ist dabei das von außen am Gehäuse angreifende Moment. Beachten wir nun, daß

$$\frac{\bar{\mathrm{D}}}{\mathrm{d}t}\boldsymbol{H}_e = \boldsymbol{0}$$

ist, und fassen $\boldsymbol{H}_K^*$ und $\boldsymbol{H}_G$ zusammen zu

$$\boldsymbol{H}^* = \boldsymbol{H}_K^* + \boldsymbol{H}_G = (\theta_{K_1} + \theta_{G_1})\Omega_1 \boldsymbol{e}_1 + (\theta_{K_2} + \theta_{G_2})\Omega_2 \boldsymbol{e}_2 + (\theta_{K_3} + \theta_{G_3})\Omega_3 \boldsymbol{e}_3,$$

so erhalten wir die Grundgleichung der Kreiselgeräte

$$\boxed{\boldsymbol{M}_{(M)} - \boldsymbol{\Omega} \times \boldsymbol{H}_e = \frac{\bar{\mathrm{D}}}{\mathrm{d}t}\boldsymbol{H}^* + \boldsymbol{\Omega} \times \boldsymbol{H}^* = \frac{\mathrm{D}}{\mathrm{d}t}\boldsymbol{H}^*.}$$

In dieser Gleichung stellt

$$\boldsymbol{M}_K = -\boldsymbol{\Omega} \times \boldsymbol{H}_e \qquad \text{das Kreiselmoment}$$

dar. Addieren wir dieses Kreiselmoment – wie in obiger Gleichung geschehen – zu dem Moment der äußeren Kräfte, so können wir den Drallsatz in gewohnter Weise benutzen, um die Bewegung des Gehäuses einschließlich des darin ruhenden Kreisels zu beschreiben.

Bei der Durchführung der Berechnung der Kreiselbewegungen sind in vielen Fällen Vereinfachungen möglich, die im wesentlichen daraus resultieren, daß in aller Regel

$$|\boldsymbol{H}^*| \ll |\boldsymbol{H}_e|$$

ist, weil im allgemeinen

$$|\boldsymbol{\Omega}| \ll |\boldsymbol{\omega}_e|$$

ist. Das bedeutet, daß die Richtung des Dralls praktisch mit der Figurenachse zusammenfällt. Was wir im Einzelfall vernachlässigen können, richtet sich nach den jeweiligen Gegebenheiten. Ist z.B. $\boldsymbol{M}_{(M)} = \boldsymbol{0}$, so können wir näherungsweise (wegen $|\boldsymbol{\Omega} \times \boldsymbol{H}^*| \ll |\boldsymbol{\Omega} \times \boldsymbol{H}_e|$)

$$-\boldsymbol{\Omega} \times \boldsymbol{H}_e = \frac{\bar{\mathrm{D}}}{\mathrm{d}t} \boldsymbol{H}^*$$

setzen. Dürfen wir dagegen $\frac{\bar{\mathrm{D}}}{\mathrm{d}t} \boldsymbol{H}^* = \mathbf{0}$ annehmen, so folgt näherungsweise

$$\boldsymbol{M}_{(M)} - \boldsymbol{\Omega} \times \boldsymbol{H}_e = \mathbf{0}$$

7.3.2.2 Zwei Beispiele

1. Beispiel: Prinzip des Wendezeigers

Der Wendezeiger dient zur Anzeige von Richtungsänderungen des Fahrzeugs um die Vertikale. In der Prinzipskizze (Bild 7.15) ist zur vereinfachten Darstellung das Gehäuse des Kreisels fortgelassen. Wir betrachten den Gleichgewichtszustand des Gerätes, auf den es sich bei $\boldsymbol{\Omega} = \Omega_1 \boldsymbol{e}_1 =$ konst. einstellt. Es ist dann

$$\frac{\bar{\mathrm{D}}}{\mathrm{d}t} \boldsymbol{H}^* = \mathbf{0}.$$

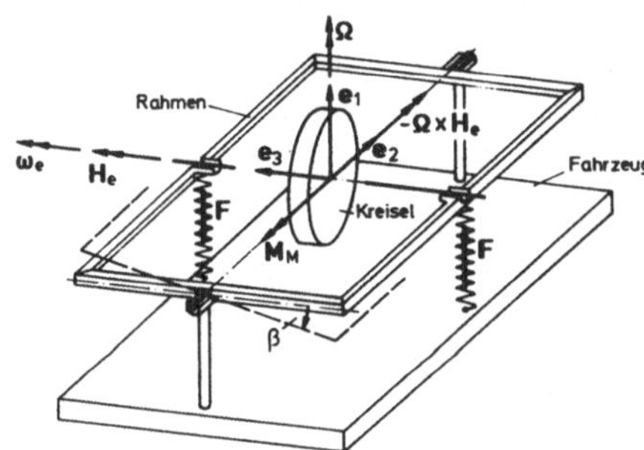

Bild 7.15
Wendezeiger

Wir können deshalb unter Vernachlässigung von $\boldsymbol{\Omega} \times \boldsymbol{H}^*$ von der Gleichung

$$\boldsymbol{M}_{(M)} - \boldsymbol{\Omega} \times \boldsymbol{H}_e = \mathbf{0}$$

ausgehen. Dem Kreiselmoment

$$-\boldsymbol{\Omega} \times \boldsymbol{H}_e = \Omega H_e \boldsymbol{e}_2$$

wirkt das von den Federkräften herrührende Moment $\boldsymbol{M}_{(M)}$ entgegen. Bei linearer Feder-Charakteristik wird (für kleine Winkel β)

$$\beta \sim \Omega.$$

Wird das Kreiselgehäuse schwimmend so gelagert, daß es frei um die 2-Achse rotieren kann, zugleich aber eine viskose Dämpfung

$$|\boldsymbol{M}_{(M)}| \sim \dot{\beta}$$

eingeführt, die der Drehung entgegenwirkt, dann wird

$$\dot{\beta} \sim \Omega.$$

Wir erhalten dann einen integrierenden Wendezeiger, der

$$\beta - \beta_0 = \int_{t_0}^{t} \Omega \, dt$$

anzeigt.

Im Rahmen unserer Prinzipdarstellung spielt es keine Rolle, ob die Figurenachse in Fahrtrichtung oder quer dazu angeordnet ist. Die prinzipielle Wirkung ist davon unabhängig. Berücksichtigt man jedoch, daß das Fahrzeug möglicherweise auch Drehungen um horizontale Achsen ausführen kann, so kommen zusätzliche Aspekte ins Spiel, die für die technische Ausgestaltung des Wendezeigers von großer Bedeutung sind. Sie führen dazu, daß man im allgemeinen die Figurenachse senkrecht zur Fahrtrichtung anordnet.

2. Beispiel: Prinzip des Kreiselkompasses

Beim Kreiselkompaß (Deklinationskreisel) ist das Kreiselgehäuse schwimmend (oder als Pendel) so gelagert, daß es sich frei um die 1-Achse drehen kann. Die schwimmende Lagerung ist gleichzeitig so ausgestaltet, daß in der Gleichgewichtslage (ohne Kreiselwirkung) die 2,3-Ebene horizontal liegt (Bild 7.16a). Auslenkungen aus dieser Gleichgewichtslage führen zu entsprechenden Rückstellmomenten.

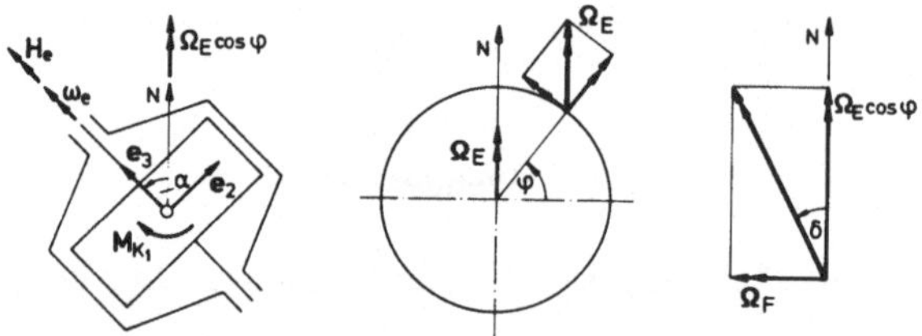

Bild 7.16 Kreiselkompaß

Wir betrachten zunächst einen ortsfesten Kreiselkompaß, dessen Aufstellungsort durch die geographische Breite gekennzeichnet sei (auf die geographische Länge kommt es nicht an). Die Figurenachse des Kreisels sei durch eine Drehung um die 1-Achse mit dem Winkel α gegenüber der Nordrichtung in der horizontalen 2,3-Ebene ausgelenkt. Wir denken uns die Figurenachse in dieser Lage festgehalten. Infolge der Erdrotation mit der Winkelgeschwindigkeit

$$\boldsymbol{\Omega}_E = \Omega_E \sin\varphi \, \boldsymbol{e}_1 + \Omega_E \cos\varphi \sin\alpha \, \boldsymbol{e}_2 + \Omega_E \cos\varphi \cos\alpha \, \boldsymbol{e}_3$$

und des Eigendralls des Kreisels

$$\boldsymbol{H}_e = \theta_{K_3}\omega_e\, \boldsymbol{e}_3$$

entsteht ein Kreiselmoment

$$\boldsymbol{M}_K = -\boldsymbol{\Omega}_E \times \boldsymbol{H}_e = -\Omega_E \cos\varphi \sin\alpha H_e\, \boldsymbol{e}_1 + \Omega_E \sin\varphi H_e\, \boldsymbol{e}_2 .$$

Das Moment

$$M_{K_1} = -\Omega_E \cos\varphi \sin\alpha H_e$$

ist das sogenannte Richtmoment, das als Rückstellmoment (d.h. der Drehung α entgegenwirkend) den Kreisel auf seine nach Norden gerichtete Gleichgewichtslage auszurichten sucht. An den Polen ($\cos\varphi = 0$) versagt der Kreiselkompaß wegen des Verschwindens der Richtwirkung.

Das Moment

$$M_{K_2} = \Omega_E \sin\varphi H_e$$

muß von der Lagerung des Kreisels aufgenommen werden. Bei nachgiebiger Lagerung (wie sie stets vorhanden ist) bewirkt dieses Moment, daß sich die Figurenachse des Kreisels etwas gegen die Horizontale neigt.

Bei frei beweglichem Kreisel führt die Figurenachse Schwingungen um die Gleichgewichtslage (Präzessions- und Nutationsbewegungen) aus, die sich mit Hilfe der Grundgleichungen der Kreiselgeräte (vgl. Abschnitt 7.3.2.1) untersuchen lassen.

Bewegt sich das Fahrzeug mit der Geschwindigkeit v auf der Erdoberfläche, so entsteht eine zusätzliche Rotation

$$\Omega_F = \frac{v}{R} \qquad \text{(R = Erdradius)}.$$

Ω_F liegt senkrecht zur jeweiligen Fahrtrichtung. Diese zusätzliche Rotation überträgt sich ebenfalls auf das Kreiselgehäuse und führt zu einem Fahrtfehler. Auf Nordkurs (vgl. Bild 7.16c) führt der Fahrtfehler beispielsweise zu einer westlichen Abweichung δ, für die

$$\tan\delta = \frac{\Omega_F}{\Omega \cos\varphi} = \frac{v}{R\,\Omega_E \cos\varphi}$$

gilt.

Eine beschleunigte Fahrzeugbewegung führt im allgemeinen zu Störungen der Gleichgewichtslage und regt den Kreisel zu Anzeigefehlern und Schwingungen an. Bei der technischen Ausgestaltung des Kreiselkompasses versucht man deshalb, diese Fehler möglichst klein zu halten.

8 Elementare Theorie des Stoßes

8.1 Allgemeines

Wir betrachten die Bewegung zweier – als starr angenommener – Körper, die zu einem Zeitpunkt t_0 aufeinandertreffen (Bild 8.1). Es sei

$$\boldsymbol{v}_{10}\,,\boldsymbol{\omega}_{10}\,,$$
$$\boldsymbol{v}_{20}\,,\boldsymbol{\omega}_{20}\,,$$

der Geschwindigkeitszustand der Körper unmittelbar vor der Berührung, wobei $\boldsymbol{v}_i$

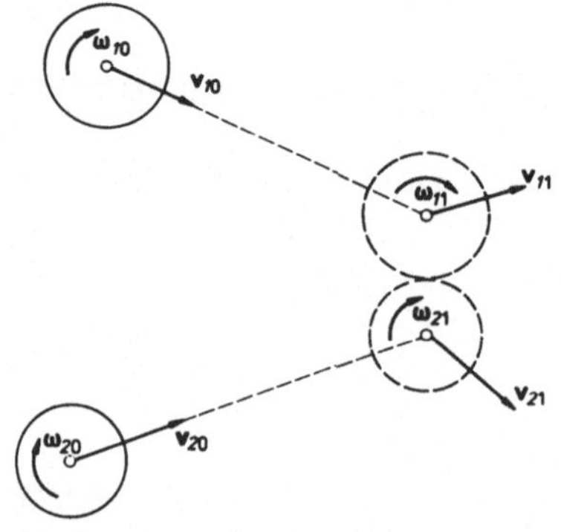

Bild 8.1
Bewegung zweier Körper

die Geschwindigkeit der Massen-Mittelpunkte und $\boldsymbol{\omega}_i$ die Winkelgeschwindigkeit der Körper ($i = 1, 2$) bezeichnet. Bei starren Körpern müßte sich im Augenblick des Zusammentreffens der Geschwindigkeitszustand der Körper sprunghaft ändern. Aber auch bei deformierbaren Körpern, mit denen wir es in Wirklichkeit immer zu tun haben, erfolgt – sofern die Deformationen klein bleiben – die Änderung des Geschwindigkeitszustandes in sehr kurzer Zeit. Wir bezeichnen solche Vorgänge als Stoß.

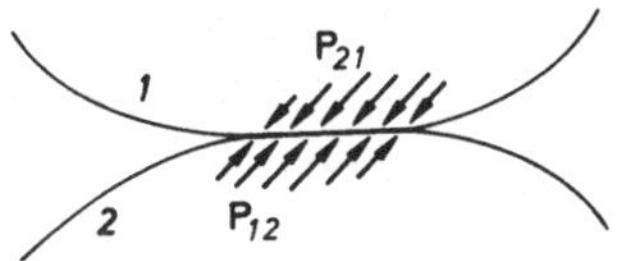

Bild 8.2
Angreifende Kräfte

Während des Stoßvorganges ($t_0 \leqslant t \leqslant t_1$) wirken zwischen den beiden sich berührenden Körpern flächenhaft verteilt angreifende Kräfte, für die das Gegenwirkungsprinzip gilt (Bild 8.2)

$$\boldsymbol{p}_{12}(t) = -\boldsymbol{p}_{21}(t) \qquad (t_0 \leqslant t \leqslant t_1)$$

bzw.

$$\int_A \boldsymbol{p}_{12}\,\mathrm{d}A = \boldsymbol{F}_{12} = -\boldsymbol{F}_{21} = -\int_A \boldsymbol{p}_{21}\,\mathrm{d}A\,.$$

Deshalb gilt auch für den Impulsaustausch zwischen den Körpern das Gegenwirkungsprinzip

$$\boldsymbol{J}_{12} = \int_{t_0}^{t_1} \boldsymbol{F}_{12}\,\mathrm{d}t = -\int_{t_0}^{t_1} \boldsymbol{F}_{21}\,\mathrm{d}t = -\boldsymbol{J}_{21}\,.$$

In diesen Beziehungen bezeichnet jeweils der erste Index den Körper, auf den die Kraft einwirkt, der zweite Index den Körper, von dem die Einwirkung ausgeht.

Als Folgerung aus dem Gegenwirkungsprinzip für den Impulsaustausch ergibt sich

---

Satz 8.1: Beim Stoß zwischen zwei ungebundenen Körpern bleiben die vektorielle Summe der beiden Bewegungsgrößen und die vektorielle Summe der beiden Dralle (bezogen auf den gleichen raumfesten Punkt) unverändert.

Die Größe der zwischen den beiden Körpern wirkenden Kräfte und damit auch die Größe des Impulsaustausches hängen – neben dem Geschwindigkeitszustand der beiden Körper vor dem Stoß – wesentlich von den Material-Eigenschaften der beiden Körper (Elastizitätsmodul, Fließgrenze usw.) ab. Wir können deshalb über den Stoßvorgang selbst keine Aussage machen, wenn wir die Körper als vollkommen starr betrachten. Aus diesem Grund werden wir sie als quasi-starr annehmen, d.h. ihre Deformationen als verschwindend klein betrachten. Für den Zustand nach dem Stoß fällt diese Einschränkung wieder fort, d.h. wir nehmen an, daß wir den Geschwindigkeitszustand nach dem Stoß wieder als Starrkörperbewegung beschreiben dürfen. Dieser Geschwindigkeitszustand der Körper unmittelbar nach dem Stoß sei:

$$\boldsymbol{v}_{11}\,, \boldsymbol{\omega}_{11}\,,$$
$$\boldsymbol{v}_{21}\,, \boldsymbol{\omega}_{21}\,.$$

Da die Änderungen des Geschwindigkeitszustandes endlich sind, ist auch der ausgetauschte Impuls eine endliche Größe. Weil aber die Stoßdauer sehr klein ist, werden die Kräfte sehr groß. Wir verzichten hier auf eine genaue Analyse der zeitabhängigen Spannungsverteilung in der Berührungsfläche und der Deformationen der Körper und treffen statt dessen eine Reihe von Annahmen, die zu einer elementaren Theorie des Stoßes führen:

a) Die Körper seien während des Stoßes als quasi-starr zu betrachten,
b) die Stoßdauer sei verschwindend klein.

Aus den Annahmen a) und b) folgt zunächst, daß wir die zwischen den Körpern wirkenden Kräfte am unverformten Körper ansetzen und Lageänderungen der Körper während der Stoßdauer vernachlässigen können. Daraus folgt weiter, daß wir die Berührung zwischen den Körpern im allgemeinen als punktförmig annehmen und die flächenhaft verteilt wirkenden Kräfte zwischen den Körpern zu resultierenden Einzelkräften zusammenfassen dürfen, die dem Berührungspunkt zuzuordnen sind.

Die gemeinsame Flächennormale im Berührungspunkt nennen wir Stoß-Normale (Bild 8.3). Sie ist eindeutig definiert, wenn wenigstens eine Körperoberfläche im Berührungspunkt regulär ist, sie dort also weder eine Ecke noch eine Kante besitzt. Als positive Richtung der Stoß-Normalen e_n nehmen wir die Richtung der äußeren

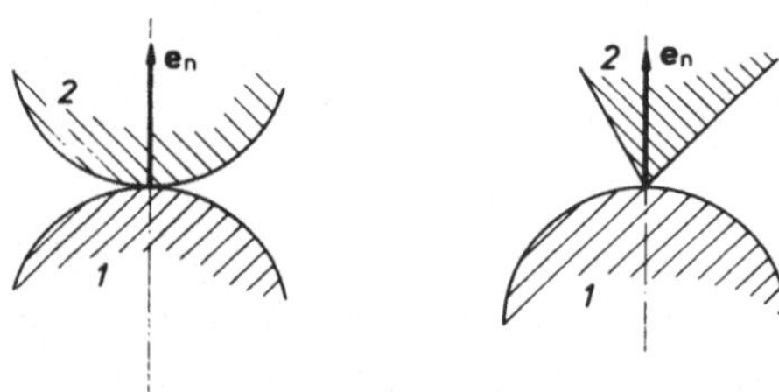

Bild 8.3
Stoß-Normale

Flächen-Normalen des Körpers 1 (bzw. die Richtung der inneren Flächen-Normalen des Körpers 2) an.

Der Beschreibung des Impulsaustausches legen wir dementsprechend stets den vom Körper 1 auf den Körper 2 übertragenen Impuls zugrunde und bezeichnen diesen Stoßimpuls mit $\boldsymbol{J}$, so daß also

$$\boldsymbol{J} = \int_{t_0}^{t_1} \boldsymbol{F}_{21}\, \mathrm{d}t = -\int_{t_0}^{t_1} \boldsymbol{F}_{12}\, \mathrm{d}t$$

gilt. Wir können diesen Impuls zerlegen in

Normalstoß $\boldsymbol{J}_n = (\boldsymbol{J} \cdot \boldsymbol{e}_n)\boldsymbol{e}_n$

und

Tangentialstoß $\boldsymbol{J}_t = \boldsymbol{J} - \boldsymbol{J}_n\,.$

Bei Reibungsfreiheit ist

$$\boldsymbol{J}_t = \boldsymbol{0}.$$

Die Richtung des Stoßimpulses fällt in diesem Fall mit der Stoß-Normalen zusammen, und es wird

$$\boldsymbol{J} = J\,\boldsymbol{e}_n.$$

Bei einem zentralen Stoß geht die Wirkungslinie des Stoßimpulses durch den Massen-Mittelpunkt des betreffenden Körpers. Andernfalls sprechen wir von einem exzentrischen Stoß.

In manchen Fällen ist der auf einen Körper übertragene Stoßimpuls durch eine entsprechende Steuerung des Stoßvorganges vorgegeben. Wir sprechen in diesem Sonderfall, bei dem die dynamischen Bedingungen vorgegeben sind, von einem Anstoß mit gegebenem Impuls. Ein analoger Fall liegt vor, wenn die Änderung der Bewegungsgröße und des Dralls durch kinematische Bedingungen festgelegt ist.

Im allgemeinen ergibt sich jedoch der Impulsaustausch zwischen den beiden am Stoßvorgang beteiligten Körpern erst aus den Stoßbedingungen zwischen den Körpern. Diese werden charakterisiert durch:

1. Materialeigenschaften der Körper,
2. Gestalt und Massenverteilung der Körper,
3. Reibungsverhältnisse an der Stoßstelle,
4. Relativbewegung (Geschwindigkeitszustand) der Körper vor dem Stoß.

Gehen wir bei der Betrachtung von Stoßvorgängen zu einem anderen Bezugssystem über, so ändert sich der Impulsaustausch zwischen den Körpern nicht, da er auf flächenhaft verteilt angreifende Kräfte zurückgeht. Der Energieaustausch hängt dagegen vom jeweiligen Bezugssystem ab. Wir werden das an einem Beispiel am Ende des Abschnittes 8.2.2 zeigen.

8.2 Zentraler Stoß

8.2.1 Zentraler Anstoß eines Körpers

Ein zentraler Anstoß eines Körpers, d.h. ein Anstoß, bei dem der resultierende Stoßimpuls auf den Massen-Mittelpunkt des Körpers gerichtet ist, ist nur möglich, wenn (Bild 8.4)

1. der Reibungskegel um die Stoß-Normale den Massen-Mittelpunkt des Körpers einschließt,
2. die Wirkungslinie der auf den angestoßenen Körper einwirkenden Kraft ständig innerhalb des Reibungskegels liegt.

Bei Reibungsfreiheit muß die Stoß-Normale durch den Massen-Mittelpunkt gehen. Wir gehen davon aus, daß diese Voraussetzungen stets eingehalten sind.

Bei einem zentralen Anstoß ändert sich die Rotation des Körpers nicht. Wir brauchen deshalb nur die Bewegung des Massen-Mittelpunktes zu verfolgen. Für die Änderung der Bewegungsgröße während des Anstoßes gilt aufgrund des Impulssatzes

$$\boldsymbol{J} = \Delta \boldsymbol{B} = m\,\boldsymbol{v}_1 - m\,\boldsymbol{v}_0 \,.$$

Daraus folgt

$$\boldsymbol{v}_1 = \boldsymbol{v}_0 + \frac{\boldsymbol{J}}{m} \,.$$

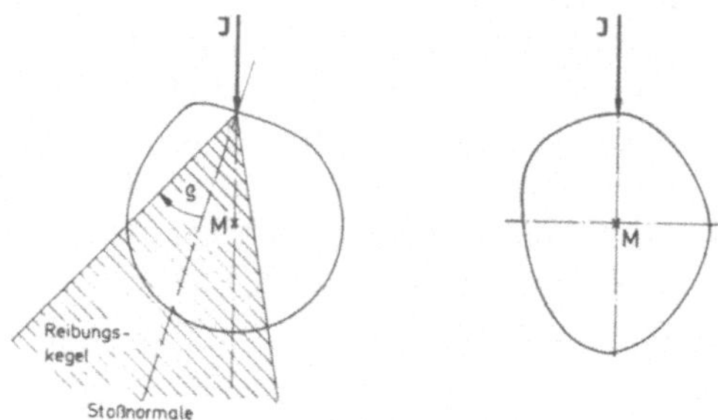

Bild 8.4 Richtung der Stoß-Normalen bei Haftreibung (links) und Reibungsfreiheit (rechts)

Anstelle von $\boldsymbol{J}$ kann in manchen Fällen aufgrund kinematischer Bedingungen auch eine Änderung der Bewegungsgröße vorgegeben sein.

Beispiel: Zentraler Anstoß (Bild 8.5)

Gegeben: 1. $\boldsymbol{v}_0 = v_0\,\boldsymbol{e}_x$,
2. Ablenkungswinkel α infolge Anstoß senkrecht zu $\boldsymbol{v}_0$.

Gesucht: $\boldsymbol{J} = J\,\boldsymbol{e}_y$.

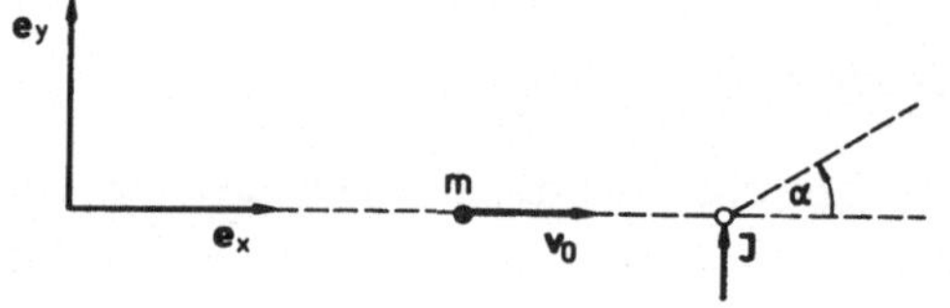

Bild 8.5
Zentraler Anstoß

Aus

$$\boldsymbol{v}_1 = \boldsymbol{v}_0 + \frac{\boldsymbol{J}}{m}$$

folgen die beiden skalaren Gleichungen

$$v_{1x} = v_0$$

$$v_{1y} = \frac{J}{m} \,.$$

Aus der Bedingung

$$\frac{v_{1y}}{v_{1x}} = \tan\alpha$$

erhalten wir

$$J = m\,v_0\,\tan\alpha\,.$$

8.2.2 Zentraler Stoß zwischen zwei Körpern

Damit ein zentraler Stoß zwischen zwei Körpern überhaupt möglich ist, muß

1. der Berührungspunkt zwischen den beiden Körpern auf der Geraden liegen, die durch die beiden Massen-Mittelpunkte geht.

Bei Reibungsfreiheit gehört als weitere Voraussetzung dazu, daß

2. die Stoß-Normale mit dieser Geraden durch die beiden Massen-Mittelpunkte zusammenfällt (vgl. Bild 8.6).

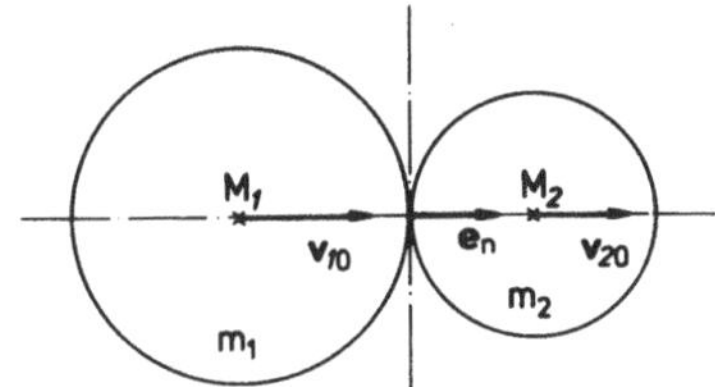

Bild 8.6
Zentraler Stoß zwischen zwei Körpern

Ein zentraler Stoß ist im Rahmen der elementaren Theorie des Stoßes auch denkbar, wenn wir die zweite Voraussetzung durch die Forderung ersetzen, daß die durch die beiden Massen-Mittelpunkte und die Berührungsstelle gehende Gerade innerhalb des Reibungskegels um die Stoß-Normale liegt und die Relativ-Geschwindigkeit an der Berührungsstelle senkrecht zu dieser Geraden vor dem Stoß verschwindet, so daß während eines zentralen Stoßes Haftreibung möglich ist. Diese Forderung ist aber nur eine notwendige, keine hinreichende Bedingung. Ob unter dieser Voraussetzung ein zentraler Stoß zustandekommt, ist im Rahmen dieser elementaren Theorie nicht zu entscheiden. Deshalb beschränken wir uns auf den reibungsfreien Stoß, bei dem die Stoß-Normale mit der Geraden durch die beiden Massen-Mittelpunkte zusammenfällt und die Stoßbedingungen eindeutig sind.

Bei einem zentralen (reibungsfreien) Stoß bleiben

a) die Geschwindigkeiten der Massen-Mittelpunkte senkrecht zur Stoß-Normalen sowie
b) der Drall und damit auch die Winkelgeschwindigkeiten der Körper

unverändert. Zur Vereinfachung setzen wir deshalb, ohne die Allgemeinheit der Betrachtungen einzuschränken (Bild 8.6)

$$\begin{aligned} \boldsymbol{v}_{10} &= v_{10}\,\boldsymbol{e}_n \\ \boldsymbol{v}_{20} &= v_{20}\,\boldsymbol{e}_n \\ \boldsymbol{\omega}_{10} &= \boldsymbol{\omega}_{20} = \boldsymbol{0}\,. \end{aligned}$$

Die Relativ-Geschwindigkeit vor dem Stoß ist dann

$$\boldsymbol{v}_{10} - \boldsymbol{v}_{20} = (v_{10} - v_{20})\boldsymbol{e}_n$$

mit

$$v_{10} - v_{20} = \Delta v_0 > 0\,.$$

Wir können den Stoß in zwei Zeitabschnitte zerlegen, und zwar in

a) die Deformationsperiode: $t_0 \leqslant t \leqslant t^*$,

b) die Restitutionsperiode:indexRestitutionsperiode $t^* \leqslant t \leqslant t_1$.

Am Ende der Deformationsperiode, d.h. zum Zeitpunkt t^*, haben beide Massen-Mittelpunkte die gleiche Geschwindigkeit $\boldsymbol{v}^*$. Die – sonst als vernachlässigbar klein zu betrachtenden – Deformationen der Körper haben zu diesem Zeitpunkt ihr Maximum erreicht, zugleich ist der Abstand der beiden Massen-Mittelpunkte zum Minimum geworden. Der in der Deformationsperiode ausgetauschte Impuls J_D ist zu bestimmen aus dem Impuls-Erhaltungssatz 8.1, der

$$(m_1 + m_2)v^* = m_1 v_{10} + m_2 v_{20}$$

liefert, und aus der Änderung der Bewegungsgrößen der beiden Körper, für die

$$J_D = m_2(v^* - v_{20}) = -m_1(v^* - v_{10})$$

gilt. Wir erhalten

$$v^* = \frac{m_1 v_{10} + m_2 v_{20}}{m_1 + m_2}$$

und

$$J_D = \frac{m_1 m_2}{m_1 + m_2}(v_{10} - v_{20}) = \frac{m_1 m_2}{m_1 + m_2}\Delta v_0\,.$$

In der Restitutionsperiode gehen die Formänderungen der beiden Körper (ganz, teilweise oder gar nicht) wieder zurück. Für den dabei stattfindenden weiteren Impulsaustausch J_R setzt die elementare Theorie des Stoßes

$$J_R = \epsilon\, J_D$$

an und geht dabei von der Annahme aus, daß die Stoßzahl ϵ im wesentlichen nur von den Materialeigenschaften der am Stoß beteiligten Körper, also von der sogenannten Werkstoffpaarung, nicht aber von den übrigen Stoßbedingungen (vgl. Abschnitt 8.1) abhänge. Das gilt aber sicher nur mit starken Einschränkungen.

Die Stoßzahl ϵ kann in den Grenzen

$$0 \leqslant \epsilon \leqslant 1$$

liegen. Die (ideellen) Grenzfälle bedeuten:

$\epsilon = 1$: vollkommen elastischer (verlustfreier) Stoß,

$\epsilon = 0$: vollkommen inelastischer Stoß.

Beim vollkommen elastischen (verlustfreien) Stoß gehen in der Restitutionsperiode die in der Deformationsperiode aufgetretenen Deformationen der beiden Körper wieder vollständig zurück, und die in den Deformationen gespeicherte Energie wird zurück gewonnen. Infolgedessen ist in diesem Fall der Impulsaustausch J_R in der Restitutionsperiode auch gleich dem Impulsaustausch J_D in der Deformationsperiode. Dieser Fall ist allerdings nur ein hypothetischer Fall. In Wirklichkeit bleiben auch bei einem vollständig elastischen Verhalten der beiden am Stoß beteiligten Körper Spannungs- bzw. Deformations-Wellen in den Körpern zurück, die erst mit der Zeit (infolge der inneren Werkstoff-Dämpfung) verschwinden. Dies bedeutet jedoch, daß selbst bei vollständig elastischen Körpern der Stoß nie ganz verlustfrei verläuft und deshalb stets $\epsilon < 1$ ist. Beim vollkommen inelastischen Stoß ist der Stoß mit dem Ende der Deformationsperiode abgeschlossen. Eine Restitutionsperiode mit einem weiteren Impulsaustausch existiert nicht. Auch dieser Grenzfall hat hypothetischen Charakter, da stets eine gewisse Rest-Elastizität vorhanden ist.

Als Anhalt für die zu erwartenden Stoßzahlen ϵ kann unter normalen Gegebenheiten, d.h. bei kompakten, handlichen Körpern und für Stoßgeschwindigkeiten $v_{10} - v_{20} < 5\,\mathrm{ms}^{-1}$, etwa gelten:

Holz - Holz	0,5
Stahl - Stahl	0,8
Elfenbein - Elfenbein	0,89
Glas - Glas	0,95 .

Tabelle 8.1 Stoßzahlen ϵ (Anhaltswerte)

Der Impulssatz liefert für die Restitutionsperiode

$$\begin{aligned} J_R = \epsilon\, J_D &= m_2(v_{21} - v^*) \\ &= -m_1(v_{11} - v^*). \end{aligned}$$

Daraus erhalten wir durch Einsetzen der bereits für J_D und v^* gefundenen Beziehungen

$$\begin{aligned} v_{11} &= v_{10} - (1+\epsilon)\,\frac{m_2}{m_1 + m_2}\,\Delta v_0 \\ v_{21} &= v_{20} + (1+\epsilon)\,\frac{m_1}{m_1 + m_2}\,\Delta v_0 \,. \end{aligned}$$

Bilden wir

$$v_{21} - v_{11} = \Delta v_1 \,,$$

so ergibt sich

$$\Delta v_1 = \epsilon\, \Delta v_0 \quad \text{bzw.} \quad \epsilon = \frac{\Delta v_1}{\Delta v_0}\,.$$

Wir finden die Stoßzahl ϵ also auch in dem Verhältnis der Differenz-Geschwindigkeiten nach bzw. vor dem Stoß wieder.

Der Energieverlust ΔE während des Stoßes ist

$$\Delta E = \frac{1}{2}\left[m_1 v_{10}^2 + m_2 v_{20}^2\right] - \frac{1}{2}\left[m_1 v_{11}^2 + m_2 v_{21}^2\right].$$

Setzen wir darin ein, was wir für v_{11} und v_{21} gefunden haben, so folgt

$$\Delta E = \frac{1}{2}(1-\epsilon^2)\,\frac{m_1 m_2}{m_1+m_2}\,(\Delta v_0)^2\,.$$

Einige wichtige Sonderfälle sind:

Fall 1: $m_1 = m_2 = m$:

$$\left.\begin{matrix} v_{11} \\ v_{21} \end{matrix}\right\} = \frac{1}{2}(v_{10}+v_{20}) \mp \epsilon\,\frac{1}{2}\,\Delta v_0\,,$$

d.h. bei

$$\epsilon \to 0 : v_{11} = v_{21} = \frac{1}{2}(v_{10}+v_{20})$$

$$\epsilon \to 1 : v_{11} = v_{20}\,,\ v_{21} = v_{10}\,,$$

$$\Delta E = \frac{1}{4}(1-\epsilon^2) m (\Delta v_0)^2\,.$$

Fall 2: $m_2 \to \infty$, $v_2 \to 0$ (Stoß gegen feste Wand)

$$m_1 = m\,,\ v_{10} = v\ :$$

$$v_{11} = -\epsilon\, v$$

$$\Delta E = \frac{1}{2}(1-\epsilon^2) m\, v^2\,.$$

Fall 3: $\epsilon \to 1$ (vollkommen elastischer Stoß):

$$v_{11} = v_{10} - 2\,\frac{m_2}{m_1+m_2}\,\Delta v_o$$

$$v_{21} = v_{20} + 2\,\frac{m_1}{m_1+m_2}\,\Delta v_o$$

$$\Delta E = 0\,.$$

Fall 4: $\epsilon \to 0$ (vollkommen inelastischer Stoß):

$$v_{11} = v_{21} = v^* = \frac{m_1 v_{10} + m_2 v_{20}}{m_1 + m_2}$$

$$\Delta E = \frac{1}{2} \frac{m_1 m_2}{m_1 + m_2} (\Delta v_o)^2 .$$

Zwei einfache Beispiele für zentrale Stoßvorgänge sind

1. Rücksprunghöhe eines Balles (Bild 8.7)

Wird der Ball aus einer Höhe H_0 fallengelassen, so ist seine Auftreffgeschwindigkeit auf den Boden

$$v_0 = \sqrt{2\,g\,H_0} .$$

Die Rücksprunggeschwindigkeit ist (nach Fall 2)

$$v_1 = -\epsilon\, v_0 .$$

Daraus folgt für die Rücksprunghöhe

$$H_1 = \frac{v_1^2}{2\,g} = \epsilon^2\, H_0 .$$

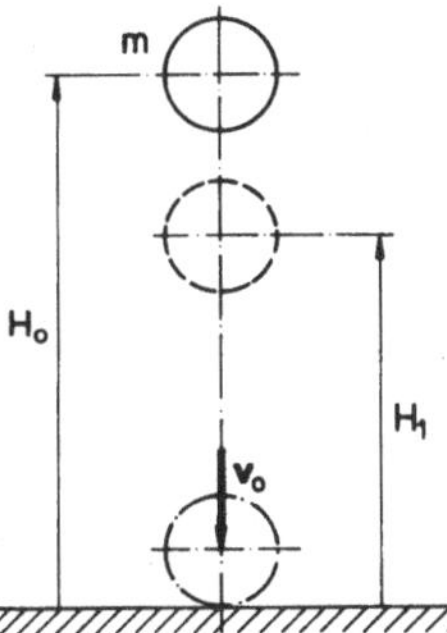

Bild 8.7
Rücksprunghöhe

Der Rücksprungversuch kann umgekehrt leicht zur Ermittlung der Stoßzahl ϵ benutzt werden; denn es ist

$$\epsilon = \sqrt{\frac{H_1}{H_0}} .$$

2. Schmiede-Fallhammer (Bild 8.8)

Der Hammer-Bär (Masse m_1) trifft mit der Geschwindigkeit v_{10} auf das Schmiedestück. Der Schlag kann als vollkommen inelastisch angenommen werden ($\epsilon \to 0$). Der Beitrag, den die Gewichtskräfte und die Reaktionen der elastischen Auflager während der Stoßdauer zum Gesamt-Impuls des Systems leisten, kann vernachlässigt werden, da die Stoßdauer sehr klein und die genannten Kräfte begrenzt sind.

Für die gemeinsame Geschwindigkeit v^* von Schabotte, Schmiedestück und Bär ergibt sich nach Fall 4 (mit m_2 als Summe der Masse von Schmiedestück und Schabotte)

$$v^* = \frac{m_1}{m_1+m_2}\,v_{10} = \frac{v_{10}}{1+\dfrac{m_2}{m_1}} \,.$$

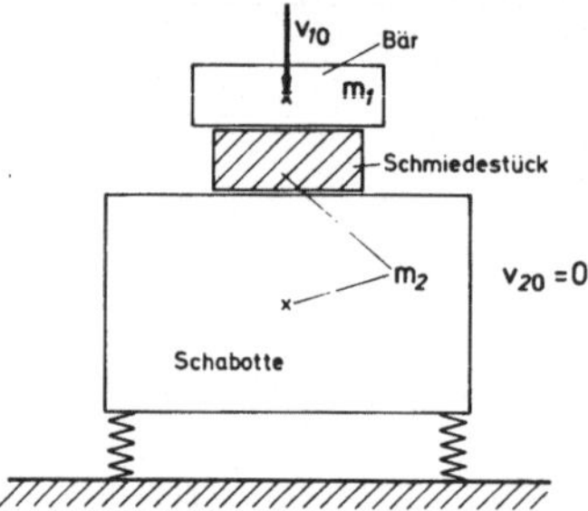

Bild 8.8
Schmiedevorgang

Die in Formänderungsarbeit W umgesetzte Energie ist mit dem Verlust an kinetischer Energie gleichzusetzen, also

$$W = \Delta E = \frac{1}{2}\,\frac{m_1 m_2}{m_1+m_2}\,v_{10}^2 \,.$$

Setzen wir diese Arbeit in Beziehung zur kinetischen Energie des Bären vor dem Schlag, so erhalten wir den sogenannten Schlagwirkungsgrad

$$\eta_S = \frac{\Delta E}{\dfrac{1}{2}\,m_1 v_{10}^2} = \frac{1}{1+\dfrac{m_1}{m_2}} \,.$$

Damit v^* möglichst klein und η_S möglichst groß wird, ist das Verhältnis $\frac{m_2}{m_1}$ möglichst groß zu machen.

Abschließend kommen wir noch einmal auf eine allgemeine Bemerkung am Ende des Abschnittes 8.1 zurück, die sich auf die Abhängigkeit des Energieaustausches vom Bezugssystem bezieht. Wir wollen die Bedeutung diese Bemerkung an einem einfachen Beispiel demonstrieren.

Zwei Körper ($m_1 = m_2 = m$) stoßen in einem (unüberstrichenen) Bezugssystem mit den Geschwindigkeiten $v_{10} = -v_{20} = v_0$ aufeinander (Bild 8.9). Für den Energieaustausch gilt (vgl. Fall 1 mit $\Delta v_0 = 2v_0$)

$$E_{10} - E_{11} = E_{20} - E_{21} = (1-\epsilon^2)\,\frac{1}{2}\,m\,v_0^2$$

$$\Delta E = E_{10} + E_{20} - (E_{11} + E_{21}) = (1-\epsilon^2)m\,v_0^2 \,.$$

Gehen wir zu einem überstrichenen Bezugssystem über, das sich gegenüber dem unüberstrichenen gleichförmig mit der Geschwindigkeit $v_{\bar{0}} = v_{20}$ bewegt, so folgt

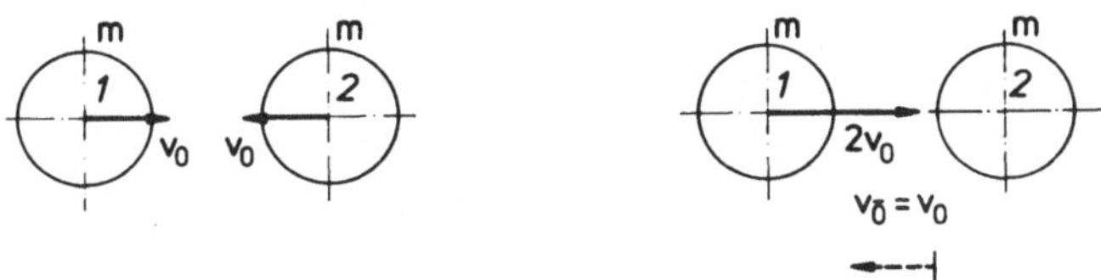

Bild 8.9 Abhängigkeit vom Bezugssystem: ruhender Beobachter (links) und bewegter Beobachter (rechts)

$$\bar{v}_{10} = 2v_0\,, \qquad \bar{v}_{20} = 0\,,$$

$$\bar{E}_{10} = 2m\,v_0^2\,, \qquad \bar{E}_{20} = 0\,,$$

$$\bar{v}_{11} = (1-\epsilon)v_0\,, \qquad \bar{v}_{21} = (1+\epsilon)v_0$$

$$\bar{E}_{11} = (1-\epsilon)^2\,\frac{1}{2}\,m\,v_0^2\,, \quad \bar{E}_{21} = (1+\epsilon)^2\,\frac{1}{2}\,m\,v_0^2$$

$$\bar{E}_{10} - \bar{E}_{11} = [4-(1-\epsilon)^2]\,\frac{1}{2}\,m\,v_0^2\,, \qquad \bar{E}_{20} - \bar{E}_{21} = -(1+\epsilon)^2\,\frac{1}{2}\,m\,v_0^2$$

$$\Delta\bar{E} = \bar{E}_{10} + \bar{E}_{20} - (\bar{E}_{11} + \bar{E}_{21}) = (1-\epsilon^2)m\,v_0^2\,.$$

Nur der Verlust an kinetischer Energie, der sich in Formänderungsarbeit umsetzt, bleibt also beim Übergang zu einem anderen Bezugssystem unverändert, nicht aber die jeweilige Differenz der kinetischen Energie der einzelnen Körper vor und nach dem Stoß.

8.3 Allgemeinere Stoßvorgänge

Bei den allgemeineren Stoßvorgängen können wir zunächst einige Sonderfälle vorwegnehmen. Dies sind:

1. exzentrischer Anstoß eines Körpers mit gegebenem Impuls bzw. mit vorgegebener Änderung der Bewegungsgröße,
2. exzentrischer, reibungsfreier Stoß zwischen zwei Körpern,
3. ebener Stoß zwischen zwei Körpern mit Reibung bei zentraler Stoß-Normalen.

Die sonstigen allgemeineren Stoßprobleme sind meistens sehr komplex und im Rahmen einer elementaren Theorie häufig auch nicht mehr eindeutig lösbar. Wir werden uns deshalb im folgenden auf einige Anmerkungen hierzu beschränken.

8.3.1 Exzentrischer Anstoß eines Körpers

Wir gehen davon aus, daß der auf den Körper ausgeübte Impuls und sein Moment bzw. die Änderung der Bewegungsgröße und des Dralls des Körpers gegeben sind.

Ob der gegebene oder erforderliche Impuls unter den betreffenden Bedingungen (Stoßnormale, Reibungsverhältnisse usw.) überhaupt auf den Körper übertragen werden kann, ist im Einzelfall in bekannter Weise nachzuprüfen.

Für einen freien Körper liefern Impuls- und Drallsatz (Bild 8.10)

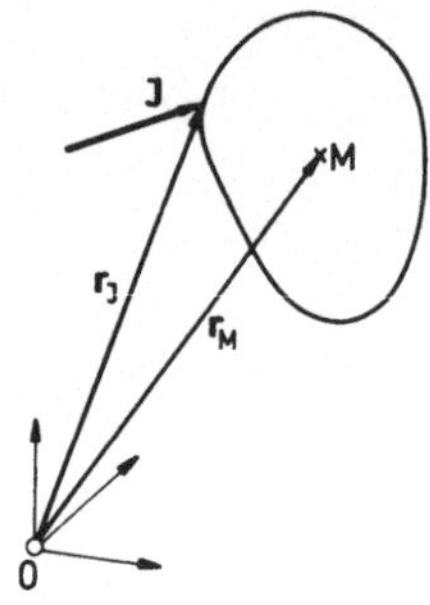

Bild 8.10
Exzentrischer Anstoß eines Körpers

$$\boldsymbol{J} = m(\boldsymbol{v}_1 - \boldsymbol{v}_0)$$

$$(\boldsymbol{r}_J - \boldsymbol{r}_M) \times \boldsymbol{J} = \boldsymbol{H}_1 - \boldsymbol{H}_0$$

bzw.

$$\boldsymbol{r}_J \times \boldsymbol{J} = \boldsymbol{H}_{(0)_1} - \boldsymbol{H}_{(0)_0} \,,$$

wobei

$\boldsymbol{v}$	die Geschwindigkeit des Massen-Mittelpunktes M,
$\boldsymbol{H}$	den Drall um den Massen-Mittelpunkt und
$\boldsymbol{H}_{(0)}$	den Drall in bezug auf den raumfesten Punkt 0

bezeichnet. Wir können diese Beziehungen auch auf solche Fälle anwenden, bei denen neben der Stoßkraft noch andere eingeprägte Kräfte oder Reaktionen auf den Körper einwirken, deren Impuls aber wegen der sehr kleinen Stoßdauer neben dem Stoßimpuls vernachlässigt werden darf.

Beispiel: Exzentrischer Anstoß einer Kugel (Bild 8.11)

Eine auf einer horizontalen Unterlage ruhende homogene Kugel werde durch einen horizontal gerichteten Impuls angestoßen. Impuls- und Drallsatz ergeben

$$J = m v_1 \quad \rightarrow \quad v_1 = \frac{J}{m}$$

$$r_J J = \theta \omega_1 \quad \rightarrow \quad \omega_1 = \frac{J r_J}{\theta} \,.$$

Reines Rollen ergibt sich unmittelbar nach dem Stoß nur, wenn

$$\omega_1 R = v_1 \,,$$

d.h.

$$\frac{J r_J R}{\theta} = \frac{J}{m}$$

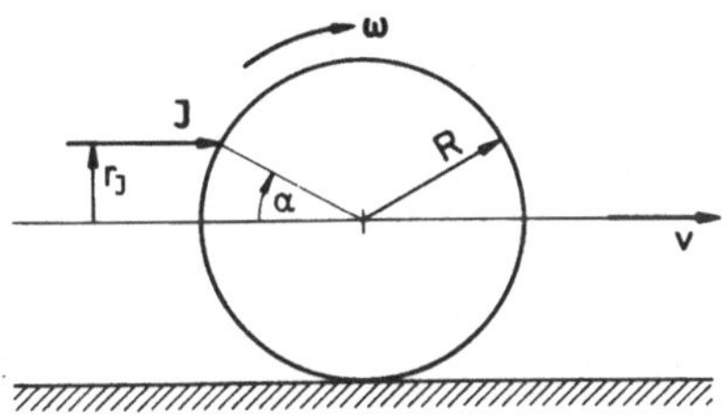

Bild 8.11
Exzentrischer Anstoß einer Kugel

bzw. (mit $\theta = \frac{2}{5}mR^2$)

$$\frac{r_J}{R} = \sin\alpha = \frac{\theta}{m\,R^2} = \frac{2}{5}\,,$$

d.h. $\alpha = 23{,}5^\circ\,.$

Ein solcher Anstoß ist nur möglich, wenn der Haftreibungs-Koeffizient

$$\mu_0 \geqslant \tan\alpha = 0{,}435$$

ist.

Bei kinematischen Bindungen treten im allgemeinen Reaktions-Impulse bzw. -Impulsmomente auf. Sie verschwinden nur dann, wenn die kinematischen Bindungen auf die durch den Stoß hervorgerufenen Änderungen des Bewegungszustandes ohne Einfluß sind, d.h. wenn sich bei Befreiung von den betreffenden Bindungen dieselben

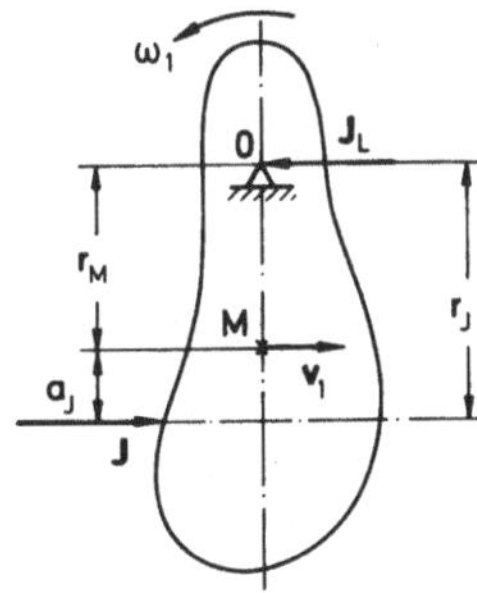

Bild 8.12
Kinematische Bindungen, Stoßzentrum

Änderungen des Bewegungszustandes ergeben würden wie mit den Bindungen. Dies galt beispielsweise beim vorhergehenden Beispiel, wo Änderungen der Horizontal-Geschwindigkeit und der Rotation um den Massen-Mittelpunkt durch die Bindung der Kugel an eine horizontale Unterlage nicht behindert sind.

Wir betrachten nun ein Beispiel, bei dem im allgemeinen mit einem Reaktions-Impuls zu rechnen ist. Ein Körper sei in einem Punkt 0, der in einer der Hauptachsen-Ebenen des Körpers liegen möge, drehbar gelagert und werde in dieser Ebene mit einem Impuls J senkrecht zur Geraden 0-M angestoßen (Bild 8.12). In diesem Fall ist die Wirkungslinie des zu erwartenden Reaktions-Impulses J_L parallel zur Wirkungslinie von J. Wir setzen versuchsweise den Richtungssinn von J_L so an, wie in

Bild 8.12 angegeben. Der Drallsatz bezüglich einer zur Zeichenebene (Hauptachsen-Ebene) senkrechten Achse durch 0 liefert

$$\theta_{(0)}\omega_1 = r_J\, J\,,$$

d.h.

$$\omega_1 = \frac{J\, r_J}{\theta_{(0)}}\,.$$

Dabei bezeichnet $\theta_{(0)}$ das Massen-Trägheitsmoment des Körpers bezüglich dieser Achse.

Den Reaktions-Impuls J_L bestimmen wir mit Hilfe des Impulssatzes. Er ergibt

$$J - J_L = m\, v_1 = m\, \omega_1\, r_M\,,$$

d.h.

$$J_L = J - m\, \omega_1\, r_M = J\left\{1 - \frac{m\, r_J\, r_M}{\theta_{(0)}}\right\}.$$

Der Reaktions-Impuls kann je nach Größe von r_J positiv (d.h. in der angenommenen Richtung) oder negativ (d.h. entgegengesetzt) sein. Er verschwindet, wenn

$$1 - \frac{m\, r_J\, r_M}{\theta_{(0)}} = 0$$

wird. Setzen wir

$$\theta_{(0)} = \theta + m\, r_M^2 = m\{i^2 + r_m^2\}\,,$$

wobei θ das Massen-Trägheitsmoment bezüglich der betreffenden Achse durch den Massen-Mittelpunkt und i der sogenannte Trägheits-Radius ist, so können wir die Bedingung für das Verschwinden des Reaktions-Impulses auch in der Form

$$\frac{r_J}{r_M} = 1 + \frac{\theta}{m\, r_M^2} = 1 + \left(\frac{i}{r_M}\right)^2,$$

schreiben. Man nennt den Punkt, der auf der Geraden 0-M diesen Abstand r_J von 0 hat, das Stoßzentrum des so gelagerten Körpers. Ein auf das Stoßzentrum gerichteter Anstoß ruft also keinen Reaktions-Impuls hervor.

Wir können das Problem auch umkehren und danach fragen, in welchem Punkt 0 ein Körper gelagert werden muß, damit bei einer gegebenen Anstoß-Richtung das Lager stoßfrei bleibt. Setzen wir

$$r_J = r_M + a_J\,,$$

so erhalten wir aus der obigen Gleichung für r_J bei Auflösung nach r_M die Antwort

$$r_M = \frac{i^2}{a_J} \, .$$

Aus der Beziehung

$$r_M \, a_J = i^2$$

entnehmen wir ferner, daß die Rollen von Lagerung und Stoßzentrum vertauschbar sind. Wird das Lager in das zugehörige Stoßzentrum verlegt, so wird der vorherige Lagerpunkt nun zum entsprechenden Stoßzentrum.

Die Frage nach einer stoßfreien Lagerung bei stoßartiger Beanspruchung hat mannigfache technische Bedeutung. Genannt seien hier nur die stoßfreie Lagerung von Schlagwerkzeugen oder von empfindlichen Elementen bei Meßgeräten.

8.3.2 Exzentrischer, reibungsfreier Stoß zwischen zwei Körpern

Aufgrund der vorausgesetzten Reibungsfreiheit fällt die Wirkungslinie des zwischen den Körpern stattfindenden Impulsaustausches mit der Stoß-Normalen zusammen (Bild 8.13).

Für den Geschwindigkeitszustand der Körper vor dem Stoß gilt:
Körper 1:

$$\boldsymbol{v}_{10} = \boldsymbol{v}_{1_n0} + \boldsymbol{v}_{1_t0} \, ; \quad \boldsymbol{\omega}_{10} \, ,$$

Körper 2:

$$\boldsymbol{v}_{20} = \boldsymbol{v}_{2_n0} + \boldsymbol{v}_{2_t0} \, ; \quad \boldsymbol{\omega}_{20} \, .$$

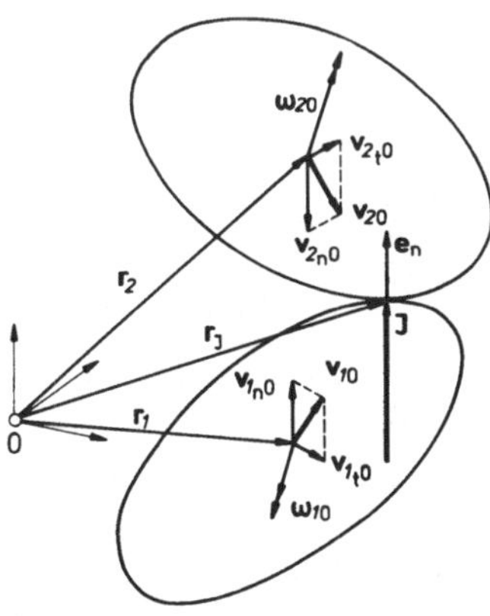

Bild 8.13
Exzentrischer Stoß zweier Körper

Damit überhaupt ein Stoß zustandekommt, muß die Differenz der in die Richtung der Stoß-Normalen fallenden Komponenten der Geschwindigkeiten am Berührungspunkt positiv sein, d.h.

$$\{\boldsymbol{v}_{10} + \boldsymbol{\omega}_{10} \times (\boldsymbol{r}_J - \boldsymbol{r}_1) - [\boldsymbol{v}_{20} + \boldsymbol{\omega}_{20} \times (\boldsymbol{r}_J - \boldsymbol{r}_2)]\} \cdot \boldsymbol{e}_n = \Delta v_{n0} > 0 \, .$$

Den Stoßvorgang können wir wie beim zentralen Stoß in eine Deformationsperiode und in eine Restitutionsperiode aufteilen.

Für den gesamten Impulsaustausch gilt

$$\boldsymbol{J} = (J_D + J_R)\boldsymbol{e}_n = (1+\epsilon)J_D\boldsymbol{e}_n\,.$$

Da der Impulsaustausch aufgrund der vorausgesetzten Reibungsfreiheit keine tangentiale Komponente enthält, erfahren die tangentialen Komponenten der Geschwindigkeiten der Massen-Mittelpunkte durch den Stoß keine Änderung. Demzufolge ist

$$\begin{aligned} \boldsymbol{v}_{1_t1} &= \boldsymbol{v}_{1_t0} \\ \boldsymbol{v}_{2_t1} &= \boldsymbol{v}_{2_t0}\,. \end{aligned}$$

Auf die Größe dieser tangentialen Komponenten kommt es deshalb beim reibungsfreien Stoß nicht an. Wir können sie auch zu Null setzen, ohne die Allgemeinheit der Betrachtungen einzuschränken. Im übrigen fallen die tangentialen Komponenten bei allen zu bildenden Differenzen zwischen den Bewegungsgrößen heraus. Das wollen wir bei den folgenden Betrachtungen jeweils mit bedenken.

Am Ende der Deformationsperiode haben beide Körper am Berührungspunkt die gleiche Normal-Komponente der Geschwindigkeit, d.h. am Ende der Deformationsperiode (gekennzeichnet durch *) ist

$$\{\boldsymbol{v}_1^* + \boldsymbol{\omega}_1^* \times (\boldsymbol{r}_J - \boldsymbol{r}_1) - [\boldsymbol{v}_2^* + \boldsymbol{\omega}_2^* \times (\boldsymbol{r}_J - \boldsymbol{r}_2)]\} \cdot \boldsymbol{e}_n = 0\,. \tag{1}$$

Für den Impulsaustausch während dieser Deformationsperiode gilt

$$\begin{aligned} \boldsymbol{J}_D &= m_2(\boldsymbol{v}_2^* - \boldsymbol{v}_{20}) && (2a) \\ &= -m_1(\boldsymbol{v}_1^* - \boldsymbol{v}_{10}) && (2b) \\ (\boldsymbol{r}_J - \boldsymbol{r}_2) \times \boldsymbol{J}_D &= \boldsymbol{H}_2^* - \boldsymbol{H}_{20} && (3a) \\ (\boldsymbol{r}_J - \boldsymbol{r}_1) \times \boldsymbol{J}_D &= -(\boldsymbol{H}_1^* - \boldsymbol{H}_{10})\,. && (3b) \end{aligned}$$

Die Gleichungen (2a) und (2b) enthalten nur eine wesentliche skalare Gleichung, nämlich die für die Änderung der Bewegungsgröße in Richtung der Stoß-Normalen. Die Gleichungen (3a) und (3b) enthalten dagegen jeweils drei skalare Gleichungen. Insgesamt stehen uns also mit den Gleichungen (1) bis (3) 9 skalare Gleichungen für die 9 skalaren Unbekannten der 5 vektoriellen Größen

$$\left.\begin{matrix} v_{1_n}^* \\ v_{2_n}^* \\ J_D \end{matrix}\right\}\text{je 1} \qquad \left.\begin{matrix} \boldsymbol{\omega}_1^* \\ \boldsymbol{\omega}_2^* \end{matrix}\right\}\text{je 3}$$

zur Verfügung. Daraus können wir $\boldsymbol{J}_D$ berechnen. Für den gesamten Stoßvorgang folgt dann bei bekannter Stoßzahl ϵ

$$\boldsymbol{J} = (1+\epsilon)\boldsymbol{J}_D = m_2(\boldsymbol{v}_{21} - \boldsymbol{v}_{20}) \tag{4a}$$

$$= -m_1(\boldsymbol{v}_{11} - \boldsymbol{v}_{10}) \tag{4b}$$

$$(\boldsymbol{r}_J - \boldsymbol{r}_2) \times \boldsymbol{J} = (1+\epsilon)(\boldsymbol{r}_J - \boldsymbol{r}_2) \times \boldsymbol{J}_D = \boldsymbol{H}_{21} - \boldsymbol{H}_{20} \tag{5a}$$

$$(\boldsymbol{r}_J - \boldsymbol{r}_1) \times \boldsymbol{J} = (1+\epsilon)(\boldsymbol{r}_J - \boldsymbol{r}_1) \times \boldsymbol{J}_D = -(\boldsymbol{H}_{11} - \boldsymbol{H}_{10})\,. \tag{5b}$$

Aus diesen Gleichungen können wir – nach Berechnung von $\boldsymbol{J}_D$ –

$$\boldsymbol{v}_{11}\,,\ \boldsymbol{\omega}_{11}\,; \qquad \boldsymbol{v}_{21}\,,\ \boldsymbol{\omega}_{21}$$

ermitteln. Der Stoßvorgang ist somit eindeutig bestimmt. Als spezielles Resultat erhalten wir im übrigen

$$\frac{\Delta v_{n1}}{\Delta v_{n0}} = \epsilon\,.$$

Die Stoßzahl ϵ spiegelt sich also – analog zum zentralen Stoß – im Verhältnis der in die Richtung der Stoß-Normalen fallenden Differenzgeschwindigkeiten am Berührungspunkt nach und vor dem Stoß wieder.

Ein ebenes Stoßproblem liegt vor, wenn die Geschwindigkeitszustände beider Körper vor und nach dem Stoß eben sind. Die dazu notwendigen und hinreichenden Bedingungen sind den Abschnitten 6.1.1 und 6.2 zu entnehmen. Für ebene Stoßprobleme vereinfacht sich das Gleichungssystem wesentlich, da sich die aus dem Drallsatz folgenden Gleichungen (3a), (3b), (5a), (5b) jeweils auf eine skalare Gleichung reduzieren.

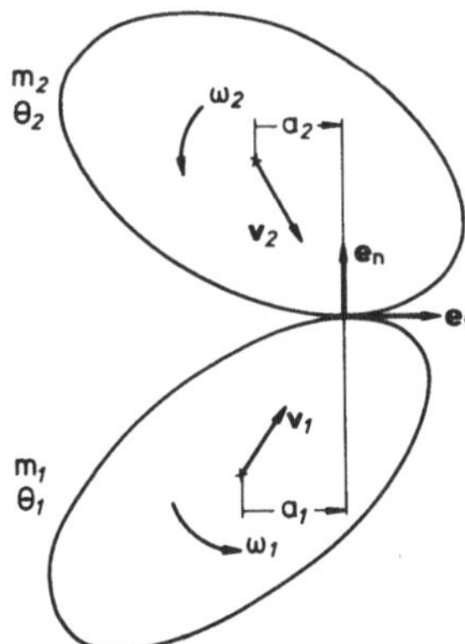

Bild 8.14
Ebener exzentrischer Stoß

Benützen wir die in den Bildern 8.13 bzw. 8.14 angegebenen Bezeichnungen, so erhalten wir für den Geschwindigkeitszustand nach dem Stoß

$$v_{1_n1} = v_{1_n0} - (1+\epsilon)\,\frac{m_2}{M}\,\Delta v_{n0}$$

$$\omega_{11} = \omega_{10} - (1+\epsilon)\,\frac{m_2}{M}\,\frac{m_1 a_1^2}{\theta_1}\,\frac{\Delta v_{n0}}{a_1}$$

$$v_{2_n1} = v_{2_n0} + (1+\epsilon)\,\frac{m_1}{M}\,\Delta v_{n0}$$

$$\omega_{21} = \omega_{20} + (1+\epsilon)\,\frac{m_1}{M}\,\frac{m_2 a_2^2}{\theta_2}\,\frac{\Delta v_{n0}}{a_2}$$

mit

$$\Delta v_{n0} = v_{1_n0} + \omega_{10} a_1 - (v_{2_n0} + \omega_{20} a_2)$$

$$M = m_1 \left\{ 1 + \frac{m_2 a_2^2}{\theta_2} \right\} + m_2 \left\{ 1 + \frac{m_1 a_1^2}{\theta_1} \right\} .$$

Für den ausgetauschten Impuls ergibt sich

$$J = (1+\epsilon)\,\frac{m_1 m_2}{M}\,\Delta v_{n0} \,.$$

8.3.3 Ebener Stoß zwischen zwei Körpern mit Reibung bei zentraler Stoß-Normalen

Wir setzen bei dem zu betrachtenden Stoßvorgang einschränkend voraus, daß es sich um ein ebenes Stoßproblem mit zentraler Stoß-Normalen handeln soll, d.h. daß für beide Körper vor und nach dem Stoß ein ebener Geschwindigkeitszustand mit gleicher Bewegungsebene vorliege und die Stoß-Normale durch beide Massen-Mittelpunkte gehe (Bild 8.15). Entgegen den bisherigen Voraussetzungen lassen wir jetzt jedoch eine tangentiale – auf Reibung beruhende – Komponente des Im-

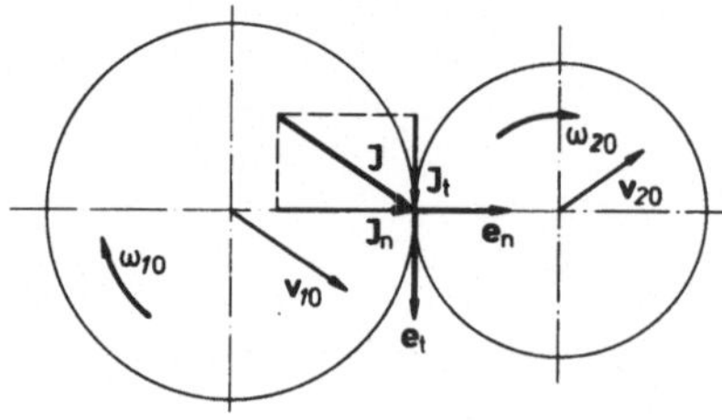

Bild 8.15
Ebener Stoß mit Reibung

pulsaustausches zu, der wir das *Coulomb*sche Reibungsgesetz (Satz 3.1) zugrunde legen. Eine solche tangentiale Stoßkomponente tritt unter unseren Voraussetzungen (zentrale Stoß-Normale) allerdings nur dann auf, wenn vor dem Stoß die relative Tangential-Geschwindigkeit der beiden Körper am Berührungspunkt von Null verschieden ist. Andernfalls gibt es nur eine Normal-Komponente des Impulsaustausches und damit einen zentralen Stoß.

Wir betrachten die Wirkungen der Normal-Komponente und der Tangential-Komponente des Impulsaustausches zunächst für sich getrennt und stellen fest:

1. Die Normal-Komponente des Impulsaustausches (der Normal-Stoß) entspricht unter den getroffenen Voraussetzungen (zentrale Stoß-Normale) stets einem zentralen Stoß, der nur eine Änderung der normalen Komponenten $\boldsymbol{v}_{i_n}$ der Geschwindigkeiten der Massen-Mittelpunkte zur Folge hat.
2. Die Tangential-Komponente des Impulsaustausches (der Tangential-Stoß) wirkt unter den getroffenen Voraussetzungen nur auf die tangentialen Komponenten $\boldsymbol{v}_{i_t}$ der Geschwindigkeiten der Massen-Mittelpunkte und auf die Winkelgeschwindigkeiten $\boldsymbol{\omega}_i$ der beiden Körper ein.

Die Wirkungen des Normal-Stoßes und des Tangential-Stoßes lassen sich also unter den hier getroffenen Voraussetzungen – wenigstens im Rahmen der elementaren Theorie des Stoßes – trennen. Dennoch bleibt der auf Reibung beruhende Tangential-Stoß durch das Reibungsgesetz an den Verlauf des Normal-Stoßes gebunden (Ausnahme: vollkommen rauhe Oberflächen). Dies haben wir bei der folgenden Analyse des vorliegenden Stoßproblems zu beachten.

Für den Normal-Stoß können wir die Ergebnisse der Untersuchung des zentralen Stoßes unmittelbar übernehmen. Wir haben nur jeweils die betreffenden Größen ($\boldsymbol{J}$, $\boldsymbol{v}$ usw.) mit dem Index n zu versehen.

Bei der Beschreibung des Tangential-Stoßes haben wir zunächst zu unterscheiden:

a) eine Gleitperiode ($t_0 \leqslant t \leqslant t^{**}$), an deren Ende die beiden Körper am Berührungspunkt die gleiche Tangential-Geschwindigkeit haben,
b) eine Haftperiode ($t^{**} \leqslant t \leqslant t_1$), in der die beiden Körper am Berührungspunkt aneinander haften.

Wir können ferner unterscheiden: eine Deformationsperiode des Tangential-Stoßes, an deren Ende die Deformation infolge der tangentialen Kräfte ihr Maximum erreicht, und eine Restitutionsperiode des Tangential-Stoßes.

Die letztere Unterscheidung erlangt nur dann Bedeutung, wenn überhaupt eine Haftperiode auftritt, was nicht immer der Fall ist, wie wir noch sehen werden.

Während der Gleitperiode findet der Angleich der Tangential-Geschwindigkeiten der beiden Körper am Berührungspunkt statt. Der zum Ausgleich erforderliche tangentiale Impuls sei $\boldsymbol{J}_t^{**}$. Größe und Richtungssinn von $\boldsymbol{J}_t^{**}$ lassen sich berechnen, wenn

1. Gestalt und Massenverteilung der beiden Körper und
2. die Lage und die Geschwindigkeitszustände der beiden Körper vor dem Stoß

bekannt sind. Die Deformationen der beiden Körper unter der Wirkung der tangentialen Kräfte können wir dabei vernachlässigen.

Die Größe des in der Gleitperiode überhaupt übertragbaren Impulses ist durch das Reibungsgesetz begrenzt. Ein vollständiger Ausgleich der Tangential-Geschwindigkeiten am Berührungspunkt und damit ein Eintreten in die Haftperiode ist deshalb überhaupt nur möglich, wenn für den zum Angleich erforderlichen tangentialen Impuls

$$|\boldsymbol{J}_t^{**}| \leqslant \mu\, J_n$$

gilt. Andernfalls gibt es nur eine Gleitperiode, und der in ihr übertragene tangentiale Impuls ist

$$|\boldsymbol{J}_t| = \mu\, J_n\,.$$

Tritt eine Haftperiode ein, so kann die unter der Wirkung der tangentialen Kräfte gespeicherte Formänderungsenergie möglicherweise wieder in einer Restitutionsperiode – unter einem Zurückgehen der Deformationen – in einen weiteren Impuls umgesetzt werden. Die Größe des gesamten tangentialen Impulsaustausches ist in diesem Fall allerdings nicht mehr eindeutig zu erfassen, denn es gilt:

1. Die Deformationsperiode beginnt mit der Gleitperiode. Sie kann bereits in der Gleitperiode enden, kann sich aber auch in die Haftperiode hinein fortsetzen, sofern die Tangentialkräfte in der Haftperiode noch weiter anwachsen. Das hängt wesentlich vom zeitlichen Ablauf des Normal-Stoßes ab.
2. Der in der Restitutionsperiode zusätzlich zu gewinnende tangentiale Impuls ist selbst bei vollständig elastischen Deformationen kleiner als der in der Deformationsperiode übertragene Impuls, weil ein Teil der Energie in der Gleitperiode durch Reibung verlorengeht. Zu gewinnen ist nur der Impulsaustausch der Restitutionsperiode, der in die Haftperiode fällt.

Aus diesen Gründen läßt sich beim Auftreten einer Gleit- und einer Haftperiode im Rahmen der elementaren Theorie des Stoßes der gesamte tangentiale Impulsaustausch nur einschranken, aber nicht eindeutig erfassen.

Auf gesicherten Boden kommen wir erst wieder, wenn die Oberfläche der Körper am Berührungspunkt als vollkommen rauh ($\mu \to \infty$) betrachtet werden darf. In diesem Fall tritt – unabhängig vom Verlauf des Normal-Stoßes – sofort Haften ein. Die Gleitperiode verschwindet, und den Tangential-Stoß der Haftperiode können wir – wie beim Normal-Stoß – einteilen in eine Deformationsperiode (Impulsaustausch J_{t_D}) und in eine Restitutionsperiode mit dem Impulsaustausch

$$J_{t_R} = \epsilon_t\, J_{t_D}\,.$$

Für den gesamten Impulsaustausch können wir in diesem Fall

$$J_t = (1+\epsilon_t)J_{t_D} = (1+\epsilon_t)J_t^{**}$$

setzen.

In der nachfolgenden Tabelle 8.2 sind die verschiedenen Möglichkeiten, die sich für den Ablauf des Tangentialstoßes ergeben, noch einmal zusammengestellt. Der Fall Nr. 0 ist darin nur der Vollständigkeit halber noch einmal angeführt.

Die Auswirkungen des Tangential-Stoßes auf den gesamten Stoß-Vorgang wollen wir an zwei einfachen Beispielen untersuchen.

1. Beispiel: Stoß mit Effet gegen eine Bande (Bild 8.16)

Eine homogene Kugel ($\theta = \frac{2}{5}mr^2$) treffe senkrecht mit der Geschwindigkeit v_0 auf eine feste Wand. Die Winkelgeschwindigkeit der Kugel vor dem Stoß sei ω_0. Die Stoßzahl ϵ_n des Normal-Stoßes und der Reibungskoeffizient seien gegeben. Für den Normal-Stoß gilt

$$J_n = (1+\epsilon_n)m\, v_0$$

$$v_{n1} = \epsilon_n\, v_0\,.$$

Fall Nr.	Gleitreibungs-Koeffizient	Merkmal	Tangential-Stoß	Bedingung
0	$\mu = 0$	reibungsfrei	$\boldsymbol{J}_t = \boldsymbol{0}$	–
1	$\mu \neq 0$	nur Gleitperiode	$\lvert\boldsymbol{J}_t\rvert = \mu J_n$	$\lvert\boldsymbol{J}_t^{**}\rvert \geqslant \mu J_n$
2		Gleit- und Haftperiode	$\boldsymbol{J}_t = (1+\alpha)\boldsymbol{J}_t^{**}$ $0 \leqslant \alpha < \epsilon_t$	$\lvert\boldsymbol{J}_t^{**}\rvert < \mu J_n$
3	$\mu \to \infty$	vollkommen rauh, nur Haftperiode	$\boldsymbol{J}_t = (1+\epsilon_t)\boldsymbol{J}_t^{**}$	–
$\boldsymbol{J}_t^{**}$ = erforderlicher Tangential-Stoß zum Angleich der Tangential-Geschwindigkeiten am Berührungspunkt				

Tabelle 8.2 Verschiedene Formen des Tangentialstoßes

Für den Tangential-Stoß gilt zunächst allgemein

$$v_{t1} = \frac{J_t}{m}$$

$$\omega_1 = \omega_0 - \frac{J_t r}{\theta} \; .$$

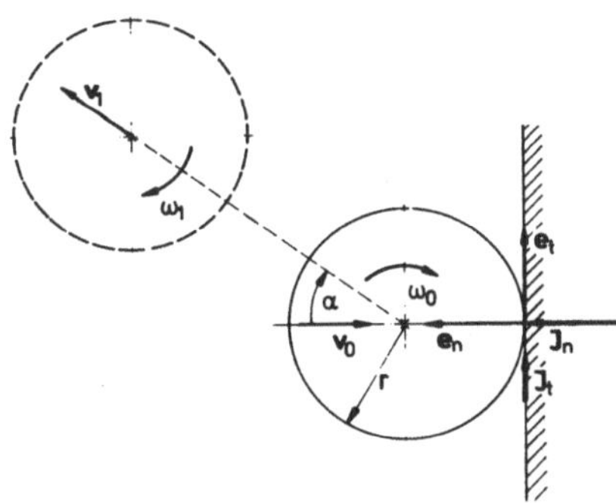

Bild 8.16
Stoß mit Effet

Unbekannt ist noch die Größe J_t des tangentialen Impulsaustausches. Zur Ermittlung von J_t müssen wir untersuchen, ob neben der Gleitperiode noch eine Haftperiode auftritt. Das Ende der Gleitperiode ($t = t^{**}$) tritt ein, wenn am Berührungspunkt die Tangential-Geschwindigkeit der Kugel verschwindet, also

$$v_t^{**} - \omega^{**} r = 0$$

wird. Den dazu erforderlichen Impuls J_t^{**} finden wir, indem wir in diese Bedingung die aus Impuls- und Drallsatz folgenden Beziehungen

$$v_t^{**} = \frac{J_t^{**}}{m}$$

$$\omega^{**} = \omega_0 - \frac{J_t^{**} r}{\theta}$$

einsetzen. Das ergibt zunächst

$$\frac{J_t^{**}}{m} - \left\{ \omega_0 - \frac{J_t^{**} r}{\theta} \right\} r = 0,$$

und daraus folgt

$$J_t^{**} = \frac{m\,\omega_0\,r}{1 + \frac{mr^2}{\theta}} = \frac{2}{7} m\,\omega_0\,r\,.$$

Für den weiteren Berechnungsgang müssen wir nun unterscheiden:

1. Fall. Ist

$$J_t^{**} \geqslant \mu\,J_n\,,$$

d.h.

$$\omega_0 \geqslant \frac{7}{2}\mu(1+\epsilon_n)\,\frac{v_0}{r}$$

so tritt nur eine Gleitperiode auf (Fall 1 aus Tabelle 8.2), und es wird

$$J_t = \mu\,J_n = \mu(1+\epsilon_n)\,m\,v_0$$

$$v_{t1} = \frac{J_t}{m} = \mu(1+\epsilon_n)\,v_0$$

$$\tan\alpha = \frac{v_{t1}}{v_{n1}} = \mu\,\frac{1+\epsilon_n}{\epsilon_n} > 2\,\mu$$

$$\omega_1 = \omega_0 - \frac{5}{2}\mu(1+\epsilon_n)\,\frac{v_0}{r}\,.$$

2. Fall. Ist

$$J_t^{**} < \mu\,J_n\,,$$

d.h.

$$\omega_0 < \frac{7}{2}\mu(1+\epsilon_n)\,\frac{v_0}{r}\,,$$

so tritt auch eine Haftperiode auf (Fall 2 aus Tabelle 8.2). Unbestimmt bleibt im Rahmen der elementaren Theorie allerdings, ob und wieweit in dieser Haftperiode auch eine Restitution stattfindet. Wir nehmen an, daß eine solche Restitutionsperiode nicht existiere, der Tangential-Stoß also mit dem Haftbeginn beendet sei ($\alpha = 0$). Dann folgt

$$\begin{aligned}
J_t &= J_t^{**} = \frac{2}{7}\, m\, \omega_0\, r \\
v_{t1} &= \frac{2}{7}\, \omega_0\, r < \mu(1+\epsilon_n)\, v_0 \\
\tan\alpha &= \frac{v_{t1}}{v_{n1}} = \frac{\frac{2}{7}\omega_0\, r}{\epsilon_n\, v_0} < \mu\, \frac{1+\epsilon_n}{\epsilon_n} \\
\omega_1 &= \frac{2}{7}\, \omega_0\, .
\end{aligned}$$

Bei vollkommen elastischem Normal-Stoß ($\epsilon_n = 1$) wird der maximale Ablenkwinkel

$$\tan\alpha = 2\,\mu\, .$$

Um ihn zu erzielen, muß

$$\omega_0 \geqslant 7\,\mu\, \frac{v_0}{r}$$

sein. Ist der Normal-Stoß nicht vollkommen elastisch ($\epsilon_n < 1$), so wird der maximal erreichbare Ablenkwinkel größer (bei $\epsilon_n = 0 : \tan\alpha \to \infty$).

2. Beispiel: Stoß gegen zwei Banden (Bild 8.17)

Eine homogene Kugel, deren Oberfläche als vollkommen rauh (Fall 3 aus Tabelle 8.2) zu betrachten ist, treffe rotationsfrei ($\omega_0 = 0$) mit der Geschwindigkeit v_0 unter dem Winkel α_0 auf eine feste Wand. Der Stoß (Normal- und Tangential-Stoß) erfolge vollständig elastisch.

Für den Normal-Stoß gilt

$$\begin{aligned}
J_n &= (1+\epsilon_n)\, m\, v_{n0} = 2\, m\, v_0\, \cos\alpha_0 \\
v_{n1} &= \epsilon_n\, v_{n0} = v_0\, \cos\alpha_0\, .
\end{aligned}$$

Für den Tangential-Stoß erhalten wir

$$J_t = (1+\epsilon_t)\, J_t^{**} = 2\, J_t^{**}\, .$$

$J_t^{**} = J_{t_D}$ ermitteln wir aus der Bedingung, daß am Ende der Deformationsperiode

$$v_t^{**} + \omega^{**} r = 0$$

sein muß. Mit

$$v_t^{**} = -v_0 \sin\alpha_0 + \frac{J_t^{**}}{m}$$

und

$$\omega^{**} = \frac{J_t^{**} r}{\theta}$$

erhalten wir

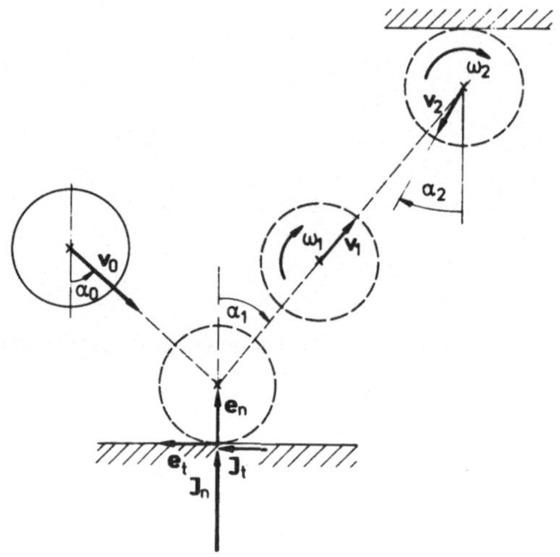

Bild 8.17
Stoß gegen zwei Banden

$$J_t^{**} = \frac{m\, v_0 \sin\alpha_0}{1 + \dfrac{mr^2}{\theta}} = \frac{2}{7}\, m\, v_0 \sin\alpha_0 \,.$$

Damit wird

$$\begin{aligned} v_{t1} &= -v_0 \sin\alpha_0 + \frac{J_t}{m} = -v_0 \sin\alpha_0 + 2\,\frac{J_t^{**}}{m} = -\frac{3}{7}\, v_0 \sin\alpha_0 \\ \omega_1 &= \frac{J_t\, r}{\theta} = 2\,\frac{J_t^{**}\, r}{\theta} = \frac{10}{7}\,\frac{v_0}{r}\,\sin\alpha_0 \\ \tan\alpha_1 &= \frac{-v_{t1}}{v_{n1}} = \frac{3}{7}\,\tan\alpha_0 \,. \end{aligned}$$

Der Ausfallwinkel α_1 wird also kleiner als der Einfallwinkel α_0.

Stößt die Kugel nach dem Rückprall, wie in Bild 8.17 angedeutet, gegen eine zweite feste Wand, die zur ersten parallel ist, so kehrt sich bei diesem Stoß die Bewegung um, wie leicht nachzurechnen ist. Man erhält

$$\begin{aligned} v_{t2} &= \frac{31}{49}\, v_0 \sin\alpha_0 \\ \omega_2 &= -\frac{60}{49}\,\frac{v_0}{r}\,\sin\alpha_0 \,. \end{aligned}$$

Dieses – zunächst überraschende – Verhalten kann man tatsächlich beobachten, wenn man einen Werkstoff für die Kugel wählt, bei dem der Reibungskoeffizient μ sehr groß wird.

8.3.4 Ergänzende Bemerkungen zu allgemeinen Stoßvorgängen

Bei Stoßvorgängen, die sich nicht in die vorstehend behandelten Sonderfälle einreihen lassen, müssen wir im allgemeinen damit rechnen,

1. daß sich die Wirkungen von Normal- und Tangential-Stoß nicht mehr entkoppeln lassen, weil beide Komponenten auf die relative Normal-Geschwindigkeit und die relative Tangential-Geschwindigkeit der Körper am Berührungspunkt einwirken,
2. daß die relative Tangential-Geschwindigkeit am Berührungspunkt während des Stoßvorganges nicht nur ihren Betrag, sondern auch ihre Richtung ändert.

Ohne eine zeitliche Analyse des Stoßvorgangs, die eine elementare Theorie allerdings nicht zu liefern vermag, läßt sich deshalb der Impulsaustausch bei solchen Stoßproblemen im allgemeinen nicht mehr berechnen.

Ausnahmen bilden lediglich einige weitere Sonderfälle, bei denen wir nur mit entsprechenden Überlegungen, wie wir sie im vorigen Abschnitt angestellt haben, weiterkommen. Zu diesen Sonderfällen gehören beispielsweise

a) der exzentrische ebene Stoß mit Reibung (insbesondere der Stoß eines Körpers gegen eine feste Wand),
b) der zentrale Stoß mit Bohr-Reibung (insbesondere beim Stoß eines Körpers gegen eine feste Wand).

Zu eindeutigen Aussagen kommen wir allerdings auch in diesen Fällen nur, wenn entweder nur eine Gleitperiode oder nur eine Haftperiode auftritt.

9 Elemente der analytischen Mechanik

9.1 Kinematik der Systeme starrer Körper

Bei der Betrachtung von Systemen starrer Körper können wir so vorgehen, daß wir die einzelnen Körper des Systems von allen Bindungen befreien (Befreiungsprinzip) und für jeden Körper die Bewegungsgleichungen unter der Einwirkung der gegebenen Kräfte und der unbekannten Reaktionen anschreiben. Zur Bestimmung oder Elimination der unbekannten Reaktionen können wir dann die kinematischen Bindungen heranziehen. Man nennt diese Vorgehensweise die synthetische Methode.

Im Gegensatz dazu betrachtet die analytische Methode das System als Ganzes. Sie verdankt ihren Namen dem Hauptwerk von *Lagrange (Mechanique Analytique)*. Dieser Methode wollen wir hier in diesem Kapitel folgen.

Dazu gehen wir zunächst davon aus, daß alle kinematischen Bindungen, denen das System unterworfen ist, holonom (ganzgesetzlich) seien (vgl. Abschnitt 2.3.1). Dabei ist es vorerst gleichgültig, ob diese holonomen Bindungen skleronom (zeitunabhängig) oder rheonom (explizit abhängig von der Zeit) sind. Bei holonomen Bindungen können wir die Lage jedes einzelnen Körpers und damit auch die Konfiguration des ganzen Systems, das den Freiheitsgrad λ haben möge, zu gegebener Zeit t durch λ Zahlenangaben $q_i (i = 1, 2, \ldots, \lambda)$ eindeutig festlegen. Die generalisierten Koordinaten q_i können Längen, Winkel, Streckenverhältnisse usw. sein. Einige einfache Beispiele sind in Bild 9.1 skizziert. Die Festlegung der generalisierten Koordinaten q_i kann in beliebiger Weise erfolgen. Wir haben nur zu fordern, daß die einzelnen q_i unabhängig voneinander sind und der Satz der generalisierten Koordinaten vollständig ist, so daß mit den λ Zahlenangaben q_i (und der Zeit t) die Konfiguration des Systems eindeutig festzulegen ist. So können wir z.B. im ersten System von Bild 9.1 q_2 auch durch

$$\bar{q}_2 = q_1 + q_2$$

ersetzen. Allgemein können wir für die q_i Transformationen von der Form

$$\bar{q}_k = \bar{q}_k(q_i;\, t)$$

durchführen, die auch nicht-linear sein können. Diese Freiheit erlaubt es uns, den Satz der q_i möglichst günstig im Hinblick auf die Problemstellung auszuwählen.

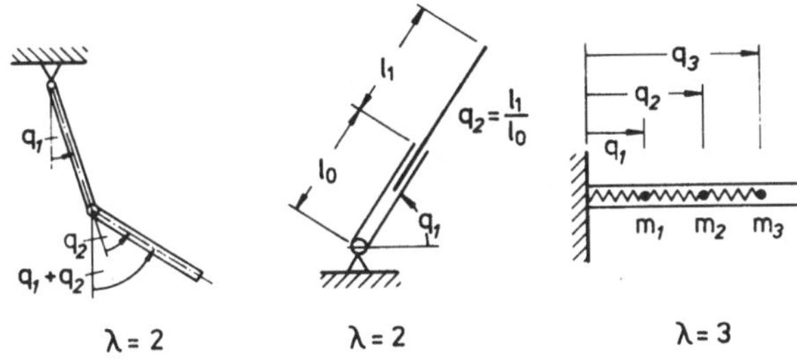

Bild 9.1 Verschiedene Systeme starrer Körper

Manchmal ist es vorteilhafter, zunächst eine Anzahl überzähliger (abhängiger) Koordinaten $q_i (i = \lambda + 1, \ldots, \lambda + r)$ einzuführen, etwa für jeden Körper eigene Lagekoordinaten. Dann müssen wir zusätzlich allerdings die zwischen den Koordinaten bestehenden kinematischen Bindungen angeben, die wir bei holonomen Bindungen allgemein in der Form

$$f_k(q_i; t) = 0 \qquad \begin{cases} (i = 1, 2, \ldots, \lambda + r) \\ (k = 1, 2, \ldots, n \leqslant r) \end{cases}$$

schreiben können. Die Zeit t tritt dabei in den Funktionen f_k nur explizit auf, wenn es sich um rheonome Bindungen handelt.

Nichtholonome Bindungen liegen vor, wenn die Bindungen nur in nicht integrierbarer Differentialform angebbar sind, z.B. als

$$\left.\begin{aligned} \sum_i a_{ik}\dot{q}_i &= 0 \\ \text{bzw.}\quad \sum_i a_{ik}\,\mathrm{d}q_i &= 0 \end{aligned}\right\} \begin{aligned} &(i = 1, 2, \ldots, \lambda + r) \\ &(k = 1, 2, \ldots, m \leqslant r)\,. \end{aligned}$$

Die a_{ik} können dabei Funktionen der q_i und von t sein. Natürlich sind auch allgemeinere Formen nichtholonomer Bindungen denkbar, doch spielen sie kaum eine praktische Rolle.

Ein Beispiel für nichtholonome Bindungen ist das in einer Ebene rollende Rad (Bild 9.2). Als Lagekoordinaten können wir etwa zunächst einführen

a) die Koordinaten x, y des Berührungspunktes in der Ebene,
b) die Winkel φ, ψ, ϑ,
   dabei ist
   φ der Eigenrotationswinkel um die Radachse,
   ϑ der Neigungswinkel des Rades gegen die Vertikale,

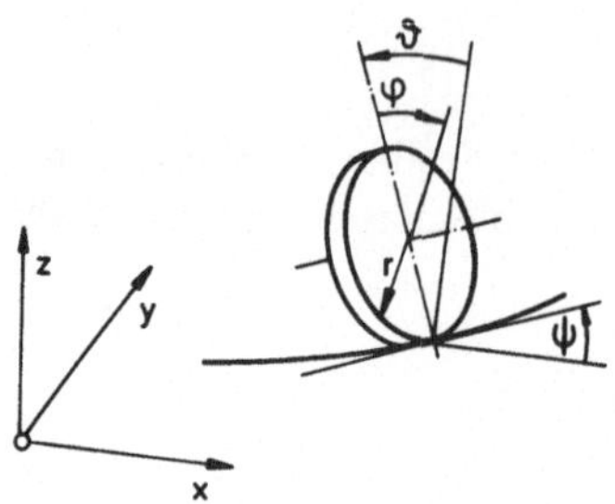

Bild 9.2
Rollendes Rad

ψ der Winkel der Bahntangente im Berührungspunkt gegenüber der positiven x-Achse,

c) die Höhenlage z des Massen-Mittelpunktes.

Die Koordinate z können wir mit Hilfe der holonomen (skleronomen) Bedingung

$$z = r\cos\vartheta$$

eliminieren. Zwischen den restlichen Koordinaten bestehen aber immer noch die beiden nichtholonomen Rollbedingungen

$$\dot{x} = r\,\dot{\varphi}\cos\psi$$
$$\dot{y} = r\,\dot{\varphi}\sin\psi\,.$$

Das Rad hat also im Differentiellen nur den Freiheitsgrad $\lambda = 3$, während es global den Freiheitsgrad 5 hat.

Wir kehren wieder zu holonomen Bindungen zurück und setzen zugleich voraus, daß wir alle überzähligen q_i eben mit Hilfe dieser holonomen Bindungen eliminiert haben. In diesem Fall können wir die Lage aller Körperpunkte in der Form

$$\boldsymbol{r} = \boldsymbol{r}(\xi_l; q_i; t) \qquad \begin{cases} (l = 1, 2, 3) \\ (i = 1, 2, \ldots, \lambda) \end{cases}$$

angeben. Die Zeit t tritt dabei nur explizit auf, wenn die kinematischen Bindungen rheonom sind. Das Koordinatentripel ξ_l dient der eindeutigen Festlegung des jeweils zu betrachtenden Körperpunktes. Wir können die ξ_l als körperfeste Koordinaten betrachten und sie z.B. mit den Zahlenwerten des Ortsvektors $\mathring{\boldsymbol{r}}$ identifizieren, der die Lage der einzelnen Körperpunkte zur Zeit t_0 beschreibt.

Für die reale Geschwindigkeit $\boldsymbol{v}$ der Körperpunkte bzw. ihre realen Verschiebungen $\mathrm{D}\boldsymbol{r}$ erhalten wir aus der obigen Darstellung von $\boldsymbol{r}$

$$\frac{\mathrm{D}\boldsymbol{r}}{\mathrm{d}t} = \sum_i \frac{\partial \boldsymbol{r}}{\partial q_i}\frac{\mathrm{d}q_i}{\mathrm{d}t} + \frac{\partial \boldsymbol{r}}{\partial t} = \sum_i \frac{\partial \boldsymbol{r}}{\partial q_i}\dot{q}_i + \frac{\partial \boldsymbol{r}}{\partial t}$$
$$= \boldsymbol{v}(\xi_l; q_i, \dot{q}_i, t) \qquad (1 = 1, 2, \ldots, \lambda)$$

bzw.

$$\mathrm{D}\boldsymbol{r} = \boldsymbol{v}(\xi_l; q_i, \dot{q}_i, t)\,\mathrm{d}t\,.$$

Für die virtuellen Verschiebungen gilt dagegen

$$\delta \boldsymbol{r} = \sum_i \frac{\partial \boldsymbol{r}}{\partial q_i} \delta q_i \qquad (i = 1, 2, \ldots, \lambda),$$

da die virtuellen Verschiebungen bei festgehaltener Zeit ausgeführt zu denken sind. Die realen Verschiebungen sind deshalb nur im Falle skleronomer Bindungen, für die $\frac{\partial \boldsymbol{r}}{\partial t} = \boldsymbol{0}$ wird, eine Untergruppe der virtuellen Verschiebungen (vgl. Band I, Abschnitt 11.1). Aus den Ausdrücken für die realen bzw. virtuellen Verschiebungen leiten wir im übrigen weiterhin ab, daß allgemein

$$\frac{\partial \boldsymbol{r}}{\partial q_i} = \frac{\partial \dot{\boldsymbol{r}}}{\partial \dot{q}_i}$$

gilt. Haben wir überzählige generalisierte Koordinaten $q_i (i = \lambda + 1, \ldots, \lambda + r)$ eingeführt, so benötigen wir für unsere späteren Betrachtungen noch die Differentialform der kinematischen Bindungen.

Bei holonomen Bindungen ergibt sich aus

$$f_k(q_i; t) = 0 \qquad \begin{cases} (i = 1, 2, \ldots, \lambda + r) \\ (k = 1, 2, \ldots, n \leqslant r) \end{cases}$$

für die realen Differentiale die Bedingung

$$\mathrm{d} f_k = \sum_i \frac{\partial f_k}{\partial q_i} \, \mathrm{d} q_i + \frac{\partial f_k}{\partial t} \, \mathrm{d} t = 0,$$

wobei das letzte Glied auf der rechten Seite wiederum nur bei rheonomen Bindungen auftritt. Für die virtuellen Differentiale dagegen gilt bei skleronomen und rheonomen Bindungen

$$\delta f_k = \sum_i \frac{\partial f_k}{\partial q_i} \delta q_i = 0 \qquad \begin{cases} (i = 1, 2, \ldots, \lambda + r) \\ (k = 1, 2, \ldots, n \leqslant r). \end{cases}$$

Bei nichtholonomen Bindungen, die ohnehin nur in Differentialform gegeben sind, folgt aus der – im Normalfall – für die realen Verschiebungen geltenden Bedingung

$$\sum_i a_{ik} \, \mathrm{d} q_i = 0 \qquad \begin{cases} (i = 1, 2, \ldots, \lambda + r) \\ (k = 1, 2, \ldots, m \leqslant r) \end{cases},$$

für virtuelle Verschiebungen die analoge Bedingung

$$\sum_i a_{ik} \, \delta q_i = 0 \qquad \begin{cases} (i = 1, 2, \ldots, \lambda + r) \\ (k = 1, 2, \ldots, m \leqslant r). \end{cases}$$

Schließlich sei noch angemerkt, daß im allgemeinen die Zahlenwerte des Winkels $\boldsymbol{\varphi}$, mit dem wir die Änderung der Orientierung eines starren Körpers beschreiben, nicht als generalisierte Koordinaten eingeführt werden können, da diese Zahlenwerte nicht als voneinander unabhängige Drehungen zu interpretieren sind (vgl. Band I, Abschnitt 5.2). Eine Ausnahme bilden hier jedoch ebene Bewegungen, da bei ihnen die Rotationsachse ihre Orientierung im Raum beibehält.

9.2 Das Prinzip der virtuellen Arbeit in der Kinetik

Das allgemeine Relativitätsprinzip der klassischen Mechanik (Satz 4.12) erlaubt es uns, die Kinetik durch Übergang zu einem körperfesten Bezugssystem auf die Statik zurückzuführen (vgl. Satz 4.13). Die im Ausgangssystem vorhandenen Kräfte bilden mit den beim Übergang zu einem körperfesten Bezugssystem hinzukommenden Trägheitskräften für jedes Körperelement ein Gleichgewichtssystem

$$\mathrm{d}\boldsymbol{F} - \frac{\mathrm{D}}{\mathrm{d}t}(\mathrm{d}m\,\boldsymbol{v}) = \boldsymbol{0}\,.$$

Die Heranziehung des Prinzips der virtuellen Arbeit und die Ausdehnung der Aussage auf den ganzen Körper führen auf

---

Satz 9.1: *Prinzip der virtuellen Arbeit in der Kinetik*

Für jeden Körper ist bei beliebigen virtuellen Verschiebungen

$$\int_V \left\{\mathrm{d}\boldsymbol{F} - \frac{\mathrm{D}}{\mathrm{d}t}(\mathrm{d}m\,\boldsymbol{v})\right\}\cdot\delta\boldsymbol{r} = \int_V \left\{\mathrm{d}\boldsymbol{F}^{(e)} - \frac{\mathrm{D}}{\mathrm{d}t}(\mathrm{d}m\boldsymbol{v})\right\}\cdot\delta\boldsymbol{r}$$

$$= \delta A_A^{(a)} + \delta A_V - \delta W - \int_V \mathrm{d}m\,\dot{\boldsymbol{v}}\cdot\delta\boldsymbol{r} = 0$$

Dabei bezeichnet

$\delta A_A^{(A)}$ die virtuelle Arbeit aller von außen angreifenden (eingeprägten) flächenhaft verteilt angreifenden Kräfte,

δA_V die virtuelle Arbeit aller volumenhaft verteilt angreifenden Kräfte,

δW die virtuelle Formänderungsarbeit.

Für starre Körper ist $\delta W = 0$. Satz 9.1 geht dann über in die ursprüngliche Aussage des Prinzips von *d'Alembert* (in der Fassung von *Lagrange*).

Den Ausdruck $\int_V \mathrm{d}m\,\dot{\boldsymbol{v}}\cdot\delta\boldsymbol{r}$ können wir noch allgemein umformen in

$$\int_V \mathrm{d}m\,\dot{\boldsymbol{v}}\cdot\delta\boldsymbol{r} = \frac{\mathrm{D}}{\mathrm{d}t}\int_V \mathrm{d}m\,\boldsymbol{v}\cdot\delta\boldsymbol{r} - \int_V \mathrm{d}m\,\boldsymbol{v}\cdot\frac{\mathrm{D}}{\mathrm{d}t}(\delta\boldsymbol{r})\,.$$

Nun ist – unter Beachtung, daß die virtuellen Verschiebungen $\delta\boldsymbol{r}$ jeweils bei festgehaltener Zeit (t = konst.) erfolgen

$$\begin{aligned}\mathrm{D}(\delta\boldsymbol{r}) &= \delta\boldsymbol{r}(t+\mathrm{d}t) - \delta(\boldsymbol{r},t)\\ &= \delta\,\underbrace{\{\boldsymbol{r}(t+\mathrm{d}t) - \boldsymbol{r}(t)\}}_{\mathrm{D}\boldsymbol{r}}\,.\end{aligned}$$

Es gilt also

Satz 9.2: *Vertauschungsregel*

$$\mathrm{D}(\delta \boldsymbol{r}) = \delta(\mathrm{D}\boldsymbol{r})\,.$$

Es gibt Probleme, bei denen es sinnvoll sein kann, $\boldsymbol{r}$ und $\mathrm{D}\boldsymbol{r}$ als unabhängig voneinander variierbar zu betrachten. Dann gilt die Vertauschungsregel nicht mehr *a priori*. Solche Überlegungen können bei Systemen mit nichtholonomen Bindungen eine Rolle spielen.

Unter Benutzung der Vertauschungsregel können wir schreiben

$$\begin{aligned}\int_V \mathrm{d}m\,\dot{\boldsymbol{v}} \cdot \delta\boldsymbol{r} &= \frac{\mathrm{D}}{\mathrm{d}t}\int_V \mathrm{d}m\,\boldsymbol{v} \cdot \delta\boldsymbol{r} - \int_V \mathrm{d}m\,\boldsymbol{v} \cdot \delta\boldsymbol{v} \\ &= \frac{\mathrm{D}}{\mathrm{d}t}\int_V \mathrm{d}m\,\boldsymbol{v} \cdot \delta\boldsymbol{r} - \delta\int_V \underbrace{\frac{1}{2}\,\mathrm{d}m\,v^2}_{\mathrm{d}E}\,,\end{aligned}$$

d.h. es gilt

Satz 9.3: *Lagrangesche Zentralgleichung*

$$\int_V \mathrm{d}m\,\dot{\boldsymbol{v}} \cdot \delta\boldsymbol{r} = \frac{\mathrm{D}}{\mathrm{d}t}\int_V \mathrm{d}m\,\boldsymbol{v} \cdot \delta\boldsymbol{r} - \delta E\,.$$

Integrieren wir nun die in Satz 9.1 aufgestellte Beziehung über ein Zeitintervall von t_1 bis t_2 und legen gleichzeitig fest, daß am Anfang und Ende des Zeitintervalls die virtuellen Verschiebungen verschwinden sollen ($\delta\boldsymbol{r}(t_1) = \delta\boldsymbol{r}(t_2) = \boldsymbol{0}$), so folgt

$$\begin{aligned}0 &= \int_{t_1}^{t_2} \delta A^{(e)}\,\mathrm{d}t - \int_{t_1}^{t_2} \frac{\mathrm{D}}{\mathrm{d}t}\int_V (\mathrm{d}m\,\boldsymbol{v} \cdot \delta\boldsymbol{r})\,\mathrm{d}t + \int_{t_1}^{t_2} \delta E\,\mathrm{d}t \\ &= \int_{t_1}^{t_2} \{\delta A^{(e)} + \delta E\}\,\mathrm{d}t - \left[\int_V \mathrm{d}m\,\boldsymbol{v} \cdot \delta\boldsymbol{r}\right]_{t_1}^{t_2}.\end{aligned}$$

Der zweite Ausdruck auf der rechten Seite verschwindet, da $\delta\boldsymbol{r}$ an den Grenzen des Integrationsbereiches voraussetzungsgemäß Null ist. Wir erhalten so

---

Satz 9.4: *Prinzip von Hamilton*

Ist die virtuelle Verschiebung eines Körpers zu den Zeitpunkten t_1 und t_2 gleich Null, so gilt

$$\int_{t_1}^{t_2} \{\delta A^{(e)} + \delta E\}\,\mathrm{d}t = 0\,.$$

Für konservative Systeme folgt daraus mit $\delta A^{(e)} = -\delta\Phi$

$$\delta\int_{t_1}^{t_2} \{E - \Phi\}\,\mathrm{d}t = \delta\int_{t_1}^{t_2} L\,\mathrm{d}t = 0\,,$$

wobei

$L = E - \Phi$ die *Lagrange*sche Funktion (kinetisches Potential) ist.

Das Prinzip von *Hamilton* (1805-1865) sagt aus, daß für konservative Systeme das Zeitintegral über $A^{(e)} + E$ bzw. $L = E - \Phi$ für die realen Bahnen aller Körperpunkte einen stationären Wert (Maximum, Minimum oder Sattelwert) annimmt im Vergleich zu Bahnen, die man durch virtuelle Verschiebungen erreicht (mit der Bedingung $\delta\boldsymbol{r}(t_1) = \delta\boldsymbol{r}(t_2) = \boldsymbol{0}$).

Dieses Prinzip wird im übrigen auch als *Hamilton*sches Prinzip der stationären Wirkung bezeichnet, weil man die

Größenart Arbeit mal Zeit = $[\mathrm{ML^2Z^{-1}}] = [\mathrm{KLZ}]$

eine Wirkung nennt.

Das Prinzip von *Hamilton* ist von großer theoretischer Bedeutung, da sich mit seiner Hilfe andere wichtige Beziehungen ableiten lassen. Wir werden davon bei der folgenden Betrachtung von Systemen starrer Körper Gebrauch machen.

9.3 Die Lagrangeschen Gleichungen

Wir gehen nun aus vom Prinzip von *Hamilton* (Satz 9.4). Allgemein gilt

$$\delta A^{(e)} = \int_V \mathrm{d}\boldsymbol{F}^{(e)} \cdot \delta\boldsymbol{r}\,.$$

Bei holonomen Bindungen läßt sich das – nach Elimination aller überzähligen Koordinaten – überführen in

$$\delta A^{(e)} = \sum_i \int_V \mathrm{d}\boldsymbol{F}^{(e)} \cdot \frac{\partial\boldsymbol{r}}{\partial q_i}\,\delta q_i\,.$$

Wir definieren nun

Def. 9.1: Es sind die Größen

$$\int_V \mathrm{d}\boldsymbol{F}^{(e)} \cdot \frac{\partial\boldsymbol{r}}{\partial q_i} = Q_i(q_i, \dot{q}_i, t)$$

die den jeweiligen generalisierten Koordinaten q_i zugeordneten generalisierten Kräfte.

Dann können wir schreiben

$$\delta A_{(e)} = \sum_i Q_i \, \delta q_i$$

Die generalisierten Kräfte Q_i können – wie angegeben – von den Koordinaten, ihren substantiellen Ableitungen nach der Zeit und von der Zeit selbst abhängen. Haben wir es mit konservativen Systemen zu tun, bei denen alle Kräfte von einem Potential abzuleiten sind, so gilt

---

Satz 9.5: In konservativen Systemen sind die generalisierten Kräfte

$$Q_i = -\frac{\partial \Phi}{\partial q_i} ,$$

und für die virtuelle Arbeit der eingeprägten Kräfte gilt

$$\delta A_{(e)} = -\sum_i \frac{\partial \Phi}{\partial q_i} \, \delta q_i \, .$$

Dies gilt auch dann, wenn das Potential zeitabhängig ist: $\Phi = \Phi(q_i, t)$.

Die kinetische Energie E kann unter unseren Voraussetzungen (holonome Bindungen, keine überzähligen generalisierten Koordinaten) nur von q_i, $\dot{q}_i$ und t abhängen:

$$E = E(q_i, \dot{q}_i, t) \qquad (i = 1, 2, \dots, \lambda).$$

Für ihre virtuelle Änderung gilt deshalb

$$\delta E = \sum_i \left\{ \frac{\partial E}{\partial q_i} \, \delta q_i + \frac{\partial E}{\partial \dot{q}_i} \, \delta \dot{q}_i \right\} .$$

Setzen wir das in das Prinzip von *Hamilton* ein, so folgt zunächst

$$\sum_i \int_{t_1}^{t_2} \left\{ \left[q_i + \frac{\partial E}{\partial q_i} \right] \delta q_i + \frac{\partial E}{\partial \dot{q}_i} \, \delta \dot{q}_i \right\} \mathrm{d}t = 0 \, .$$

Die partielle Integration des letzten Terms des Integrals ergibt unter Berücksichtigung der Vertauschungsregel (Satz 9.2) und der Bedingungen $\delta q_i(t_1) = \delta q_i(t_2) = 0$

$$\sum_i \int_{t_1}^{t_2} \frac{\partial E}{\partial \dot{q}_i} \, \delta \dot{q}_i \, \mathrm{d}t = \underbrace{\sum_i \left[\frac{\partial E}{\partial \dot{q}_i} \, \delta q_i \right]_{t_1}^{t_2}}_{0} - \sum_i \int_{t_1}^{t_2} \frac{\mathrm{d}}{\mathrm{d}t} \left(\frac{\partial E}{\partial \dot{q}_i} \right) \delta q_i \, \mathrm{d}t \, .$$

Deshalb können wir das Prinzip von *Hamilton* auch in der Form

$$\sum_i \int_{t_1}^{t_2} \left\{ Q_i + \frac{\partial E}{\partial q_i} - \frac{\mathrm{d}}{\mathrm{d}t}\left(\frac{\partial E}{\partial \dot{q}_i}\right)\right\} \delta q_i \,\mathrm{d}t = 0$$

schreiben. Da die virtuellen Änderungen δq_i (abgesehen von den Zeiten t_1 und t_2) beliebig sind, erhalten wir schließlich

---

Satz 9.6: *Lagrangesche Gleichungen (zweiter Art)*
Für Systeme mit holonomen Bindungen ohne überzählige generalisierte Koordinaten gilt

$$\frac{\mathrm{d}}{\mathrm{d}t}\left(\frac{\partial E}{\partial \dot{q}_i}\right) - \frac{\partial E}{\partial q_i} = Q_i \qquad (i = 1, 2, \ldots, \lambda).$$

Für konservative Systeme können wir durch Einführung der *Lagrange*schen Funktion

$$L = E - \Phi$$

diese Gleichungen überführen in

Satz 9.7: Für konservative Systeme mit holonomen Bindungen ohne überzählige generalisierte Koordinaten lauten die *Lagrange*schen Gleichungen (zweiter Art):

$$\frac{\mathrm{d}}{\mathrm{d}t}\left(\frac{\partial L}{\partial \dot{q}_i}\right) - \frac{\partial L}{\partial q_i} = 0 \qquad (i = 1, 2, \ldots, \lambda).$$

Im übrigen können wir die *Lagrange*schen Gleichungen auch unmittelbar aus dem Prinzip der virtuellen Arbeit in der Kinetik (Satz 9.1) ableiten. Die dazu erforderlichen Überlegungen und Umformungen führen dabei ebenfalls über die *Lagrange*sche Zentralgleichung (Satz 9.3), laufen insgesamt aber etwas umständlicher. Deshalb haben wir hier den Weg über das Prinzip von *Hamilton* vorgezogen.

Die Ausdrücke

$$\frac{\partial E}{\partial \dot{q}_i} \quad \text{bzw.} \quad \frac{\partial L}{\partial \dot{q}_i}$$

können wir als generalisierte Bewegungsgrößen betrachten. Darauf werden wir durch folgende Überlegungen geführt. Verfolgen wir z.B. die Translationsbewegung eines Körpers, so können wir als generalisierte Koordinaten q_i die Koordinaten x, y, z des Massen-Mittelpunktes einführen. Nun ist für diese Bewegung

$$E = \frac{1}{2} m(\dot{x}^2 + \dot{y}^2 + \dot{z}^2) = \sum_i \frac{1}{2} m(\dot{q}_i)^2 \qquad (i = 1, 2, 3).$$

Deshalb wird

$$\frac{\partial E}{\partial \dot{q}_i} = m\,\dot{q}_i = \begin{cases} m\dot{x} \\ m\dot{y} \\ m\dot{z} \end{cases} \qquad (i = 1, 2, 3).$$

Wir erhalten also gerade jeweils die zu den Bewegungen in x-, y-, z-Richtung gehörende Komponente der Bewegungsgröße. Diese Überlegungen lassen sich auf Rotationen starrer Körper ausdehnen und entsprechend auf Systeme verallgemeinern. Deshalb dürfen wir definieren

---

Def. 9.2: Bei Systemen starrer Körper mit holonomen Bindungen und ohne überzählige generalisierte Koordinaten stellen die Ausdrücke

$$p_i = \frac{\partial E}{\partial \dot{q}_i}$$

bzw.

$$p_i = \frac{\partial L}{\partial \dot{q}_i} \qquad \text{(bei konservativen Systemen)}$$

die zu der jeweiligen generalisierten Koordinate q_i gehörende generalisierte Bewegungsgröße dar.

Den Bewegungszustand eines Systems von starren Körpern können wir durch die Angabe der Zahlenwerte der verallgemeinerten Koordinaten q_i und der verallgemeinerten Bewegungsgrößen p_i (anstelle der $\dot{q}_i$) eindeutig beschreiben. Wir nennen das die Beschreibung des Bewegungszustandes eines Systems starrer Körper im Phasenraum und nennen q_i, p_i die Koordinaten des Phasenraums.

Wir wenden uns nun wieder dem Fall zu, daß wir zur Beschreibung der Konfiguration des Systems überzählige Koordinaten herangezogen haben, also nicht alle Koordinaten unabhängig voneinander sind. Zwischen den q_i bestehen dann noch

$$\text{holonome Bindungen} \qquad f_k(q_i; t) = 0 \qquad \begin{cases} (i = 1, 2, \ldots, \lambda + r) \\ (k = 1, 2, \ldots, n \leqslant r) \end{cases}$$

bzw.

$$\text{nichtholonome Bindungen} \qquad \sum_i a_{ik}\dot{q}_i = 0 \qquad \begin{cases} (i = 1, 2, \ldots, \lambda + r) \\ (k = 1, 2, \ldots, m \leqslant r) \end{cases}$$

mit $\quad n + m = r\,.$

Diese Bedingungen können wir – im Sinne der Variationsrechnung – als Nebenbedingungen für das vorliegende Variationsproblem betrachten. Dem Vorschlag von *Lagrange* folgend, bilden wir zunächst die virtuellen Differentiale dieser Bedingungen, nämlich

$$\delta f_k = \sum_i \frac{\partial f_k}{\partial q_i}\,\delta q_i = 0 \qquad \begin{cases} (i = 1, 2, \ldots, \lambda + r) \\ (k = 1, 2, \ldots, n \leqslant r) \end{cases}$$

bzw.

$$\sum_i a_{ik}\,\delta q_i = 0 \qquad \begin{cases} (i = 1,2,\ldots,\lambda+r) \\ (k = 1,2,\ldots,m \leqslant r)\,. \end{cases}$$

Diese Ausdrücke multiplizieren wir mit – vorerst unbestimmten – Faktoren λ_k bzw. λ_k^*, die wir auch *Lagrange*sche Multiplikatoren oder *Lagrange*sche Parameter nennen. Die so multiplizierten Ausdrücke fügen wir in das nach dem Prinzip der virtuellen Arbeit zu variierende Integral ein und erhalten dann nach entsprechender Umformung auf dem Wege über das Prinzip von *Hamilton* das Variationsproblem (vgl. Satz 9.6)

$$\int_{t_1}^{t_2}\left\{\sum_i \frac{\mathrm{d}}{\mathrm{d}t}\left(\frac{\partial E}{\partial \dot q_i}\right) - \frac{\partial E}{\partial q_i} - Q_i - \sum_{k=1}^{n}\lambda_k\frac{\partial f_k}{\partial q_i} - \sum_{k=1}^{m}\lambda_k^* a_{ik}\right\}\delta q_i\,\mathrm{d}t = 0\,,$$

bei dem nun alle q_i als frei variierbar betrachtet werden können. Deshalb folgt aus diesem Variationsproblem

---

Satz 9.8: *Lagrangesche Gleichungen (erster Art)*

Enthält die Beschreibung der Konfiguration des Systems noch r überzählige Koordinaten q_i, zwischen denen

n holonome Bindungen $\quad f_k = f_k(q_i;t) = 0$

und

m nichtholonome Bindungen $\quad \sum_i a_{ik}\dot q_i = 0$

bestehen (mit $n + m = r$), so liefern die Gleichungen

$$\frac{\mathrm{d}}{\mathrm{d}t}\left(\frac{\partial E}{\partial \dot q_i}\right) - \frac{\partial E}{\partial q_i} = Q_i + \sum_{k=1}^{n}\lambda_k\frac{\partial f_k}{\partial q_i} + \sum_{k=1}^{m}\lambda_k^* a_{ik} \quad (i = 1,2,\ldots,\lambda+r)$$

zusammen mit den r (holonomen und nichtholonomen) Bedingungen insgesamt $\lambda + 2r$ Gleichungen, aus denen die $\lambda + r$ Größen q_i und die r Größen λ_k bzw. λ_k^* ermittelt werden können.

Für konservative Systeme können wir Satz 9.8 durch Einführung der *Lagrange*schen Funktion $L = E - \Phi$ noch etwas weiter zusammenfassen.

Die *Lagrange*schen Gleichungen erweisen sich als besonders hilfreich bei der Aufstellung der Bewegungsgleichungen für Systeme mit endlichem Freiheitsgrad. Wir wollen das im folgenden an einigen Beispielen zeigen. Der Vorteil liegt vor allem darin, daß wir – neben den eingeprägten Kräften – zunächst nur eine skalare Größe, nämlich den Ausdruck für die kinetische Energie $E(q_i, \dot q_i, t)$ zu ermitteln brauchen. Alles andere folgt dann daraus mit Hilfe einfacher Differentiationen.

9.4 Beispiele für die Anwendung der Lagrangeschen Gleichungen

1. Beispiel: Stab-Doppelpendel

Das in Bild 9.3 skizzierte Stab-Doppelpendel besteht aus zwei gelenkig miteinander

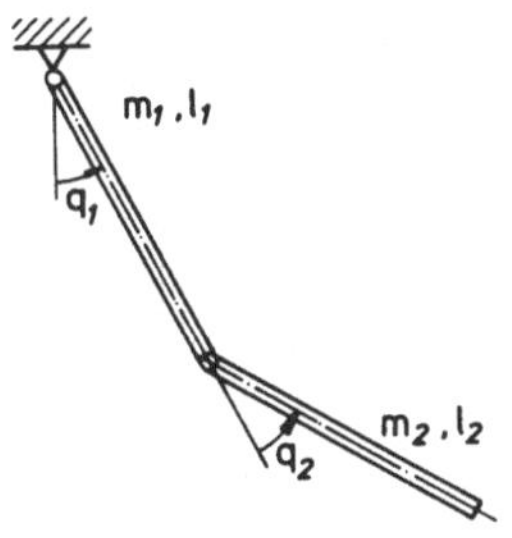

Bild 9.3
Stab-Doppelpendel

verbundenen Stäben mit homogener Massenverteilung, so daß für jeden Stab

$$\theta_i = \frac{1}{12} m_i l_i^3 \quad (i = 1, 2)$$

gilt. Das System ist konservativ und enthält nur holonome Bindungen.

Die kinetische Energie des Systems bestimmen wir, indem wir für jeden der beiden Stäbe die Summe der kinetischen Energie aus Translation (mit der Geschwindigkeit v_i des Massen-Mittelpuntes M_i) und aus Rotation ermitteln. Das ergibt

$$\begin{aligned}
E_1 &= \frac{1}{2} m_1 \left(\frac{l_1}{2} \dot{q}_1\right)^2 + \frac{1}{2} \theta_1 (\dot{q}_1)^2 = \frac{1}{2} \frac{m_1 l_1^2}{3} (\dot{q}_1)^2 \\
E_2 &= \frac{1}{2} m_2 \left\{ \left[l_1 \dot{q}_1 + \frac{1}{2} l_2 (\dot{q}_1 + \dot{q}_2) \cos q_2 \right]^2 + \left[\frac{1}{2} l_2 (\dot{q}_1 + \dot{q}_2) \sin q_2 \right]^2 \right\} \\
&\quad + \frac{1}{2} \theta_2 (\dot{q}_1 + \dot{q}_2)^2 \\
&= \frac{1}{2} m_2 \left\{ (l_1 \dot{q}_1)^2 + l_1 l_2 (\dot{q}_1 + \dot{q}_2) \dot{q}_1 \cos q_2 + \frac{1}{3} l_2^2 (\dot{q}_1 + \dot{q}_2)^2 \right\} \\
E &= E_1 + E_2
\end{aligned}$$

Für die potentielle Energie dieses konservativen Systems gilt

$$\begin{aligned}
\Phi_1 &= m_1 g \frac{l_1}{2} (1 - \cos q_1) \\
\Phi_2 &= m_2 g \left\{ l_1 [1 - \cos q_1] + \frac{l_2}{2} [1 - \cos(q_1 + q_2)] \right\} \\
\Phi \; &= \Phi_1 + \Phi_2 \, .
\end{aligned}$$

Bilden wir nun mit diesen Ausdrücken die *Lagrange*sche Funktion $L = E - \Phi$ und gehen damit in die *Lagrange*schen Gleichungen (zweiter Art) für konservative Systeme (vgl. Satz 9.7), so folgen aus

$$\frac{\mathrm{d}}{\mathrm{d}t}\left(\frac{\partial L}{\partial \dot{q}_i}\right) - \frac{\partial L}{\partial q_i} = 0$$

die beiden Bewegungsgleichungen

$$\left[\frac{1}{3} m_1\, l_1^2 + m_2 \left(l_1^2 + \frac{1}{3}\, l_2^2 + l_1 l_2 \cos q_2\right)\right] \ddot{q}_1 + m_2 \left[\frac{1}{2}\, l_1 l_2 \cos q_2 + \frac{1}{3}\, l_2^2\right] \ddot{q}_2$$
$$- \frac{1}{2}\, m_2\, l_1 l_2\, (2\dot{q}_1 + \dot{q}_2) \sin q_2 + \left(\frac{1}{2}\, m_1 + m_2\right) g\, l_1 \sin q_1$$
$$+ \frac{1}{2}\, m_2\, g\, l_2 \sin(q_1 + q_2) = 0 \tag{1}$$

$$m_2 \left[\frac{1}{3}\, l_2^2 + \frac{1}{2}\, l_1 l_2 \cos q_2\right] \ddot{q}_1 + \frac{1}{3}\, m_2\, l_2^2\, \ddot{q}_2 + + \frac{1}{2}\, m_2\, l_1 l_2 (\dot{q}_1)^2 \sin q_2$$
$$+ \frac{1}{2}\, m_2\, g\, l_2 \sin(q_1 + q_2) = 0\,. \tag{2}$$

2. Beispiel: Rotierendes Rohr

Als einfaches Beispiel für eine rheonome (holonome) Bindung betrachten wir ein bereits in Abschnitt 4.6 behandeltes Problem, nun aber mit den in diesem Kapitel entwickelten Methoden. Das sich mit konstanter Winkelgeschwindigkeit um eine vertikale Achse drehende Rohr stellt für den darin axial beweglichen Massenpunkt eine rheonome Bindung dar (Bild 9.4)

$$q_2 - \Omega t = 0 \quad \text{mit} \quad q_2 = \varphi\,.$$

Dem Massenpunkt verbleibt nur noch ein Freiheitsgrad. Als Koordinate dafür führen wir ein

$$r = q_1 = q\,.$$

Die kinetische Energie des Massenpunktes ist

$$E = \frac{1}{2}\, m\{(\Omega q)^2 + (\dot{q})^2\}\,.$$

Eine generalisierte Kraft Q tritt nicht auf. Als *Lagrange*sche Gleichung (zweiter Art) erhalten wir also

$$\frac{\mathrm{d}}{\mathrm{d}t}\left(\frac{\partial E}{\partial \dot{q}}\right) - \frac{\partial E}{\partial q} = m\ddot{q} - m\Omega^2 q = 0\,.$$

Das aber ist genau die Bewegungsgleichung, die wir in Abschnitt 4.6 auf anderem Wege abgeleitet haben.

Im Zusammenhang mit diesem Beispiel sei noch einmal darauf hingewiesen, daß die virtuelle Arbeit der von der rheonomen Bindung (rotierendes Rohr) herrührenden Reaktion verschwindet, während das für die reale Arbeit dieser Reaktion nicht gilt (vgl. hierzu auch Anmerkung zu Beispiel 1 in Abschnitt 4.6).

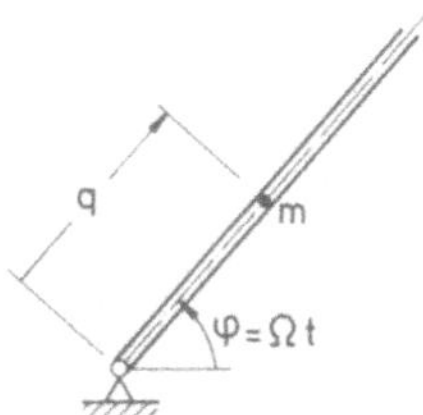

Bild 9.4
Rotierendes Rohr mit Massenpunkt

3. Beispiel: Schlepprad

Das in Bild 9.5 skizzierte Schlepprad sei so geführt, daß die Radachse und der Radrahmen stets horizontal bleiben. Die dafür erforderlichen Führungskräfte, d.h. die Reaktionen auf die entsprechenden kinematischen Bindungen, sollen hier nicht interessieren. Sie lassen sich im übrigen leicht nachträglich ermitteln.

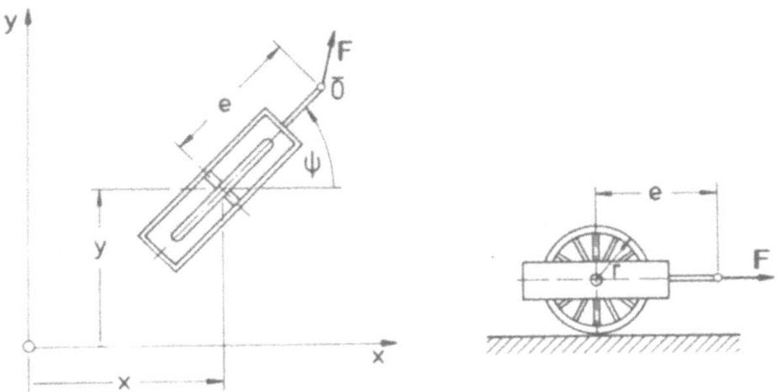

Bild 9.5 Schlepprad

Die auf den Lenker des Schlepprades einwirkende (eingeprägte) Kraft $\boldsymbol{F}$ sei gegeben. Der Massen-Mittelpunkt des Systems – bestehend aus Rad und Radrahmen – liege zentral auf der Radachse. Die Masse des Systems (Rad plus Rahmen) sei m, die Massen-Trägheitsmomente seien

θ_1 für die Drehung von Rad und Rahmen um die vertikale Achse,

θ_3 für die Eigenrotation des Rades.

Als generalisierte Koordinaten führen wir ein:

$q_1 = x$

$q_2 = y$

$q_3 = \varphi$ (Eigenrotationswinkel)

$q_4 = \psi$ (Winkel zwischen x-Achse und Bahn-Tangente = Winkel für Drehung um die vertikale Achse).

Zwischen den Koordinaten q_i bestehen die nichtholonomen Rollbedingungen (vgl. Abschnitt 9.1)

$$\sum_i a_{i1}\dot{q}_i = \dot{q}_1 - \cos q_4\, r\, \dot{q}_3 = 0 \tag{1*}$$

$$\sum_i a_{i2}\dot{q}_i = \dot{q}_2 - \sin q_4\, r\, \dot{q}_3 = 0\,. \tag{2*}$$

Wir können diese Beziehungen auch überführen in

$$\sqrt{(\dot{q}_1)^2 + (\dot{q}_2)^2} = r\,\dot{q}_3$$

$$\dot{q}_1 \sin q_4 - \dot{q}_2 \cos q_4 = 0$$

Das System, das global den Freiheitsgrad $\lambda = 4$ hat, hat aufgrund dieser nichtholonomen Bindungen im Differentiellen nur den Freiheitsgrad $\lambda = 2$.

Für die kinetische Energie des Systems gilt

$$E = \frac{1}{2} m\left[(\dot{q}_1)^2 + (\dot{q}_2)^2\right] + \frac{1}{2}\theta_3(\dot{q}_3)^2 + \frac{1}{2}\theta_1(\dot{q}_4)^2\,.$$

Die Lage des Kraftangriffspunktes $\bar{0}$ können wir beschreiben durch

$$\boldsymbol{r}_{\bar{0}} = (q_1 + e\cos q_4)\boldsymbol{e}_x + (q_2 + e\sin q_4)\boldsymbol{e}_y\,.$$

Damit erhalten wir

$$\delta\boldsymbol{r}_{\bar{0}} = \sum_i \frac{\partial \boldsymbol{r}_{\bar{0}}}{\partial q_i}\delta q_i = \left[\delta q_1 - e\sin q_4\,\delta q_4\right]\boldsymbol{e}_x + \left[\delta q_2 + e\cos q_4\,\delta q_4\right]\boldsymbol{e}_y\,.$$

Für die generalisierten Kräfte

$$Q_i = \boldsymbol{F}\cdot\frac{\partial \boldsymbol{r}_{\bar{0}}}{\partial q_i}$$

folgt daraus

$$\begin{aligned} Q_1 &= F_x \\ Q_2 &= F_y \\ Q_3 &= 0 \\ Q_4 &= -F_x\, e\, \sin q_4 + F_y\, e\, \cos q_4\,. \end{aligned}$$

Setzen wir diese Ausdrücke in die *Lagrange*schen Gleichungen (erster Art)

$$\frac{\mathrm{d}}{\mathrm{d}t}\left(\frac{\partial E}{\partial \dot{q}_i}\right) - \frac{\partial E}{\partial q_i} = Q_i + \sum_{k=2}^{2}\lambda_k^* a_{ik}$$

(vgl. Satz 9.8) ein, so erhalten wir die folgenden vier Gleichungen

$$m\ddot{q}_1 = F_x + \lambda_1^* \tag{1}$$

$$m\ddot{q}_2 = F_y + \lambda_2^* \tag{2}$$

$$\theta_3\,\ddot{q}_3 = -\lambda_1^* r\cos q_4 - \lambda_2^* r\sin q_4 \tag{3}$$

$$\theta_1\,\ddot{q}_4 = -F_x\, e\sin q_4 + F_y\, e\cos q_4\,. \tag{4}$$

Dazu kommen dann noch die Gleichungen (1*) und (2*). Damit stehen uns insgesamt sechs Gleichungen für die vier q_i und die zwei λ_k^* zur Verfügung.

Gleichung (4) können wir, da $\boldsymbol{F}(t)$ gegeben ist, gesondert integrieren und so $q_4(t)$ ermitteln.

Die *Lagrange*schen Multiplikatoren λ_1^* und λ_2^* stellen die in x- bzw. y-Richtung am Fußpunkt der Rolle angreifenden Reaktionen dar. Wir können diese Größen aus den Gleichungen eliminieren, indem wir (1) mit $r\cos q_4$, (2) mit $r\sin q_4$ multiplizieren und die multiplizierten Gleichungen dann zu (3) addieren. Das ergibt

$$\theta_3\,\ddot{q}_3 + m\,r\,[\ddot{q}_1\cos q_4 + \ddot{q}_2\sin q_4] = r\,[F_x\cos q_4 + F_y\sin q_4]\ .$$

Aus dieser Gleichung können wir noch q_1 und q_2 eliminieren. Dazu differenzieren wir die Gleichungen (1*) und (2*) nach der Zeit und erhalten

$$\ddot{q}_1 = r\,[\ddot{q}_3\cos q_4 - \dot{q}_3\dot{q}_4\sin q_4]$$
$$\ddot{q}_2 = r\,[\ddot{q}_3\sin q_4 + \dot{q}_3\dot{q}_4\cos q_4]\ .$$

Setzen wir das oben ein, so folgt nach kurzer Zwischenrechnung

$$\left[\theta_3 + m\,r^2\right]\ddot{q}_3 = r\,[F_x\cos q_4 + F_y\sin q_4]\ .$$

Diese Gleichung ist, nachdem wir zuvor $q_4(t)$ durch Integration der Gleichung (4) ermittelt haben, nun ebenfalls unmittelbar zu integrieren. Mit bekannten $q_3(t)$ und $q_4(t)$ können dann auch die Gleichungen (1*) und (2*) integriert und aus (1) und (2) die Größen λ_1^* und λ_2^* ermittelt werden.

9.5 Einige ergänzende Bemerkungen

Wir kehren zu dem in Abschnitt 6.3 behandelten zweiten Beispiel zurück und wollen es noch einmal – jetzt aber unter dem Blickwinkel der analytischen Mechanik – betrachten. Das Windwerk (Bild 6.13) hat den Freiheitsgrad $\lambda = 1$. Wir benötigen also nur eine generalisierte Koordinate q, um die momentane Konfiguration des Systems festzulegen.

Identifizieren wir q mit dem Drehwinkel φ_1 der Winden-Trommel, so erhalten wir:

kinetische Energie: $$E = \frac{1}{2}\left\{\theta_1 + \theta_2\left(\frac{r_1}{r_2}\right)^2 + m\,r_0^2\right\}(\dot{q})^2\ ,$$

generalisierte Kraft: $$Q = M\,\frac{r_1}{r_2} - mg\,r_0\ .$$

Daraus folgt – nach *Lagrange* – als Bewegungsgleichung wie in Abschnitt 6.3

$$\left\{\theta_1 + \theta_2\left(\frac{r_1}{r_2}\right)^2 + m\,r_0^2\right\}\ddot{q} = M\,\frac{r_1}{r_2} - mg\,r_0\ .$$

Identifizieren wir dagegen q mit der Koordinate h der zu hebenden Masse m, so folgt

kinetische Energie: $$E = \frac{1}{2}\left\{m + \frac{1}{r_0^2}\left[\theta_1 + \theta_2\left(\frac{r_1}{r_2}\right)^2\right]\right\}(\dot{q})^2,$$

generalisierte Kraft: $$Q = -mg + \frac{1}{r_0} M \frac{r_1}{r_2}.$$

Das führt auf die Bewegungsgleichung

$$\left\{m + \frac{1}{r_0^2}\left[\theta_1 + \theta_2\left(\frac{r_1}{r_2}\right)^2\right]\right\}\ddot{q} = M\frac{r_1}{r_0 r_2} - mg.$$

Auf die dritte sich unmittelbar anbietende Möglichkeit, q mit dem Drehwinkel φ_2 des Antriebs zu identifizieren, sei nur kurz hingewiesen.

Wir entnehmen der Gegenüberstellung der verschiedenen Möglichkeiten, daß wir das vorliegende System mit dem Freiheitsgrad $\lambda = 1$ einmal reduzieren können

a) auf eine um eine feste Achse rotierende Trommel mit einem reduzierten Massen-Trägheitsmoment θ_{red} und einem reduzierten Antriebsmoment M_{red},
b) auf eine geradlinig bewegte reduzierte Masse m_{red} mit einer reduzierten Antriebskraft F_{red}.

Je nach Wahl der generalisierten Koordinate q erhalten wir also verschieden zu integrierende Ersatzsysteme. Diesen Sachverhalt können wir uns auch praktisch zunutze machen, indem wir z.B. ein kompliziertes mechanisches System auf ein einfaches zurückführen, das sich leichter experimentell untersuchen läßt.

Diese Überlegungen lassen sich sofort verallgemeinern. Die analytische Mechanik gibt uns mithin eine allgemeine Methode in die Hand, mit deren Hilfe wir ein gegebenes mechanisches System in ein Ersatzsystem überführen können, das die gleichen Eigenschaften hat, d.h. bei dem die entsprechenden generalisierten Koordinaten die gleiche Zeitabhängigkeit aufweisen. Darüber hinaus können wir auch (theoretische oder reale) Ersatzsysteme konstruieren, die einen niedrigeren Freiheitsgrad λ haben als das Ausgangssystem, bei denen aber dennoch die verbleibenden (reduzierten) Koordinaten wenigstens angenähert die gleiche Zeitabhängigkeit widerspiegeln wie die entsprechenden – als wesentlich angesehenen – Koordinaten des Ausgangssystems.

10 Schwinger mit einem Freiheitsgrad

10.1 Grundbegriffe und Darstellungsmethoden

10.1.1 Allgemeines

Das kinematische Verhalten eines mechanischen Systems (aus einem oder mehreren Körpern mit den zugehörigen kinematischen Bindungen) können wir durch die Angabe der zeitabhängigen generalisierten Koordinaten $q_i(t)\,(i = 1, 2 \ldots n)$ beschreiben. Die Anzahl n der zur vollständigen Beschreibung des Systems erforderlichen Koordinaten hängt dabei vom Freiheitsgrad des Systems ab. n ist endlich, solange wir die im System enthaltenen Körper als starr betrachten.

Schwankt eine solche generalisierte Koordinate im zeitlichen Verlauf mehr oder weniger regelmäßig (oder auch zufallsbedingt) um einen Mittelwert (der selbst von der Zeit abhängen kann), so sprechen wir von einer Schwingung. Viele charakteristische Eigenschaften von Schwingungen sowie die zu ihrer Beschreibung gebrauchten Begriffe und Methoden können wir bereits erörtern, wenn wir uns auf die Betrachtung einer Koordinate bzw. auf Systeme mit einem Freiheitsgrad $\lambda = 1$, auf sogenannte einfache Schwinger beschränken. Dementsprechend lassen wir im folgenden zur Vereinfachung den Index i fort und schreiben $q(t)$ statt $q_i(t)$. Zwei einfache Beispiele solcher Systeme, die wir in anderem Zusammenhang bereits behandelt haben, sind in Bild 10.1 angegeben.

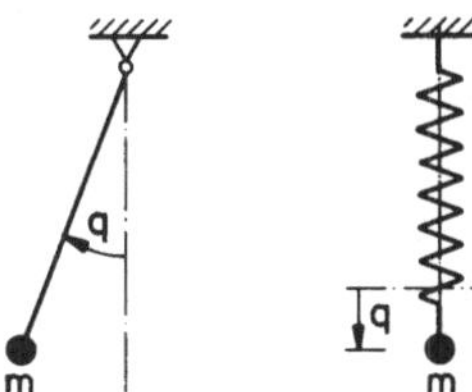

Bild 10.1
Einfache Schwinger

Zur Beschreibung eines Schwingungsvorganges bieten sich insbesondere zwei Wege an (s. Bild 10.2)

1. die Angabe von $q(t)$: Darstellung im Ausschlag-Zeit-Diagramm,
2. die Angabe von $\dot{q}(q)$: Darstellung in der Phasenebene.

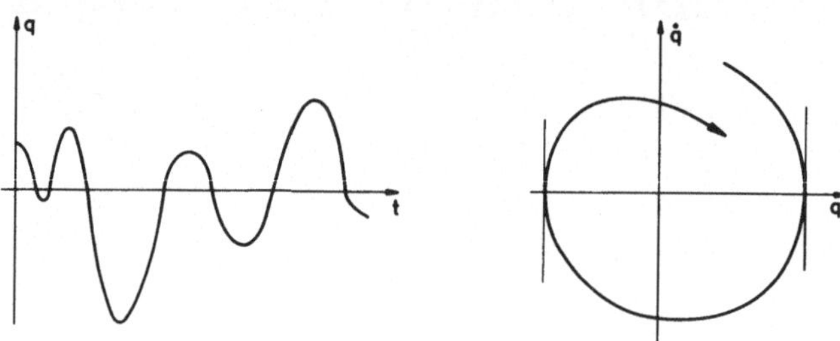

Bild 10.2 Ausschlag-Zeit-Diagramm (links) und Darstellung in der Phasenebene (rechts)

Beide Darstellungen sind äquivalent (vgl. Abschnitt 2.2.1). Aus $\dot{q}(q)$ folgt nämlich

$$\int_{t_0}^{t} \mathrm{d}t = \int_{q_0}^{q} \frac{\mathrm{d}q}{\dot{q}(q)} \quad \rightarrow \quad t = t(q) \quad \text{bzw.} \quad q = q(t)\,.$$

Anzumerken ist noch, daß die Phasenkurve $\dot{q}(q)$ immer im Uhrzeigersinn durchlaufen wird und daß sie dort, wo sie die q-Achse schneidet, eine vertikale Tangente hat, wie leicht einzusehen ist.

Für den Sonderfall periodischer Schwingungen gilt (vgl. Bild 10.3)

$$q(t+T) = q(t); \quad T = \text{konst.}$$

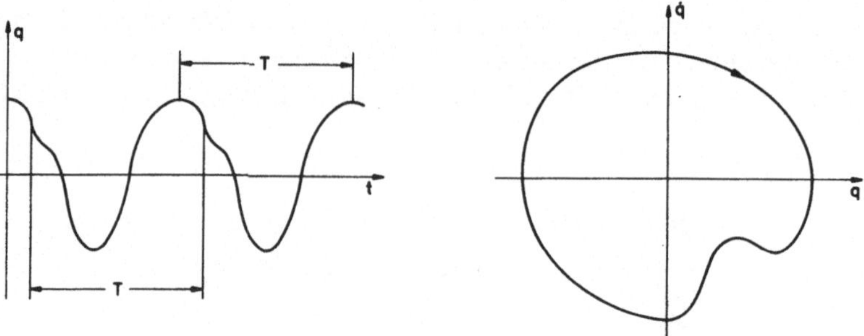

Bild 10.3 Periodische Schwingung

Wir nennen

T	[Z] :	Periodendauer (kurz: Periode) der Schwingung (auch Schwingungsdauer = Dauer einer Schwingung).
$\frac{1}{T} = f$	$[Z^{-1}]$:	Frequenz der Schwingung,
$2\pi f = \omega$	$[Z^{-1}]$:	Kreisfrequenz der Schwingung.

Benutzen wir - wie meist üblich - als Maßeinheit für die Periode die *Sekunde* (s), so erhält man als Kehrwert die Frequenz in der Maßeinheit *Hertz* (s^{-1}) (abgekürzt: Hz), benannt nach *H. Hertz* (1857-1894). Der zugehörige Zahlenwert gibt dann an, wieviel Schwingungsperioden auf eine Sekunde entfallen.

In der Phasenebene stellen sich periodische Schwingungen als geschlossene Kurven dar. Die Darstellung einer Schwingung in der Phasenebene kann also auch Vorteile haben. Sie gewährt häufig einen unmittelbaren Einblick in wesentliche Merkmale des Schwingungsvorganges. Im folgenden wollen wir deshalb auch stets beide Darstellungen zusammen angeben.

Verfolgen wir den Schwingungsvorgang in einem Zeitintervall $\Delta t = t_1 - t_0$, so können wir definieren

$q_{\max}$:	Größtwert
$q_{\min}$:	Kleinstwert
$q_{\max} - q_{\min}$:	Schwingungsweite
$\frac{1}{2}(q_{\max} - q_{\min})$:	Amplitude a bzw. $\hat{q}$
$\frac{1}{2}(q_{\max} + q_{\min})$:	Mittelwert q_m

Der Begriff Amplitude ist in der Regel allerdings nur bei periodischen oder nahezu periodischen Schwingungen gebräuchlich. Alle Größen sind im allgemeinen von dem ins Auge gefaßten Zeitintervall, d.h. von t_0 und t_1 abhängig. Bei periodischen Schwingungen werden jedoch für $\Delta t \geqslant T$ alle Größen zeitunabhängig. Deshalb können wir durch Einführung von

$$\bar{q} = q - q_m ,$$

d.h. durch eine einfache (lineare) Koordinaten-Transformation auch erreichen, daß für alle Zeitintervalle $\Delta t \geqslant T$

$$\bar{q}_m = 0$$

und

$$\bar{q}_{\max} = |\bar{q}_{\min}| = a$$

wird. Davon machen wir im folgenden Gebrauch, ohne dies jeweils durch Überstreichung von q zu kennzeichnen.

Bei periodischen Schwingungen genügt es dann auch, den zeitlichen Verlauf der Schwingung während einer Periode zu betrachten. Alle kinematischen Größen der Schwingung wie Frequenz, Amplitude usw. lassen sich daraus ermitteln.

Die wichtigste Grundform periodischer Schwingungen ist die harmonische Schwingung (Sinus- bzw. Cosinus-Schwingung), die wir bereits mehrfach behandelt haben.

Alle periodischen Schwingungen lassen sich auf eine Überlagerung harmonischer Schwingungen zurückführen.

Bei nichtperiodischen Schwingungen ist die Mannigfaltigkeit der Erscheinungsformen sehr viel größer. Eine besondere Gruppe bilden dabei zufallsbedingte Schwingungen, die sich als stochastischer Prozeß nur mit den Methoden der Statistik beschreiben lassen. Mit solchen Schwingungen haben wir es etwa bei Bauwerken zu tun, die durch vom Straßenverkehr herrührende Erschütterungen zu Schwingungen angeregt werden. Im folgenden wollen wir uns jedoch auf solche Schwingungen beschränken, die auf deterministische Vorgänge zurückzuführen sind.

Im übrigen wollen wir im folgenden die unterschiedlichen Schwingungsvorgänge entsprechend der jeweiligen Schwingungsanregung unterscheiden in

a) autonome Schwingungen, bei denen der Schwingungsvorgang durch den Schwinger selbst bestimmt wird, und
b) heteronome Schwingungen, bei denen der Schwingungsvorgang fremd gesteuert wird.

Zu den autonomen Schwingungen zählen wir in erster Linie die Eigenschwingungen, d.h. die Bewegungen eines sich selbst überlassenen Schwingers, die nur vom System und seinem Anfangszustand abhängen. Ebenfalls zu den autonomen Schwingungen gehören die selbsterregten Schwingungen eines sich selbst überlassenen Systems, die unter geregelter Zufuhr von Energie ablaufen, wobei die Regelung durch die Bewegung des Schwingers selbst erfolgt. Ein typisches Beispiel hierfür ist die Bewegung der Unruhe einer Uhr, die ihre Energie aus einer gespannten Feder bzw. aus einer Gewichtskraft zieht.

Zu den heteronomen oder fremdgesteuerten Schwingungen zählen wir die erzwungenen Schwingungen, die durch zeitliche Veränderung (Störung) der Bewegung von außen angeregt werden sowie die parametererregten Schwingungen als Folge (fremd gesteuerter) zeitlicher Veränderung der Systemparameter.

Mathematisch werden die autonomen Schwingungen durch homogene Differentialgleichungen beschrieben, während erzwungene Schwingungen stets mit inhomogenen Differentialgleichungen verbunden sind. Selbsterregte Schwingungen führen allerdings von vornherein auf nichtlineare Differentialgleichungen, parametererregte Schwingungen schließlich werden durch homogene Differentialgleichungen mit zeitabhängig veränderlichen Koeffizienten charakterisiert.

Im Rahmen unserer Überlegungen wollen wir uns hier auf die Untersuchung linearer Systeme beschränken. Von den genannten Schwingungsarten verbleiben dann lediglich die Eigenschwingungen als ein Beispiel für autonome Bewegungen sowie die erzwungenen Schwingungen als Beispiel für heteronome Bewegungen. Mit diesen beiden Schwingungsarten wollen wir uns in den folgenden beiden Abschnitten etwas eingehender auseinandersetzen.

Zuvor jedoch wollen wir auf die verschiedenen Darstellungsformen für Schwingungen eingehen. Dazu betrachten wir zunächst nur harmonische Schwingungen.

10.1.2 Darstellung im Ausschlag-Zeit-Diagramm

Stellen wir eine harmonische Schwingung im Ausschlag-Zeit-Diagramm als $q(t)$ dar, so können wir sie wahlweise als Cosinus- oder als Sinus-Schwingung beschreiben:

$$\begin{aligned} q(t) &= q_m + a \cos(\omega t + \varphi) \\ &= q_m + a \sin(\omega t + \vartheta) \end{aligned}$$

mit

$$\omega = \frac{2\pi}{T}$$

und

$$\vartheta = \varphi + \frac{\pi}{2} .$$

Aus praktischen Gründen bevorzugen wir die erste Schreibweise. Durch geeignete Festlegung des Koordinaten-Ursprungs können wir stets erreichen, daß

$$q_m = 0$$

wird, ohne damit die Allgemeinheit der Betrachtung einzuschränken. Deshalb gilt (mit $a = \hat{q}$)

Satz 10.1: Jede harmonische Schwingung ist in der Form

$$q(t) = \hat{q} \cos\big(\omega t + \varphi\big) = \hat{q} \cos\omega\big(t + \frac{\varphi}{\omega}\big)$$

darstellbar. Hierin bezeichnet

$\omega t + \varphi$	den Phasenwinkel (kurz: die Phase) der Schwingung,
φ	den Nullphasenwinkel,
$\frac{\varphi}{\omega}$	die Nullphasenzeit.

Aus den Additionstheoremen für Winkelfunktionen folgt

$$\begin{aligned} q(t) = \hat{q} \cos(\omega t + \varphi) &= \hat{q} \cos\varphi \cos\omega t - \hat{q} \sin\varphi \sin\omega t \\ &= a_1 \cos\omega t + a_2 \sin\omega t . \end{aligned}$$

Deshalb gilt

Satz 10.2: Jede harmonische Schwingung

$$q(t) = \hat{q} \cos(\omega t + \varphi)$$

läßt sich auch als Überlagerung einer Cosinus- und einer Sinus-Schwingung gleicher Frequenz darstellen, die beide den Nullphasenwinkel Null haben:

$$q(t) = a_1 \cos\omega t + a_2 \sin\omega t\,.$$

Zwischen diesen beiden Darstellungsformen gilt die Beziehung

$$a_1 = \hat{q}\,\cos\varphi\,, \qquad a_2 = -\hat{q}\,\sin\varphi$$

bzw.

$$\hat{q} = a = \sqrt{a_1^2 + a_2^2}\,, \qquad \varphi = \arctan\frac{-a_2}{a_1}\,.$$

Aus Satz 10.2 läßt sich unmittelbar folgern

Satz 10.3: Die Überlagerung gleichfrequenter, harmonischer, aber sonst beliebiger Schwingungen ergibt stets wieder eine harmonische Schwingung gleicher Frequenz.

Stellen wir nämlich die einzelnen Schwingungen in der Form

$$q_i(t) = q_{im} + a_{i1}\cos\omega t + a_{i2}\sin\omega t$$

dar (hier müssen wir die Mittelwerte q_{im} mitnehmen, da sie für die einzelnen Schwingungen verschieden sein können), so liefert die Summation über i

$$\begin{aligned} q(t) &= \sum_i q_i(t) = \sum_i q_{im} + \Big(\sum_i a_{i1}\Big)\cos\omega t + \Big(\sum_i a_{i2}\Big)\sin\omega t \\ &= q_m + a_1\cos\omega t + a_2\sin\omega t = q_m + a\,\cos(\omega t + \varphi)\,, \end{aligned}$$

10.1.3 Darstellung in der Phasenebene

Für die Darstellung harmonischer Schwingungen in der Phasenebene folgt aus

$$q(t) = \hat{q}\,\cos(\omega t + \varphi)$$

und

$$\dot{q}(t) = -\hat{q}\,\omega\,\sin(\omega t + \varphi)$$

die Beziehung

$$q^2(t) + \left(\frac{\dot{q}(t)}{\omega}\right)^2 = \hat{q}^2 = a^2\,,$$

d.h. die Phasenkurven harmonischer Schwingungen sind Ellipsen (vgl. Bild 10.4).

Setzen wir $\omega t = \tau$ und bilden

$$\frac{\mathrm{d}q}{\mathrm{d}\tau} = q'(\tau)$$

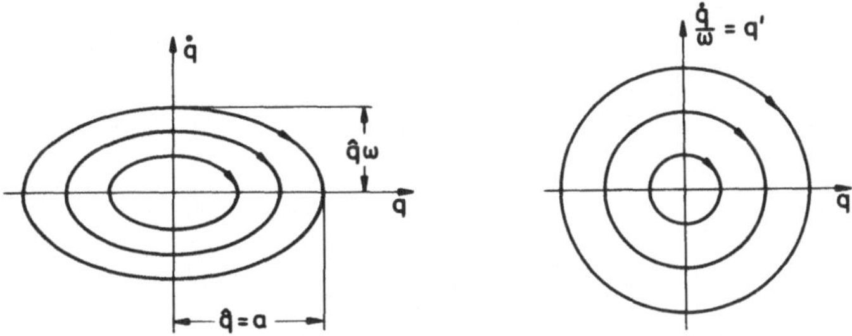

Bild 10.4 Phasenkurven harmonischer Schwingungen

so erhalten wir

$$q' = \frac{1}{\omega}\,\frac{\mathrm{d}q}{\mathrm{d}t} = \frac{1}{\omega}\,\dot{q}\,.$$

Tragen wir nun $q' = \dot{q}/\omega$ in Abhängigkeit von q auf und benutzen gleiche Maßstäbe für q und q', so gehen die Phasenkurven harmonischer Schwingungen in Kreise über (vgl. Bild 10.4). Wir nennen das die Darstellung in der normierten Phasenebene.

Amplitude $a = \hat{q}$ und Nullphasenwinkel φ können wir in der normierten Phasenebene durch eine gerichtete Strecke kennzeichnen. Diese Darstellung erlaubt es, die Überlagerung zweier gleichfrequenter harmonischer Schwingungen als vektorielle Addition gerichteter Strecken zu interpretieren (vgl. Bild 10.5). Diese Feststellung können wir verallgemeinern zu

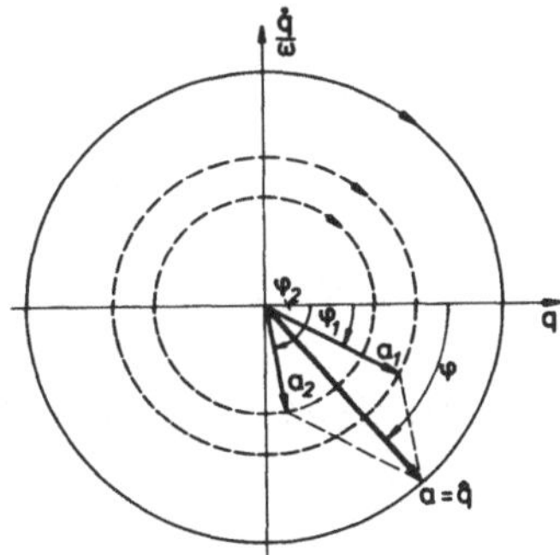

Bild 10.5
Überlagerung harmonischer Schwingungen

Satz 10.4: Die Überlagerung gleichfrequenter harmonischer Schwingungen, deren Anfangszustand zur Zeit $t = 0$ in der normierten Phasenebene jeweils durch eine gerichtete Strecke entsprechend der Amplitude a_i und dem Nullphasenwinkel φ_i repräsentiert ist, stellt sich als vektorielle Addition dieser gerichteten Strecken dar.

10.1.4 Darstellung in der komplexen Zahlenebene

Eine mit der Darstellung in der normierten Phasenebene in engem Zusammenhang stehende Beschreibung harmonischer Schwingungen erhalten wir auf folgende Weise (vgl. Bild 10.6):

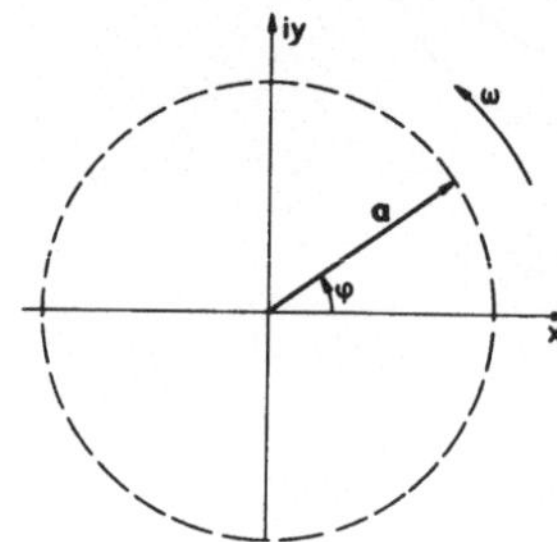

Bild 10.6
Zeigerdiagramm

Rotiert in der komplexen Zahlenebene

$$z = x + iy$$

ein Zeiger (Vektor) mit der Winkelgeschwindigkeit ω, der zur Zeit $t = 0$ durch

$$\boldsymbol{a} = a\, e^{i\varphi}$$

gegeben ist, so gilt für die durch die Zeigerspitze beschriebene Kurve

$$z(t) = x(t) + iy(t) = \boldsymbol{a}\, e^{i\omega t} = a\, e^{i(\omega t+\varphi)} .$$

Der Realteil dieser komplexen Funktion $z(t)$ ist

$$\mathrm{Re}\{z(t)\} = x(t) = a\,\cos(\omega t + \varphi) .$$

Entsprechend erhalten wir für den Imaginärteil

$$\mathrm{Im}\{z(t)\} = y(t) = a\,\sin(\omega t + \varphi) .$$

Der Zusammenhang mit der Darstellung einer harmonischen Schwingung in der normierten Phasenebene ergibt sich aus

$$x(t) = \mathrm{Re}\{z(t)\} = q(t)$$

und

$$y(t) = \mathrm{Im}\{z(t)\} = -\frac{1}{\omega}\,\dot{q}(t) .$$

Gegenüber der Darstellung in der normierten Phasenebene kehren sich allerdings die positive Richtung der Auftragung von $\dot{q}/\omega$ und der Drehsinn des Zeigers um. Wir nennen diese Darstellung durch einen mit ω in der komplexen Zahlenebene umlaufenden Zeiger das Zeigerdiagramm (oder auch Vektordiagramm) der harmonischen

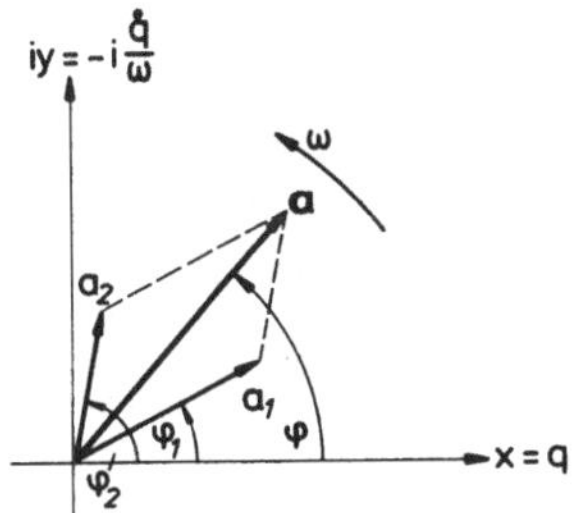

Bild 10.7
Überlagerung harmonischer Schwingungen im Zeigerdiagramm

Schwingung, da es – bei gegebener Kreisfrequenz – genügt, die Lage des Zeigers $\boldsymbol{a}$ zur Zeit $t = 0$ anzugeben, um den Schwingungsvorgang eindeutig festzulegen. Für die Überlagerung gleichfrequenter harmonischer Schwingungen gilt im übrigen (vgl. Bild 10.7) der zu Satz 10.4 analoge

---

Satz 10.5: Die Überlagerung gleichfrequenter harmonischer Schwingungen stellt sich im Zeigerdiagramm als vektorielle Addition der Zeiger dar.

10.2 Autonome Schwingungen eines einfachen, linearen Systems

Wir betrachten hier Systeme mit dem Freiheitsgrad $\lambda = 1$, die nach einer anfänglichen Störung ihrer Gleichgewichtslage Bewegungen um diese Gleichgewichtslage, also sogenannte Eigenschwingungen, ausführen. Die kinematischen Bindungen, denen das System unterliegt, seien holonom und skleronom (vgl. Abschnitt 9.1). Ferner wollen wir voraussetzen, daß die Bewegungsgleichung linear sei.

Wir unterscheiden im folgenden zwischen konservativen Systemen, bei denen die mechanische Gesamtenergie erhalten bleibt, und Systemen mit Dämpfung, bei denen mechanische Energie dissipiert wird.

10.2.1 Konservative Eigenschwingungen

10.2.1.1 Die Differentialgleichung und ihre allgemeine Lösung

Konservative Systeme mit dem Freiheitsgrad $\lambda = 1$ haben wir bereits in den Kapiteln 2 und 6 kennengelernt. Idealisiert sind solche Systeme stets aus Massenpunkten oder starren Körpern und aus Speichern potentieller Energie aufgebaut, wie sie z.B. das Schwerefeld oder Longitudinalfedern (Federkonstante c) bzw. Torsionsfedern (Federkonstante c^*) darstellen. Die generalisierte Koordinate $q(t)$, die die Lage des Systems beschreibt, wird dann jeweils so eingeführt, daß in der Gleichgewichtslage $q = 0$ ist. Äußere Kräfte wirken (abgesehen von der Schwere) nicht auf die Systeme ein. Sie sind also sich selbst überlassen. Zum Aufstellen der Bewegungsgleichungen benutzen wir entweder das Prinzip von *d'Alembert* (vgl. Abschnitt 4.5) oder – alternativ, wie im vorigen Kapitel – die *Lagrange*schen Gleichungen.

Wir stellen fest, daß wir bei konservativen Eigenschwingungen eines linearen (oder näherungsweise linearisierten) Schwingers die Bewegungsgleichungen stets auf die Form

$$\ddot{q} + \omega^2 q = 0$$

mit den Anfangsbedingungen

$$q(0) = q_0$$
$$\dot{q}(0) = \dot{q}_0$$

bringen können. Für manche Zwecke ist es vorteilhafter, anstelle von t die dimensionslose Variable $\tau = \omega t$ einzuführen. Dann geht die Bewegungsgleichung über in die normierte Form

$$\frac{\mathrm{d}^2 q}{\mathrm{d}\tau^2} + q = q'' + q = 0$$

mit den Anfangsbedingungen

$$q(0) = q_0$$
$$q'(0) = \frac{1}{\omega}\dot{q}_0 = q_0' \,.$$

Die allgemeine Lösung dieser Differentialgleichung lautet

$$q(t) = a_1 \cos\omega t + a_2 \sin\omega t = \hat{q}\cos(\omega t + \varphi)$$

bzw.

$$q(\tau) = a_1 \cos\tau + a_2 \sin\tau = \hat{q}\cos(\tau + \varphi)\,.$$

Sie stellt also eine harmonische Schwingung dar. Die freien Konstanten a_1, a_2 bzw. $\hat{q}$, φ sind aus den Anfangsbedingungen

$$q(0) = q_0 = a_1 = \hat{q}\cos\varphi$$
$$\dot{q}(0) = \dot{q}_0 = \omega q_0' = a_2\,\omega = -\hat{q}\,\omega\sin\varphi$$

zu bestimmen. Wir erhalten

$$a_1 = q_0\,, \qquad a_2 = \frac{1}{\omega}\dot{q}_0 = q_0'$$

bzw.

$$\hat{q} = q_0\sqrt{1 + \left(\frac{\dot{q}_0}{\omega q_0}\right)^2} = q_0\sqrt{1 + \left(\frac{q_0'}{q_0}\right)^2}$$

$$\varphi = \arctan\frac{-\dot{q}_0}{\omega q_0} = \arctan\frac{-q_0'}{q_0}\,.$$

Setzen wir dies oben ein, so ergibt sich schließlich als allgemeine Lösung

$$q(t) = q_0 \cos \omega t + \frac{\dot{q}_0}{\omega} \sin \omega t$$
$$= q_0 \sqrt{1 + \left(\frac{\dot{q}_0}{\omega q_0}\right)^2} \cos\left(\omega t + \arctan \frac{-\dot{q}_0}{\omega q_0}\right)$$

bzw.

$$q(\tau) = q_0 \cos \tau + q_0' \sin \tau$$
$$= q_0 \sqrt{1 + \left(\frac{q_0'}{q_0}\right)^2} \cos\left(\tau + \arctan \frac{-q_0'}{q_0}\right) .$$

Das Phasenporträt können wir aus der allgemeinen Lösung $q(t)$ der Differentialgleichung ermitteln (vgl. Abschnitt 10.1.3). Wir können es aber auch direkt aus der Differentialgleichung ableiten. Dazu gehen wir zweckmäßig von der normierten Form aus und formen um

$$q'' + q = \frac{\mathrm{d}q'}{\mathrm{d}q} q' + q = 0 .$$

Diese Gleichung ist durch Trennung der Variablen zu integrieren. Wir erhalten

$$\int_{q_0}^{q} q \,\mathrm{d}q + \int_{q_0'}^{q'} q' \,\mathrm{d}q' = \frac{1}{2}\{q^2 + q'^2\} - \frac{1}{2}\{q_0^2 + q_0'^2\} = 0$$

also

$$q^2 + q'^2 = \text{konst.}$$

Das normierte Phasenporträt der konservativen Eigenschwingungen eines einfachen, linearen Schwingers besteht demnach aus konzentrischen Kreisen. Die stabile Gleichgewichtslage ($q = 0$) stellt einen Wirbelpunkt dar.

10.2.1.2 Energiebetrachtungen

Für konservative Systeme gilt (vgl. Abschnitt 1.3)

$$E + \Phi = \text{konst.}$$

Für den Vergleich zweier Zustände $(1, 2)$ ergibt sich mithin

$$E_1 + \Phi_1 - (E_2 + \Phi_2) = \Delta(E + \Phi) = 0 .$$

Daraus folgern wir:

$$\text{wenn } E = E_{\text{max}} \rightarrow \Phi = \Phi_{\text{min}}$$
$$E = E_{\text{min}} \rightarrow \Phi = \Phi_{\text{max}}\,.$$

Nun ist in jedem Falle

$$E_{\text{min}} = 0\,.$$

Also gilt

$$E_{\text{max}} = \Phi_{\text{max}} - \Phi_{\text{min}} = (\Delta\Phi)_{\text{max}}\,.$$

In einer stabilen Gleichgewichtslage wird die potentielle Energie zu einem Minimum (vgl. Abschnitt 1.3). Da es nur auf Differenzen der potentiellen Energie ankommt, können wir es durch geeignete Festlegung stets erreichen, daß in dieser Gleichgewichtslage die potentielle Energie gerade den Wert Null annimmt:

$$\Phi_{\text{min}} = 0\,.$$

In diesem Fall gilt also

$$E_{\text{max}} = \Phi_{\text{max}} \quad (\text{bei } \Phi_{\text{min}} = 0)\,.$$

Bei linearen konservativen Systemen läßt sich die kinetische Energie – bei entsprechender Koordinatenwahl – stets auf einen Ausdruck der Form

$$E = E(\dot{q}) \sim (\dot{q})^2$$

bringen. Da andererseits

$$\Phi = \Phi(q)$$

ist, liefert uns die Aussage

$$E(\dot{q}) + \Phi(q) = \text{ konst.}$$

eine einfache Möglichkeit, daraus die Darstellung in der Phasenebene zu gewinnen.

1. Beispiel: Horizontale Schwingungen

Wir betrachten horizontale Schwingungen eines reibungsfrei geführten Massenpunktes entsprechend Bild 10.8. Die Feder sei masselos. Dann ist

$$E = \tfrac{m}{2}\,\dot{q}^2 \quad \text{die kinetische Energie,}$$
$$\Phi = \tfrac{c}{2}\,q^2 \quad \text{die potentielle Energie}$$

des Systems, wobei für $q = 0$ die Feder entspannt sei. Also gilt

$$E + \Phi = \frac{m}{2}\,\dot{q}^2 + \frac{c}{2}\,q^2 = K = \text{ konst.}$$

Die Konstante, die den gesamten Energieinhalt des Systems kennzeichnet, ist aus den Anfangswerten zu bestimmen:

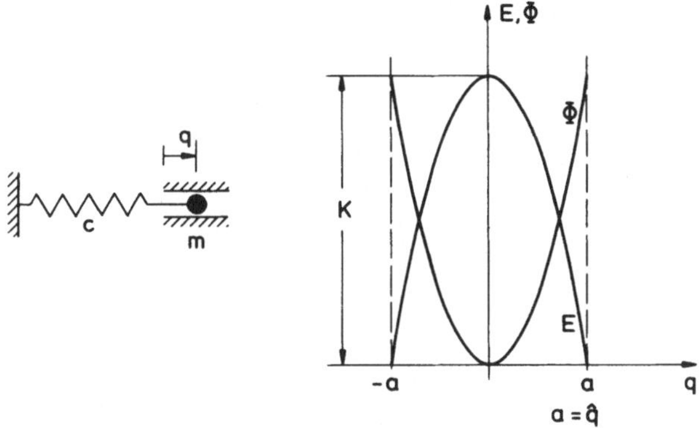

Bild 10.8 Horizontale Schwingungen

$$K = \frac{m}{2}\dot{q}_0^2 + \frac{c}{2}q_0^2 .$$

Wir können die Konstante aber auch mit den Extremwerten von E bzw. Φ identifizieren, denn in der Gleichgewichtslage ($q = 0$) ist:

$$\Phi = \Phi_{\min} = 0 \rightarrow E = E_{\max} = \frac{m}{2}(\dot{q}^2)_{\max} = K ,$$

bzw. in den Extremlagen ($\dot{q} = 0$):

$$E = 0 \rightarrow \Phi = \Phi_{\max} = \frac{c}{2}a^2 = K .$$

Die Energiebetrachtungen bieten uns eine einfache Möglichkeit, daraus die Darstellung in der Phasenebene abzuleiten. In unserem Beispiel folgt (mit $\frac{c}{m} = \omega^2$)

$$\frac{\dot{q}^2}{\omega^2} + q^2 = q'^2 + q^2 = 2\frac{K}{c}$$

bzw.

$$\frac{\dot{q}}{\omega} = q' = \sqrt{2\frac{K}{c} - q^2} .$$

2. Beispiel: Vertikale Schwingungen

Wir betrachten vertikale Schwingungen eines Massenpunktes im Schwerefeld entsprechend Bild 10.9. Die Federmasse sei wiederum vernachlässigbar. Zur Vereinfachung der Ausdrücke für die potentielle Energie zählen wir die Koordinate q von dort aus, wo die Feder entspannt ist. Dorthin legen wir auch das Null-Niveau der potentiellen Energie und erhalten damit:

$E = \frac{m}{2}\dot{q}^2$ kinetische Energie,

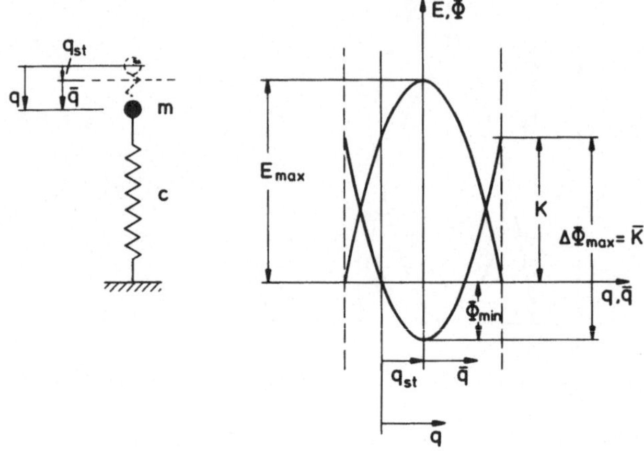

Bild 10.9 Vertikale Schwingungen

$$\Phi = \frac{c}{2} q^2 - mg\,q \quad \text{potentielle Energie.}$$

Die Gleichgewichtslage ermitteln wir aus der Bedingung

$$\frac{\mathrm{d}\Phi}{\mathrm{d}q} = cq - mg = 0 .$$

zu

$$q = \frac{mg}{c} = q_{\text{st}} .$$

q_{st} kennzeichnet dabei die Auslenkung des Systems unter der statischen Belastung durch die Gewichtskraft mg. Für diese Belastung wird Φ zum Minimum, und zwar

$$\Phi_{\text{min}} = \frac{c}{2}(q_{\text{st}})^2 - mg\,q_{\text{st}} = -\frac{c}{2}(q_{\text{st}})^2 .$$

Für die weiteren Betrachtungen ist es nun zweckmäßig, die Auslenkung aus der Gleichgewichtslage, d.h.

$$\bar{q} = q - q_{\text{st}}$$

als neue Variable einzuführen. Mit $\dot{\bar{q}} = \dot{q}$ erhalten wir dann für den Energie-Erhaltungssatz aus

$$E + \Phi = E_0 + \Phi_0 = K$$

die Beziehung

$$\begin{aligned} K &= \frac{m}{2}\dot{q}^2 + \frac{c}{2}q^2 - mg\,q = \frac{m}{2}\dot{\bar{q}}^2 + \frac{c}{2}(\bar{q} + q_{\text{st}})^2 - mg(\bar{q} + q_{\text{st}}) \\ &= \frac{m}{2}\dot{\bar{q}}^2 + \frac{c}{2}\bar{q}^2 + \Phi_{\text{min}} , \end{aligned}$$

also (vgl. Bild 10.9)

$$\frac{m}{2}\dot{\bar{q}}^2 + \frac{c}{2}\bar{q}^2 = K - \Phi_{\min} = \bar{K}\,.$$

Da das Null-Niveau der potentiellen Energie beliebig festsetzbar ist, können wir auch noch nachträglich $\Phi_{\min} = 0$ setzen und erhalten dann genau die gleiche Aussage für das Zusammenspiel zwischen potentieller und kinetischer Energie wie beim vorhergehenden Beispiel, bei dem nur die potentielle Energie der Feder zu berücksichtigen war.

Für die statische Auslenkung unseres Systems hatten wir die Beziehung

$$q_{\mathrm{st}} = \frac{mg}{c}$$

gefunden. Nun ist

$$\frac{c}{m} = \omega^2$$

Deshalb können wir auch schreiben

$$q_{\mathrm{st}} = \frac{g}{\omega^2} \quad \rightarrow \quad \omega = \sqrt{\frac{g}{q_{\mathrm{st}}}}\,.$$

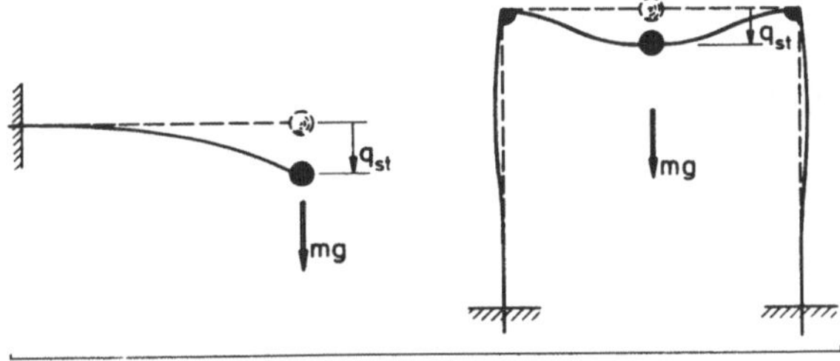

Bild 10.10 Bestimmung der Eigenfrequenzen

Diese Beziehung ist auch auf andere Systeme anwendbar (s. Bild 10.10). Sie erlaubt es uns, die Eigenfrequenz eines aus Massenpunkt und Federn bestehenden linearen, konservativen Systems durch die statische Auslenkung auszudrücken, die der Massenpunkt unter seinem Eigengewicht erfährt, wobei Schwingungsrichtung und Wirkungslinie des Eigengewichtes übereinstimmen müssen.

3. Beispiel: Schwinger in unterschiedlichen Bezugssystemen

Wir betrachten einen einfachen, linearen Schwinger, der auf einem Fahrzeug angebracht ist, das sich mit der konstanten Geschwindigkeit v_0 bewegt (vgl. Bild 10.11 links). Die Bewegung gegenüber dem festen Raum beschreiben wir durch die Koordinate x, die Bewegung gegenüber dem Fahrzeug durch die Koordinate q. Zwischen beiden besteht die Beziehung

$$q = x - v_0 t\,.$$

Im raumfesten Bezugssystem ist der aus Massenpunkt und Feder bestehende Schwinger kein konservatives System. Man erkennt das am einfachsten, wenn man das System an der Verbindungsstelle zwischen Fahrzeug und Feder aufschneidet. Dann sieht man unmittelbar, daß periodisch Energie zu- bzw. abgeführt werden muß, wenn sich das Fahrzeug – und damit auch die Verbindungsstelle zwischen Fahrzeug und Feder – gleichförmig bewegen soll (vgl. Bild 10.11 rechts).

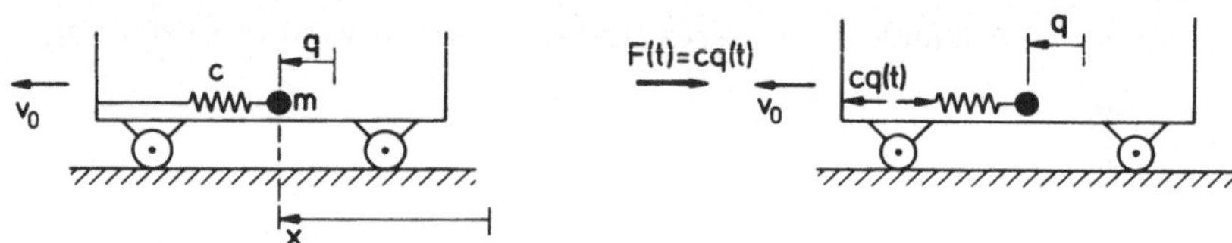

Bild 10.11 Unterschiedliche Bezugssysteme

In einem mit dem Fahrzeug verbundenen Bezugssystem wird der Schwinger jedoch zu einem konservativen System, da in diesem Fall die Verbindungsstelle zwischen Fahrzeug und Feder ruht, also keine Arbeit geleistet wird. Wir erhalten deshalb in diesem gleichförmig bewegten Bezugssystem als Bewegungsgleichung

$$\ddot{q} + \omega^2 q = 0 \qquad \text{mit} \qquad \omega^2 = \frac{c}{m}$$

und aus der Anwendung des Energiesatzes die Aussage

$$\frac{m}{2}\dot{q}^2 + \frac{c}{2}q^2 = \text{konst.}$$

Im raumfesten Bezugssystem lautet dagegen die Bewegungsgleichung

$$\ddot{x} + \omega^2 x = \omega^2 v_0 t\,.$$

10.2.2 Gedämpfte Eigenschwingungen

10.2.2.1 Allgemeines

Hinsichtlich der Dämpfung unterscheiden wir bei linearen Schwingern (vgl. Kapitel 3) zwischen:

1. Dämpfung durch trockene Reibung, für die nach dem Coulombschen Reibungsgesetz

   $$\boldsymbol{F}_R = -\mu F_n \frac{\boldsymbol{v}}{|\boldsymbol{v}|} \qquad (\mu\text{: Gleitreibungs-Koeffizient})$$

   gilt (vgl. Bild 10.12), sowie

2. geschwindigkeitsproportionaler Dämpfung, für die

   $\boldsymbol{F}_D = -d\,\boldsymbol{v}$ (d: Dämpfer-Konstante)

   gilt. Eine solche Charakteristik stellt sich beispielsweise ein, wenn ein Kolben mit kleinem Ringspalt bzw. kleinen Bohrungen in einem Zylinder bewegt wird, der mit einer viskosen (Newtonschen) Flüssigkeit gefüllt ist (vgl. Bild 10.12).

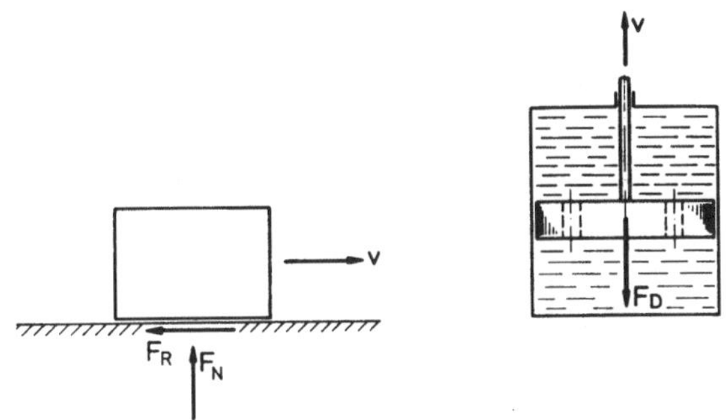

Bild 10.12 Dämpfung: trockene Reibung (links), geschwindigkeitsproportionaler Dämpfer (rechts)

Die beiden vorstehend genannten Dämpfungsarten sind Idealisierungen, die jedoch eine große technische Bedeutung haben, weil man bei konstruktiv vorgesehenen Dämpfern vielfach eine lineare Charakteristik anstrebt. Die ungewollt auftretende, in jedem System vorhandene Dämpfung zeigt dagegen im allgemeinen ein sehr viel komplexeres Verhalten. So führen etwa die Kräfte, die das umgebende Medium (Gas oder Flüssigkeit) auf einen schwingenden Körper ausübt, im allgemeinen auf einen Bewegungswiderstand, der quadratisch vom Betrag der Geschwindigkeit abhängt, also zu einer nichtlinearen Dämpfung.

Wir können darauf hier nicht weiter eingehen, sondern merken lediglich noch an, daß dort, wo Dämpfer konstruktiv vorgesehen sind, die natürlichen Dämpfungen häufig gegenüber den konstruktiv gewollten Dämpfungen vernachlässigbar klein sind.

10.2.2.2 Dämpfung durch trockene (Coulombsche) Reibung

Für das in Bild 10.13 dargestellte System eines einfachen, linearen Schwingers lautet die Gleichgewichtsbedingung (unter Einschluß der Trägheitskräfte)

$$m\,\ddot{q} + c\,q + \mu\, mg\, \operatorname{sgn} \dot{q} = 0\,.$$

Hierin ist

$$\operatorname{sgn} \dot{q} = \begin{cases} +1 \text{ für } \dot{q} > 0 \\ -1 \text{ für } \dot{q} < 0 \end{cases}$$

die Signum-Funktion, die für $\dot{q} = 0$ nicht erklärt ist. Als Bewegungsgleichung erhalten wir damit

$$\ddot{q} + \underbrace{\omega^2 q + \mu\, g \operatorname{sgn} \dot{q}}_{f(q)} = 0\,.$$

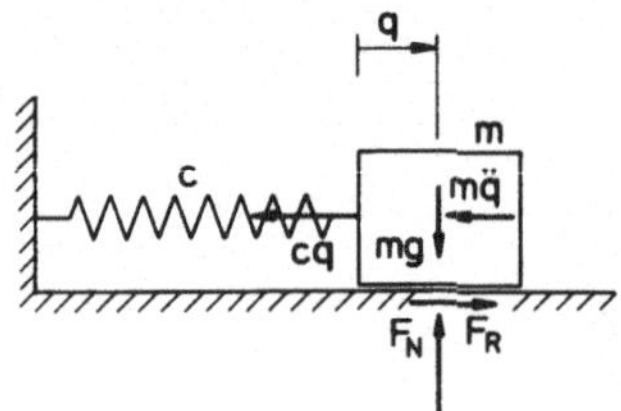

Bild 10.13
Reibschwinger mit $F_R = -\mu\, mg \operatorname{sgn} \dot{q}$

$f(q)$ ist die sogenannte Rückführfunktion, deren – nicht eindeutiger – Verlauf in Bild 10.14 angegeben ist.

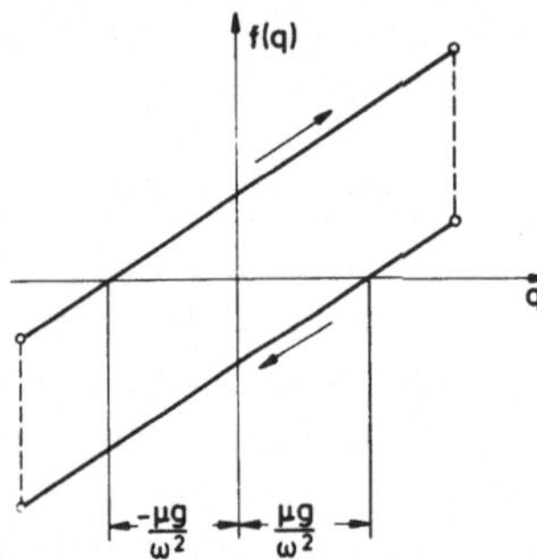

Bild 10.14
Rückführfunktion $f(q)$

Die Lösung der Bewegungsgleichung setzt sich aus harmonischen Halbschwingungen zusammen, bei denen sich der Mittelwert jeweils sprunghaft verschiebt, und zwar ist

$$\text{für } \dot{q} > 0 \rightarrow q_m = -\frac{\mu g}{\omega^2} = -\mu\,\frac{mg}{c}$$

$$\text{für } \dot{q} < 0 \rightarrow q_m = +\frac{\mu g}{\omega^2} = +\mu\,\frac{mg}{c}\,.$$

Die Eigenfrequenz der Schwingungen ist hier die gleiche wie beim ungedämpften Schwinger. Im Ausschlag-Zeit-Diagramm stellt sich die Schwingung wie in Bild 10.15 angegeben dar. Die Schwingung kommt (möglicherweise) zur Ruhe, sobald ein Umkehrpunkt in den durch

$$|q| \leqslant \frac{\mu_0 g}{\omega^2} = \mu_0\,\frac{mg}{c}$$

gekennzeichneten Streifen fällt, in dem Haften möglich ist. Aus Sicherheitsgründen ist es aber richtiger, für den Streifen

$$|q| \leqslant \frac{\mu g}{\omega^2} = \mu \frac{mg}{c}$$

anzunehmen (vgl. Abschnitt 3.3), wie es in Bild 10.15 auch geschehen ist. Die Amplitudenabnahme je Halbschwingung beträgt $2\mu \frac{mg}{c}$.

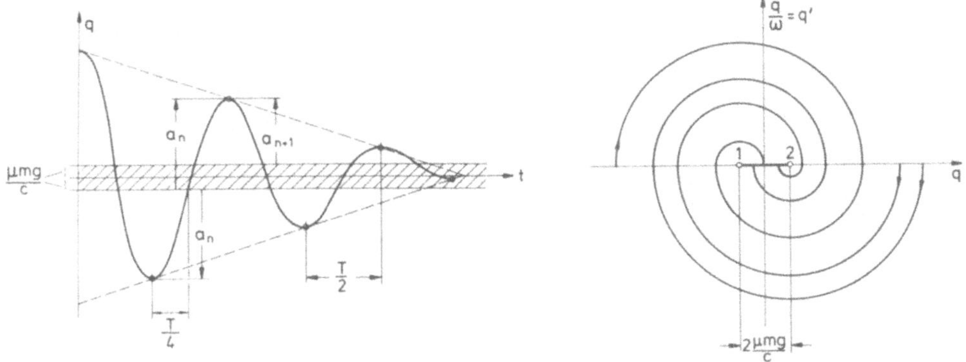

Bild 10.15 Ausschlag-Zeit-Diagramm bzw. Phasenporträt

Das normierte Phasenporträt des betrachteten Schwingers besteht aus aneinandergefügten Halbkreisen, deren Mittelpunkt nach jeder Halbschwingung auf der q-Achse um jeweils $2\mu \frac{mg}{c}$ springt (Bild 10.15).

Die Energieverluste während einer Halbschwingung sind durch die Arbeit der Reibungskraft

$$A_R = \int F_R \, \mathrm{d}q = -\mu mg \left| \int \mathrm{d}q \right|$$

gegeben, wobei als Grenzen des Integrals jeweils die Umkehrpunkte der betreffenden Halbschwingung einzusetzen sind. Wegen des konstanten Betrages der Reibungskraft verläuft die Energieabnahme jeweils linear mit q.

10.2.2.3 Geschwindigkeitsproportionale (Newtonsche) Dämpfung

Für das in Bild 10.16 dargestellte System eines einfachen, linearen Schwingers mit geschwindigkeitsproportionaler Dämpfung lautet die Gleichgewichtsbedingung (unter Einschluß der Trägheitskräfte)

$$m\ddot q + d\dot q + cq = 0 .$$

Daraus folgt als Bewegungsgleichung

$$\ddot q + 2D\omega_0 \dot q + \omega_0^2 q = 0$$

mit $\omega_0^2 = \dfrac{c}{m}$

$$D = \frac{d}{2\,m\,\omega_0} = \frac{d}{2\sqrt{c\,m}}\,.$$

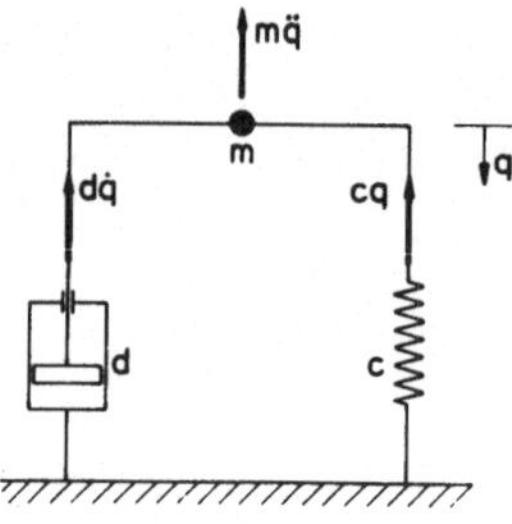

Bild 10.16
System mit geschwindigkeitsproportionaler Dämpfung

ω_0 bezeichnet hierin die Kreis-Eigenfrequenz der ungedämpften Schwingung und D ist die (dimensionslose) Dämpfungszahl (nach *Lehr*).

Die normierte Form der Bewegungsgleichung erhalten wir, indem wir

$$\tau = \omega_0 t$$

als neue Variable einführen. Das führt auf

$$q'' + 2\,D\,q' + q = 0\,.$$

Hier ist es nun vorteilhaft, zu einer Darstellung in der komplexen Zahlenebene überzugehen, indem wir $q(\tau)$ als Realteil einer komplexen Größe $z(\tau)$ einführen:

$$q(\tau) = \mathrm{Re}\{z(\tau)\}\,.$$

$z(\tau)$ gehorcht dabei der gleichen Differentialgleichung

$$z'' + 2\,D\,z' + z = 0\,.$$

Zur Lösung dieser Differentialgleichung setzen wir an

$$z(\tau) = \boldsymbol{a}\,e^{\boldsymbol{\lambda}\tau}$$

mit den komplexen Größen $\boldsymbol{a}$ und $\boldsymbol{\lambda}$. Gehen wir damit in die Differentialgleichung, so folgt als charakteristische Gleichung

$$\boldsymbol{\lambda}^2 + 2\,D\,\boldsymbol{\lambda} + 1 = 0\,.$$

Je nach Größe der Dämpfungszahl sind drei Fälle zu unterscheiden:

1. $D < 1 \rightarrow \boldsymbol{\lambda} = -D \pm i\sqrt{1-D^2}$,
2. $D > 1 \rightarrow \boldsymbol{\lambda} = -D \pm \sqrt{D^2-1}$,
3. $D = 1 \rightarrow \boldsymbol{\lambda} = -1$ (Doppelwurzel)

Wir wollen diese Fälle der Reihe nach untersuchen.

1. Fall: $D < 1$

Aus

$$z(\tau) = \boldsymbol{a}_1^* e^{(-D+i\sqrt{1-D^2})\tau} + \boldsymbol{a}_2^* e^{-(D+i\sqrt{1-D^2})\tau}$$

erhalten wir für $q(\tau)$ die reelle Lösung

$$\begin{aligned} q(\tau) &= e^{-D\tau}\{a_1 \cos(\sqrt{1-D^2}\,\tau) + a_2 \sin(\sqrt{1-D^2}\,\tau)\} \\ &= a\,e^{-D\tau}\cos\{\sqrt{1-D^2}\,\tau + \varphi\} \end{aligned}$$

mit

$$a_1 = \mathrm{Re}(\boldsymbol{a}_1^* + \boldsymbol{a}_2^*) = q_0$$

$$a_2 = -\mathrm{Im}\{\boldsymbol{a}_1^* - \boldsymbol{a}_2^*\} = \frac{q_0' + D\,q_0}{\sqrt{1-D^2}}$$

bzw.

$$a = \sqrt{a_1^2 + a_2^2}\,, \qquad \tan\varphi = \frac{-a_2}{a_1}$$

und $\tau = \omega_0 t$.

Im Ausschlag-Zeit-Diagramm (vgl. Bild 10.17) stellt sich diese Lösung als eine asymptotisch abklingende Schwingung mit zeitabhängiger Amplitude

$$a(t) = a\,e^{-D\,\omega_0\,t}$$

und mit der (zeitunabhängigen) Kreisfrequenz

$$\omega = \omega_0\sqrt{1-D^2} < \omega_0$$

bzw. mit der Periode

$$T = \frac{2\pi}{\omega} = \frac{2\pi}{\omega_0\sqrt{1-D^2}}$$

dar. Die Frequenz der gedämpften Schwingung ist also kleiner als die der ungedämpften Schwingung. Für kleine Dämpfungen ist aber

$$\omega \approx \omega_0\,.$$

Deshalb können wir bei kleinen Dämpfungen, sofern es nur auf die Ermittlung der Eigenfrequenz ankommt, die Dämpfung auch vernachlässigen.

Die Eigenschwingungen eines einfachen, linearen Schwingers mit geschwindigkeitsproportionaler Dämpfung sind modifizierte harmonische Schwingungen mit zeitabhängiger Amplitude. $a(t)$ ist die Gleichung der Hüllkurve im Ausschlag-Zeit-Diagramm (Bild 10.17). Zu beachten ist, daß die Punkte, in denen die Ausschlagkurve die Hüllkurve berührt, nicht mit den Extrema der Ausschläge zusammenfallen.

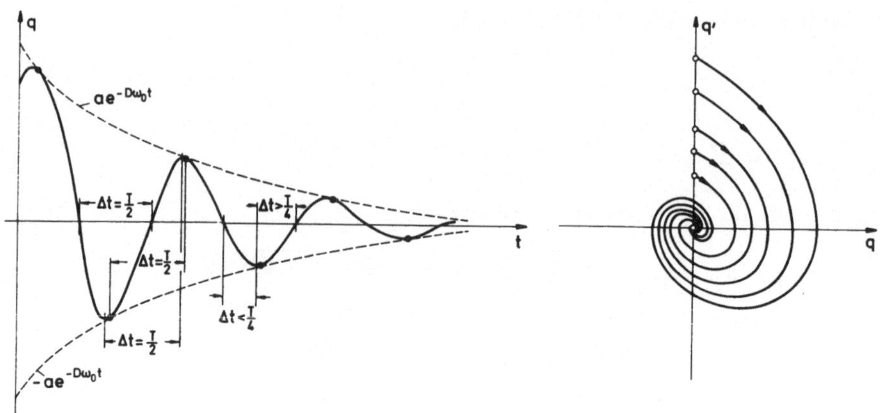

Bild 10.17 Ausschlag-Zeit-Diagramm bzw. Phasenporträt für $D < 1$

Die Nulldurchgänge folgen einander in einem zeitlichen Abstand von $\Delta t = \frac{T}{2}$. Das gleiche gilt für die zeitliche Folge der Extrema. Die Berührungspunkte zwischen Hüllkurve und Ausschlagkurve liegen zeitlich in der Mitte zwischen zwei Nulldurchgängen. Dagegen ist der zeitliche Abstand zwischen Nulldurchgang und nachfolgendem Extremum kleiner als $\frac{T}{4}$, dementsprechend der zeitliche Abstand zwischen Extremum und nachfolgenen Nulldurchgängen größer als $\frac{T}{4}$ (vgl. Bild 10.17). Ferner wird $|\dot{q}|_{\max}$ nicht bei $q = 0$ erreicht, sondern jeweils vor dem Nulldurchgang, und zwar zeitlich in der Mitte zwischen den beiden angrenzenden Extrema.

Das Abklingen der Schwingung läßt sich charakterisieren, indem wir den Quotienten

$$\frac{q(t)}{q(t+T)} = \frac{a\,e^{-D\,\omega_0\,t}\cos(\omega t + \varphi)}{a\,e^{-D\,\omega_0(t+T)}\cos\{\omega(t+T)+\varphi\}}$$
$$= e^{D\,\omega_0\,T} = e^{2\pi\frac{D}{\sqrt{1-D^2}}}$$

bilden. Daraus entnehmen wir, daß das Verhältnis zweier im Zeitabstand einer Periode T aufeinanderfolgender Ausschläge gleich einer festen Zahl ist. Dies gilt insbesondere auch für zwei im Zeitabstand T aufeinanderfolgende Extrema a_n und a_{n+1}. Den (natürlichen) Logarithmus dieser Zahl, d.h. die Größe

$$\ln\frac{q(t)}{q(t+T)} = \ln\frac{a_n}{a_{n+1}} = 2\pi\frac{D}{\sqrt{1-D^2}} = \vartheta$$

bezeichnet man als das logarithmische Dekrement der Schwingung. Die Umkehr der Beziehung ergibt

$$D = \frac{\vartheta}{\sqrt{4\pi^2+\vartheta^2}}\,.$$

Für kleine Dämpfungen gilt

$$\vartheta \approx 2\pi D\,; \qquad D \approx \frac{\vartheta}{2\pi} \quad (D \ll 1)\,.$$

Aufgrund dieser Beziehungen läßt sich D aus der beobachtbaren (relativen) Amplitudenabnahme leicht bestimmen.

Das logarithmische Dekrement ϑ bzw. die Dämpfungszahl D ist auch ein Maß für die Energieabnahme pro Periode. Um dies zu zeigen, bilden wir zunächst das Verhältnis zwischen den potentiellen Energien zweier im Abstand T aufeinanderfolgender Extrema der Auslenkungen (für die jeweils $E = 0$ ist). Dafür gilt in unserem Beispiel (Bild 10.16)

$$\frac{\Phi_{n+1}}{\Phi_n} = \frac{\frac{c}{2}\,a_{n+1}^2}{\frac{c}{2}\,a_n^2} = \left(\frac{a_{n+1}}{a_n}\right)^2 = e^{-2\vartheta}\,.$$

Dies Ergebnis gilt auch allgemein. Für die bezogene Energieabnahme erhalten wir mithin

$$\frac{\Delta\Phi_n}{\Phi_n} = \frac{\Phi_n - \Phi_{n+1}}{\Phi_n} = \frac{a_n^2 - a_{n+1}^2}{a_n^2} = 1 - e^{-2\vartheta}\,.$$

Für kleine Dämpfungen liefert die Reihenentwicklung

$$e^{-2\vartheta} = 1 - 2\vartheta + \frac{1}{2}\,(2\vartheta)^2 - \ldots\,,$$

also

$$\frac{\Delta\Phi_n}{\Phi_n} \approx 2\vartheta \qquad (D \ll 1)\,.$$

Zur Ermittlung des Phasenporträts des betrachteten Schwingers formen wir die normierte Bewegungsgleichung zunächst wieder um, indem wir

$$q'' = q'\,\frac{\mathrm{d}q'}{\mathrm{d}q}$$

setzen. Das führt auf

$$q'' + 2\,Dq' + q = q'\,\frac{\mathrm{d}q'}{\mathrm{d}q} + 2\,Dq' + q = 0\,.$$

Diese Gleichung für $q'(q)$ können wir geschlossen lösen. Sie stellt nämlich eine Ähnlichkeits-Differentialgleichung dar. Mit Hilfe der Substitution

$$\frac{q'(q)}{q} = g(q) \rightarrow q'(q) = qg(q) \rightarrow \frac{\mathrm{d}q'}{\mathrm{d}q} = g(q) + q\,\frac{\mathrm{d}g(q)}{\mathrm{d}q}$$

geht die Gleichung über in

$$g(q) + q\,\frac{\mathrm{d}g(q)}{\mathrm{d}q} = f[g(q)]$$

und ist dann durch Trennung der Variablen integrierbar. Die Ausführung der Integration mit

$$f(g) = -\left(2\,D + \frac{1}{g}\right)$$

ergibt für $D < 1$

$$q = q_0\,\frac{1 + 2\,D\,g_0 + g_0^2}{1 + 2\,D\,g + g^2}\,e^{\frac{D}{\sqrt{1-D^2}}\left[\arctan\frac{D+g}{\sqrt{1-D^2}} - \arctan\frac{D+g_0}{\sqrt{1-D^2}}\right]}\,.$$

Beachten wir, daß

$$g = \frac{q'}{q} = \tan\alpha$$

ist, so liefert die Integration also Phasenkurven in der Form

$$q = q(\alpha;\, q_0,\, \alpha_0) = q\left(\frac{q'}{q};\; q_0,\; \frac{q_0'}{q_0}\right).$$

Damit läßt sich das Phasenporträt zeichnen (Bild 10.17). Bei der Auswertung haben wir lediglich zu beachten, daß die Phasenkurven stets rechtsherum durchlaufen werden, α also stetig abnimmt. Die Phasenkurven stellen für $D < 1$ einwärts verlaufende Spiralen dar, die sich dem Koordinaten-Ursprung (der Gleichgewichtslage) asymptotisch nähern.

2. Fall: $D > 1$

Aus

$$z(\tau) = \boldsymbol{a}_1^*\, e^{(-D+\sqrt{D^2-1})\tau} + \boldsymbol{a}_2^*\, e^{-(D+\sqrt{D^2-1})\tau}$$

folgt für $q(\tau)$ die reele Lösung

$$\begin{aligned} q(\tau) &= e^{-D\tau}\{a_1 \cosh(\sqrt{D^2-1}\,\tau) + a_2 \sinh(\sqrt{D^2-1}\,\tau)\} \\ &= \frac{1}{2}\,(a_1 + a_2)\,e^{(-D+\sqrt{D^2-1})\tau} + \frac{1}{2}\,(a_1 - a_2)\,e^{-(D+\sqrt{D^2-1})\tau} \end{aligned}$$

mit

$$a_1 = \mathrm{Re}\{\boldsymbol{a}_1^* + \boldsymbol{a}_2^*\} = q_0$$

$$a_2 = \mathrm{Re}\{\boldsymbol{a}_1^* - \boldsymbol{a}_2^*\} = \frac{q_0' + D\,q_0}{\sqrt{D^2-1}}$$

und $\tau = \omega_0 t$.

Die Lösung besteht aus zwei verschieden schnell abklingenden Termen. Im Ausschlag-Zeit-Diagramm zeigt sich, daß die Ausschläge höchstens

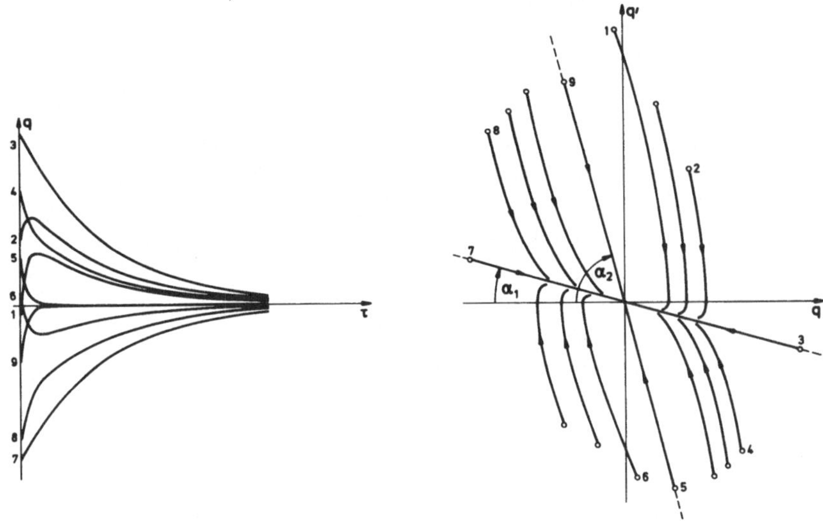

Bild 10.18 Ausschlag-Zeit-Diagramm bzw. Phasenporträt für $D = 2$

ein Extremum und
einen Nulldurchgang

aufweisen. Doch gibt es auch Lösungen, die weder ein Extremum noch einen Nulldurchgang haben. Die Ausschläge verhalten sich also aperiodisch. Einige Beispiele für den Ausschlag-Verlauf sind in Bild 10.18 angegeben.

Dieses aperiodische Verhalten spiegelt sich auch im Phasenporträt wieder. Wir können es formal in gleicher Weise wie im Fall $D < 1$ durch Integration der Ähnlichkeits-Differentialgleichung für $q'(q)$ erhalten, wobei sich freilich der Lösungscharakter wegen $D > 1$ ändert. Für Dämpfungen $D > 1$ erhalten wir also nicht nur ein quantitativ, sondern auch ein qualitativ anderes Verhalten als für $D < 1$.

3. Fall: $D = 1$

In diesem sogenannten aperiodischen Grenzfall erhalten wir wegen der Doppelwurzel $\lambda = -1$ als reelle Lösung

$$q(\tau) = a_1\, e^{-\tau} + a_2\, \tau\, e^{-\tau}$$

mit

$$a_1 = q_0$$
$$a_2 = q_0' + q_0$$

und $\tau = \omega_0 t$.

Das allgemeine Lösungsverhalten stimmt mit den aperiodischen Lösungen für $D > 1$ qualitativ überein.

10.3 Erzwungene Schwingungen

10.3.1 Allgemeines

Heteronome Schwingungen können durch zeitabhängige Störungen des Systems von außen oder durch zeitabhängige Veränderungen der Systemparameter entstehen. Im ersten Fall handelt es sich um erzwungene Schwingungen, im zweiten um parametererregte Schwingungen. Wir beschränken uns in diesem Kapitel auf erzwungene Schwingungen eines einfachen, linearen Schwingers mit geschwindigkeitsproportionaler Dämpfung. Ferner wollen wir voraussetzen, daß alle kinematischen Bindungen des Systems holonom und skleronom seien.

Die zeitabhängigen Störungen können verschiedenen Ursprungs sein. Das sei an drei Beispielen belegt.

1. Beispiel: Zeitveränderliche Kraft (vgl. Bild 10.19)

Ein einfacher linearer Schwinger werde durch eine zeitveränderliche Kraft zu erzwungenen Schwingungen angeregt, wie es in Bild 10.19 dargestellt ist. Als Bewegungsgleichung des Systems erhalten wir

$$m\ddot{q} + d\dot{q} + cq - F(t) = 0\,,$$

bzw.

$$\ddot{q} + 2D\,\omega_0\,\dot{q} + \omega_0^2\,q = \frac{1}{m}\,F(t)$$

mit $\omega_0^2 = \dfrac{c}{m}$ und $D = \dfrac{d}{2m\,\omega_0}$.

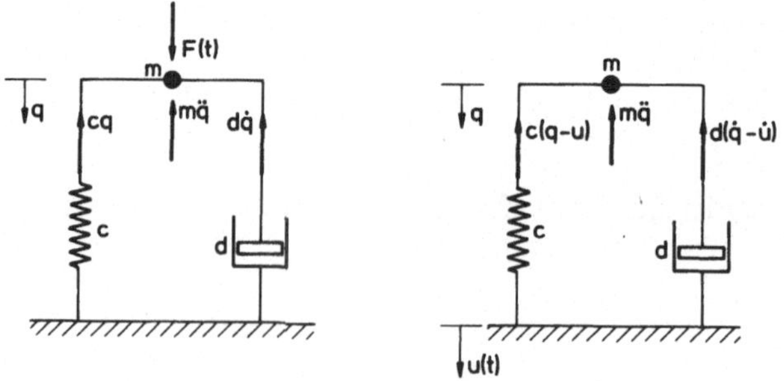

Bild 10.19 Zeitveränderliche Kraft (links) bzw. Verschiebung (rechts)

2. Beispiel: Zeitabhängig vorgegebene Verschiebung (vgl. Bild 10.19)

Erfährt die Umgebung, gegen die ein einfacher, linearer Schwinger abgestützt ist, zeitabhängig vorgegebene Verschiebungen $u(t)$, so erhalten wir als Bewegungsgleichung

$$m\ddot{q} + d\,(\dot{q} - \dot{u}) + c\,(q - u) = 0\,,$$

d.h.

$$\ddot{q} + 2\,D\,\omega_0\,\dot{q} + \omega_0^2\,q = \omega_0^2\,u(t) + 2\,D\,\omega_0\,\dot{u}(t)$$

mit $\omega_0^2 = \dfrac{c}{m}$ und $D = \dfrac{d}{2m\,\omega_0}$.

3. Beispiel: Unwucht eines Rotors (vgl. Bild 10.20)
Bewegt sich in einem federnd gelagerten Aggregat (Masse m_0), das als einfacher, linearer Schwinger zu betrachten ist, eine weitere Masse (m_1) in der Weise, daß $u(t)$ gegeben ist (z.B. ein Rotor mit Unwucht), so entsteht für das Aggregat die Bewegungsgleichung

$$m_0\ddot{q} + d\dot{q} + cq + m_1(\ddot{q} + \ddot{u}) = 0\,,$$

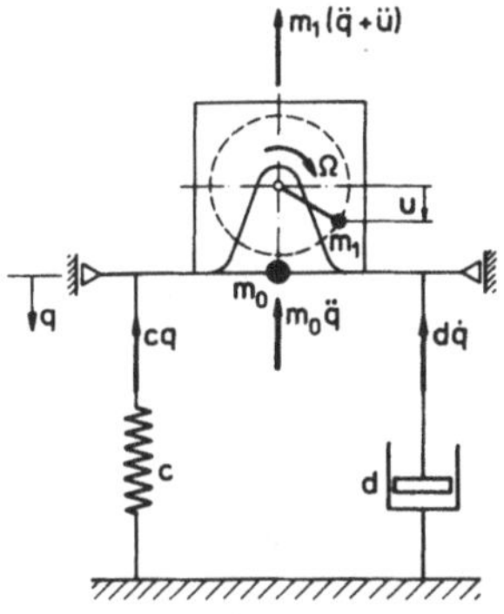

Bild 10.20
Rotor mit Unwucht

d.h.

$$\ddot{q} + 2\,D\,\omega_0\,\dot{q} + \omega_0^2\,q = -\,\frac{m_1}{m_0 + m_1}\,\ddot{u}(t)$$

mit $\omega_0^2 = \dfrac{c}{m_0 + m_1}$ und $D = \dfrac{d}{2(m_0 + m_1)\,\omega_0}$.

Wir entnehmen diesen Beispielen, daß sich die Bewegungsgleichung eines einfachen, linearen Schwingers mit geschwindigkeitsproportionaler Dämpfung bei skleronomen Bindungen stets auf die Form

$$\ddot{q} + 2\,D\,\omega_0\,\dot{q} + \omega_0^2\,q = f^*(t)$$

bzw. auf die normierte Form

$$q'' + 2\,D\,q' + q = f(\tau)$$

mit $\tau = \omega_0\,t$ und $f(\tau) = \dfrac{1}{\omega_0^2}\,f^*(t)$

bringen läßt. $f^*(t)$ kann periodisch mit der Periode $T = \frac{2\pi}{\Omega}$ oder nichtperiodisch sein. Beide Fälle wollen wir im folgenden nacheinander betrachten.

10.3.2 Harmonische Erregung

Wir betrachten einen einfachen, linearen Schwinger bei harmonischer Erregung mit der Kreisfrequenz Ω. Als Bewegungsgleichung erhalten wir

$$\ddot{q} + 2\,D\,\omega_0\,\dot{q} + \omega_0^2\,q = \hat{f}^*\cos\Omega t$$

bzw. in normierter Form

$$q'' + 2\,D\,q' + q = \hat{f}\,\cos\eta\tau$$

mit $\quad \tau = \omega_0\,t, \quad \hat{f} = \dfrac{\hat{f}^*}{\omega_0^2} \quad$ und $\quad \eta = \dfrac{\Omega}{\omega_0}\,.$

Den Nullphasenwinkel der Erregung haben wir dabei zu Null gesetzt, was wir stets durch geeignete Wahl des Anfangszeitpunktes erreichen können.

Für die weiteren Betrachtungen gehen wir zweckmäßigerweise zur komplexen Darstellung über, indem wir (vgl. Abschnitte 10.1.4 und 10.2.2.3)

$$q(\tau) = \mathrm{Re}\{z(\tau)\}$$

setzen. Das führt uns auf die Differentialgleichung

$$z'' + 2\,D\,z' + z = \hat{f}\,e^{i\eta\tau}$$

mit $\quad \tau = \omega_0\,t \quad$ und $\quad \eta = \dfrac{\Omega}{\omega_0}\,.$

Die Lösung dieser Differentialgleichung setzt sich zusammen aus

1. einer partikulären Lösung der inhomogenen Differentialgleichung und
2. der allgemeinen Lösung der homogenen Differentialgleichung.

Die allgemeine Lösung der homogenen Differentialgleichung beschreibt eine Eigenschwingung, deren freie Konstanten sich aus der Anpassung der vollständigen Lösung an die Anfangsbedingungen ergeben. Da bei der in realen Systemen stets vorhandenen Dämpfung diese Eigenschwingung mehr oder weniger schnell abklingt, bleibt nach einiger Zeit nur noch die sogenannte Dauerlösung übrig, die eine partikuläre Lösung der inhomogenen Differentialgleichung darstellt.

Zur Ermittlung dieser Dauerlösung machen wir den Ansatz

$$z(\tau) = a\,e^{i\eta\tau}\,.$$

Setzen wir das in die Differentialgleichung ein, so folgt

$$\{-\eta^2 + 2\,D\,\eta\,i + 1\}\,a\,e^{i\eta\tau} = \hat{f}\,e^{i\eta\tau}\,,$$

d.h.

$$a = \frac{\hat{f}}{1 - \eta^2 + 2\,D\,\eta\,i}\,.$$

Erweitern wir diesen Ausdruck mit $1 - \eta^2 - 2D\eta i$, so erhalten wir die komplexe Amplitude $\boldsymbol{a}$ der Schwingung in der üblichen Schreibweise

$$\boldsymbol{a}(\eta) = \underbrace{\frac{\hat{f}(1-\eta^2)}{(1-\eta^2)^2 + 4D^2\eta^2}}_{\mathrm{Re}\{\boldsymbol{a}\}} + \underbrace{\frac{-\hat{f}\,2D\eta}{(1-\eta^2)^2 + 4D^2\eta^2}}_{\mathrm{Im}\{\boldsymbol{a}\}} i$$

In reeller Darstellung erhalten wir als Antwort des einfachen, linearen Schwingers auf eine harmonische Erregung

$$q(\tau) = \hat{q}\cos(\eta\tau + \varphi)$$

bzw.

$$q(t) = \hat{q}\cos(\Omega t + \varphi)$$

mit

$$\hat{q} = |\boldsymbol{a}| = \frac{\hat{f}}{\sqrt{(1-\eta^2)^2 + 4D^2\eta^2}} = V_a(\eta)\,\hat{f}$$

und

$$\varphi(\eta) = -\psi_a(\eta) = \arctan\frac{\mathrm{Im}\{\boldsymbol{a}\}}{\mathrm{Re}\{\boldsymbol{a}\}} = \arctan\frac{-2D\eta}{1-\eta^2}\,.$$

Der Vergrößerungsfaktor

$$V_a(\eta) = \frac{\hat{q}}{\hat{f}} = \frac{1}{\sqrt{(1-\eta^2)^2 + 4D^2\eta^2}}$$

gibt dabei das Verhältnis der Schwingungsamplitude $\hat{q}$ zu der durch $\hat{f}$ gegebenen Amplitude der harmonischen Erregung an. Der Nacheilwinkel

$$\psi_a(\eta) = -\varphi(\eta) = \arctan\frac{2D\eta}{1-\eta^2}$$

beschreibt die (negative) Phasenverschiebung der Schwingung gegenüber der harmonischen Erregung. $V_a(\eta)$ und $\psi_a(\eta)$ behalten im übrigen auch dann ihre Bedeutung bei, wenn die Erregung nicht den Nullphasenwinkel Null hat, d.h. wenn ihre (komplexe) Amplitude nicht rein reell ist.

Betrachten wir den Vergrößerungsfaktor $V_a(\eta)$ als Funktion von η, so nennen wir $V_a(\eta)$ Vergrößerungsfunktion oder Amplituden-Frequenzgang (oder auch Resonanzfunktion). $\psi_a(\eta)$ bezeichnen wir als Phasen-Frequenzgang. $V_a(\eta)$ und $\psi_a(\eta)$ sind in Bild 10.21 mit D als Parameter angegeben. Zu beachten ist, daß Maxima der Vergrößerungsfunktion $V_a(\eta)$ nur für Werte $0 < D \leqslant \frac{1}{2}\sqrt{2}$ existieren und daß sie jeweils bei $\eta = \sqrt{1-2D^2}$ auftreten. Die Resonanz-Kreisfrequenz Ω fällt bei $D \neq 0$ also nicht mit der Kreis-Eigenfrequenz $\omega = \omega_0\sqrt{1-D^2}$ zusammen, sondern liegt etwas

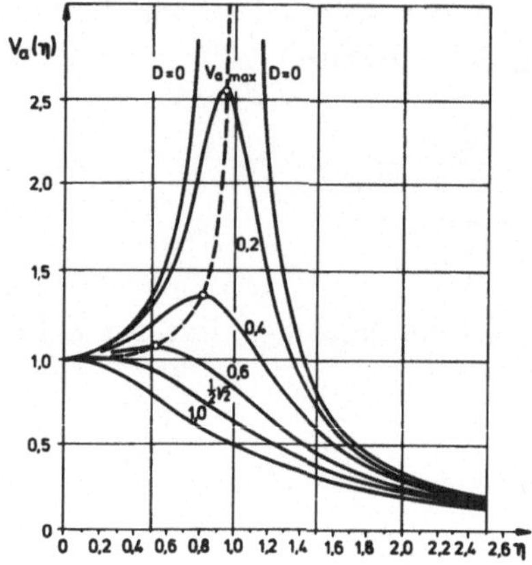

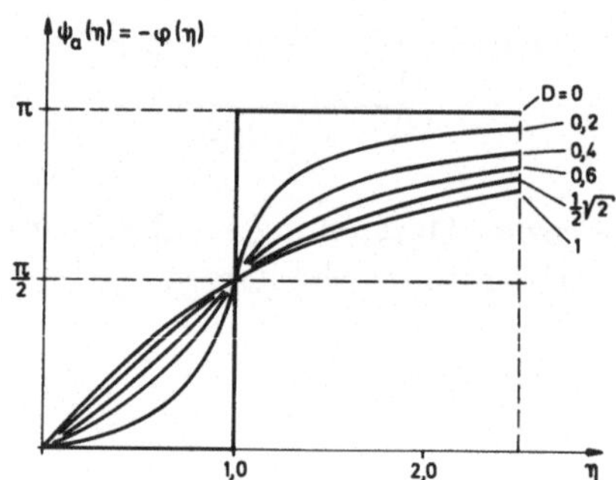

Bild 10.21 Vergrößerungsfunktion $V_a(\eta)$ und Phasen-Frequenzgang $\psi_a(\eta)$

niedriger. Der geometrische Ort der Maxima ist in Bild 10.21 mit eingezeichnet. Für die Beträge der Maxima gilt

$$V_{a\,\max} = \frac{1}{2\,D\sqrt{1-D^2}}\;.$$

Für $D = 0$ versagt unsere Lösung im Resonanzfall ($\Omega = \omega_0$). Über die in diesem Fall anwendbaren Lösungsmethoden (z.B. das Verfahren der Variation der Konstanten) gibt die Theorie der linearen Differentialgleichungen Auskunft. Wir verzichten hier auf eine Herleitung und geben nur das Ergebnis an.

Als Antwort eines einfachen, linearen Schwingers auf eine harmonische Erregung im Resonanzfall ($\Omega = \omega_0$) erhalten wir bei $D = 0$:

$$q(t) = \frac{1}{2}\,\hat{f}\,\omega_0\,t\,\sin\omega_0 t\,.$$

Diese Lösung stellt eine angefachte Schwingung mit linear in der Zeit anwachsender Amplitude dar. In praxi wird diese Lösung meist jedoch nach wenigen Perioden der Erregung unbrauchbar, weil sich bei zunehmenden Ausschlägen die Nichtlinearitäten des Systems störend bemerkbar machen.

Die Vergrößerungsfunktion $V_a(\eta)$ läßt auch noch andere physikalische Deutungen zu. Dazu greifen wir auf das Beispiel der Erregung durch eine zeitveränderliche Kraft zurück (Bild 10.22 sowie 1. Beispiel aus Abschnitt 10.3.1). In diesem Beispiel ist

$$V_a(\eta) = \frac{\hat{q}}{\hat{f}} = \frac{\hat{q}\,\omega_0^2}{\hat{f}*} = \frac{c\,\hat{q}}{\hat{F}}$$

a) das Verhältnis von maximaler Federkraft ($c\hat{q}$) zu maximaler Erregerkraft ($\hat{F}$),

b) das Verhältnis von Amplitude der Schwingung ($\hat{q}$) zur statischen Auslenkung $\hat{f} = \frac{\hat{F}}{c}$ unter der maximalen Federkraft.

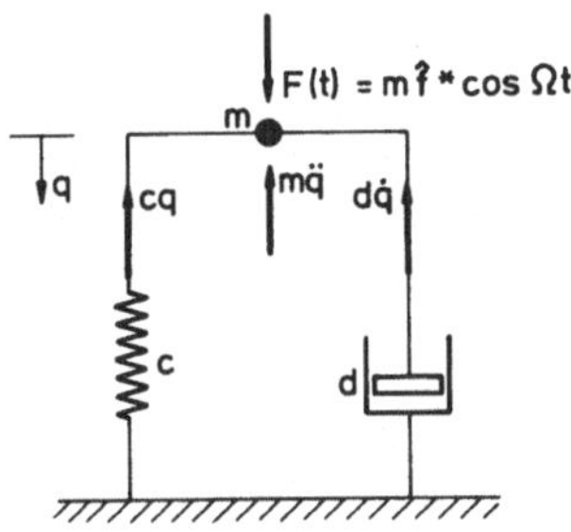

Bild 10.22
Deutung der Vergrößerungsfunktion

Die zweite Bedeutung für $V_a(\eta)$ läßt den Ursprung der Bezeichnung Vergrößerungsfunktion besonders anschaulich hervortreten. Die erste Deutung legt es dagegen nahe, zwei weitere Verhältniszahlen einzuführen, nämlich

$$V_b(\eta) = \frac{2\,D\,\eta}{\sqrt{(1-\eta^2)^2 + 4\,D^2\eta^2}} = 2\,D\,\eta\,V_a(\eta)$$

und

$$V_c(\eta) = \frac{\eta^2}{\sqrt{(1-\eta^2)^2 + 4\,D^2\eta^2}} = \eta^2 V_a(\eta)\,.$$

In unserem Beispiel bezeichnet

$$V_b(\eta) = \frac{2\,D\,\eta\,\hat{q}}{\hat{f}} = \frac{d\,\Omega\,\hat{q}}{\hat{F}}$$

das Verhältnis von maximaler Dämpferkraft ($d\,\Omega\,\hat{q}$) zu maximaler Erregerkraft ($\hat{F}$),

$$V_c(\eta) = \frac{\eta^2\,\hat{q}}{\hat{f}} = \frac{m\Omega^2\,\hat{q}}{\hat{F}}$$

das Verhältnis zwischen maximaler Trägheitskraft ($m\Omega^2\,\hat{q}$) zu maximaler Erregerkraft ($\hat{F}$).

Die Funktionen $V_b(\eta)$ und $V_c(\eta)$ sind in den Bildern 10.23 und 10.24 dargestellt. Sie werden im allgemeinen ebenfalls als Vergrößerungsfunktionen bezeichnet und nur, wie hier geschehen, durch einen anderen Index von $V_a(\eta)$ unterschieden.

In anderen Beispielen können andere Verhältniszahlen maßgeblich werden. Im 2. Beispiel des Abschnittes 10.3.1 erhalten wir bei einer harmonischen Bewegung der Umgebung mit

$$u(t) = \hat{u}\,\cos\Omega t$$

für die rechte Seite der Schwingungs-Differentialgleichung beispielsweise

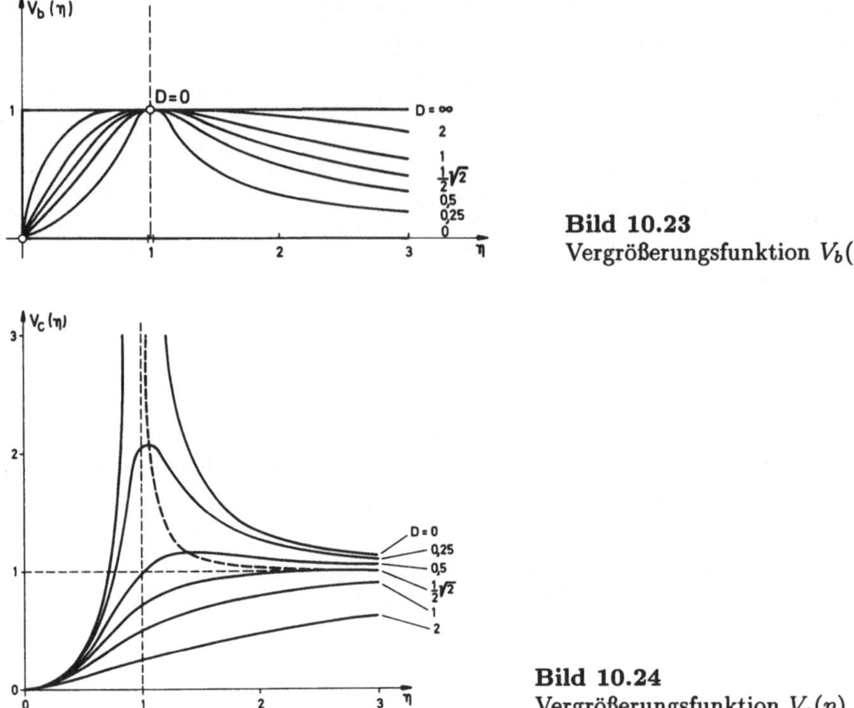

Bild 10.23
Vergrößerungsfunktion $V_b(\eta)$

Bild 10.24
Vergrößerungsfunktion $V_c(\eta)$

$$f(\tau) = \hat{u}\sqrt{1 + 4\,D^2\eta^2}\cos(\eta\tau + \varphi) \quad \text{mit} \quad \tan\varphi = 2\,D\,\eta\,.$$

Hinsichtlich der Antwort des Systems interessiert in diesem Fall besonders das Verhältnis der Amplitude $\hat{q}$ der erzwungenen Schwingung zur Amplitude $\hat{u}$ der Bewegung der Umgebung. Dafür erhalten wir

$$\frac{\hat{q}}{\hat{u}} = \frac{\hat{q}}{\hat{f}}\sqrt{1 + 4\,D^2\eta^2} = \sqrt{V_a^2(\eta) + V_b^2(\eta)}\,.$$

In diesem Fall wird also das Schwingungsverhalten durch den Ausdruck $\sqrt{V_a^2 + V_b^2}$ charakterisiert.

Betrachten wir das in Bild 10.19 (rechts) skizzierte System als Beispiel einer Schwingungsisolierung gegen harmonische Erschütterungen des Untergrundes mit der Erreger-Kreisfrequenz Ω, so erkennen wir, daß $\eta \gg 1$ und $D \ll 1$ (möglichst $D \to 0$) sein muß, damit das Verhältnis $\frac{\hat{q}}{\hat{u}}$ hinreichend klein bleibt. In diesem Fall muß also die Eigenfrequenz tief abgestimmt, d.h.

$$\frac{\omega_0}{\Omega} = \frac{1}{\eta} \ll 1$$

gemacht werden, wenn die Schwingungsisolierung wirksam sein soll. Eine kleine Restdämpfung kann dabei in manchen Fällen im Hinblick auf etwa auftretende Eigenschwingungen sinnvoll sein.

Analoge Überlegungen haben wir bei der Abstimmung von Schwingungsmeßgeräten anzustellen. Eine vereinfachte Prinzipskizze eines bestimmten Typs solcher Meßgeräte zeigt Bild 10.25. Das Gehäuse dieses Gerätes macht die zu messenden bzw. aufzuzeichnenden Schwingungen

$$u(t) = \hat{u} \cos \Omega t$$

mit. Der Relativausschlag der Masse gegenüber dem Gehäuse ist

$$y(t) = q(t) - u(t) .$$

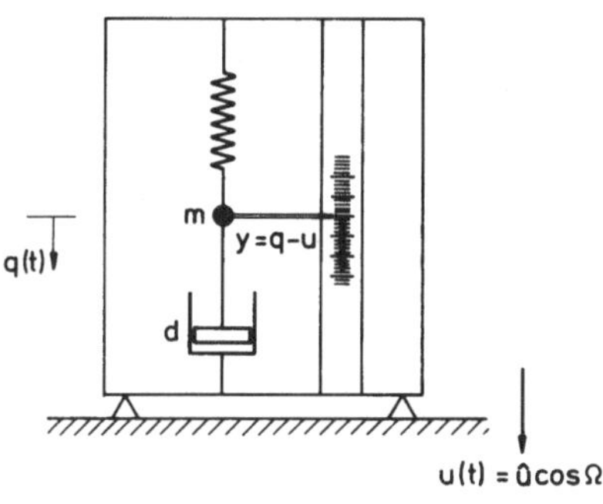

Bild 10.25
Prinzip eines Schwingungsmeßgerätes

Die Differentialgleichung für $y(t)$ lautet (vgl. 2. Beispiel des Abschnittes 10.3)

$$\ddot{y} + 2\,D\,\omega_0\,\dot{y} + \omega_0^2\,y = \Omega^2\,\hat{u}\,\cos \Omega t$$

bzw.

$$y'' + 2\,D\,y' + y = \underbrace{\eta^2 \hat{u}}_{\hat{f}}\,\cos \eta\tau .$$

Soll das Meßgerät die Schwingwege möglichst genau aufzeichnen, so muß

$$\frac{\hat{y}}{\hat{u}} = \eta^2\,\frac{\hat{y}}{\hat{f}} = V_c(\eta) \approx 1$$

werden, und zwar für einen möglichst großen Bereich von η. Das wird erreicht, wenn man

$$\eta > 3 \quad \text{und} \quad D \approx \frac{1}{2}\sqrt{2}$$

wählt, also das System tief abstimmt ($\frac{\omega_0}{\Omega} < \frac{1}{3}$). Sollen hingegen die Schwingbeschleunigungen aufgezeichnet werden, so ist

$$\frac{\hat{y}}{\eta^2 \hat{u}} = \frac{\hat{y}}{\hat{f}} = V_a(\eta) \approx 1$$

zu machen. Das erreicht man durch eine hohe Abstimmung ($\frac{\omega_0}{\Omega} > \frac{1}{3}$), d.h. mit

$$\eta < \frac{1}{3} \quad \text{und} \quad D \approx \frac{1}{2}\sqrt{2} .$$

10.3.3 Nichtperiodische Erregung

Wir betrachten zunächst ein spezielles Beispiel. Ein einfacher, linearer Schwinger (vgl. Bild 10.27) werde zu einer Zeit $t = t^*$ aus der Ruhe heraus durch einen Impuls J angestoßen. Wir können diesen Vorgang durch die Differentialgleichung

$$\ddot{q} + 2\,D\,\omega_0\,\dot{q} + \omega_0^2\,q = \underbrace{\frac{J}{m}\,\delta(t - t^*)}_{f^*(t)}$$

bzw. durch

$$q'' + 2\,D\,q' + q = \underbrace{\frac{J}{m\,\omega_0^2}\,\delta(\tau - \tau^*)}_{f(\tau)}$$

mit $\tau = \omega_0\,t$ beschreiben. δ bezeichnet hierin die Dirac-Funktion (auch Delta-Funktion), die wie folgt definiert ist (vgl. Bild 10.26):

$$\delta(x) = \begin{cases} 0 & \text{für } x \neq 0 \\ \to \infty & \text{für } x = 0 \end{cases}$$

mit der Eigenschaft

$$\int\limits_{-\infty}^{+\infty} \delta(x)\,\mathrm{d}x = \lim_{\epsilon \to 0} \int\limits_{-\epsilon}^{\epsilon} \delta(x)\,\mathrm{d}x = 1\,.$$

Hat die Koordinate x dabei die Dimension einer Länge [L], so hat $\delta(x)$ die Dimension $[\mathrm{L}^{-1}]$, d.h. im vorliegenden Fall also die Dimension $[\mathrm{T}^{-1}]$.

Im folgenden bevorzugen wir die erste Schreibweise der Bewegungsgleichung, da bei nichtperiodischer Erregung die Einführung der Variablen τ wenig Vorteile bringt.

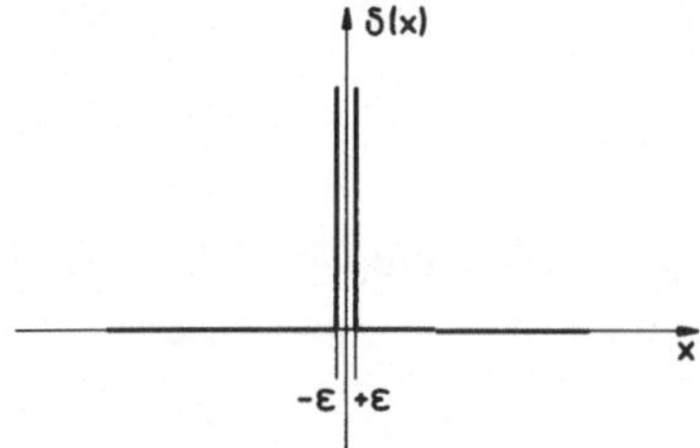

Bild 10.26
Dirac-Funktion

Die Lösung unseres Problems finden wir in anschaulicher Weise aufgrund folgender Überlegungen:

1. Bis zur Zeit $t = t^*$ bleibt das System in Ruhe.

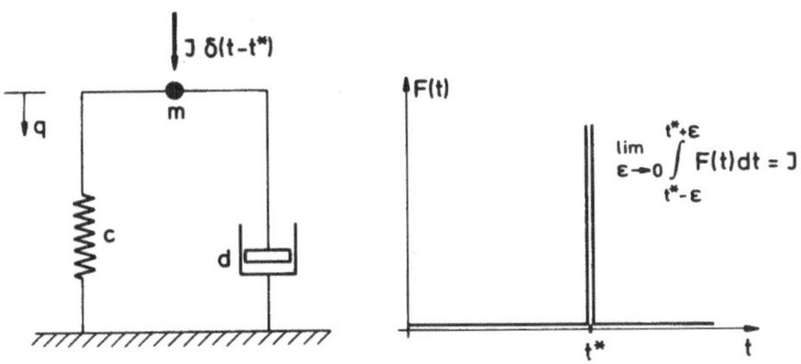

Bild 10.27 Impulsartige Belastung

2. Zur Zeit $t = t^*$ erhält das System durch den Stoß mit dem Impuls J eine Anfangsgeschwindigkeit

$$\dot{q}^* = \frac{J}{m}\,.$$

3. Für $t > t^*$ führt das System Eigenschwingungen aus mit den Anfangsbedingungen

$$t = t^*: \quad q^* = 0$$
$$\dot{q}^* = \frac{J}{m}\,.$$

Deshalb erhalten wir als Antwort des (zur Zeit t^*) impulserregten einfachen, linearen Schwingers bei $D < 1$ (vgl. Abschnitt 10.2.2.3):

$$t < t^*: \quad q(t) = 0$$

$$t \geqslant t^*: \quad q(t) = \frac{J}{m\,\omega_0\sqrt{1-D^2}}\, e^{-D\omega_0(t-t^*)} \sin\{\omega_0\sqrt{1-D^2}\,(t-t^*)\}\,.$$

Dieses Ergebnis läßt sich zur Entwicklung der Lösung für den allgemeinen Fall der nichtperiodischen Erregung ($D < 1$) nutzen, die durch die Differentialgleichung

$$\ddot{q} + 2\,D\,\omega_0\,\dot{q} + \omega_0^2\,q = f^*(t)$$

mit beliebigem $f^*(t)$ beschrieben wird. Dabei wollen wir voraussetzen, daß das System zur Zeit $t = 0$ in Ruhe sei, also gelte

$$t = 0: \quad q = 0$$
$$\dot{q} = 0\,.$$

Die Erregerfunktion $f^*(t)$ führt dem System in einem Zeitintervall $[t^*, t^* + \mathrm{d}t^*]$ den bezogenen Impuls $f^*(t^*)\,\mathrm{d}t^*$ zu (vgl. Bild 10.28). Diese Impulszufuhr liefert einen Bewegungsanteil zu der Gesamtbewegung, der durch

$$\mathrm{d}q = \begin{cases} 0 \quad \text{für} \quad t < t^* \\ \dfrac{f^*(t^*)\,\mathrm{d}t^*}{\omega_0\sqrt{1-D^2}}\, e^{-D\omega_0(t-t^*)} \sin\{\omega_0\sqrt{1-D^2}\,(t-t^*)\} \quad \text{für} \quad t \geqslant t^* \end{cases}$$

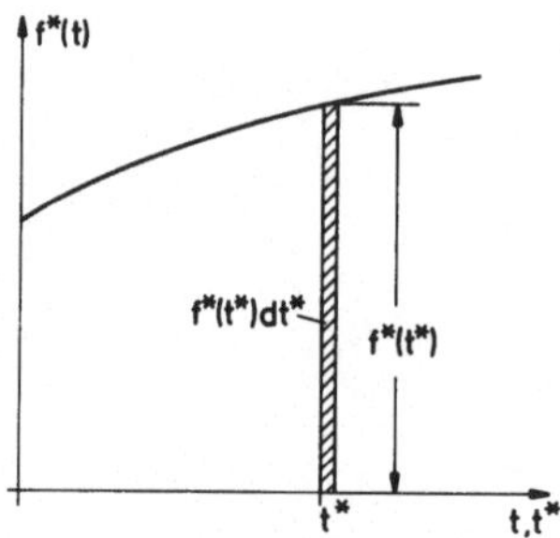

Bild 10.28
Impulsbelastung

gegeben ist. Integrieren wir nun über alle Teilimpulse, so erhalten wir als Antwort des einfachen, linearen Schwingers bei beliebiger Erregung ($D < 1$)

$$q(t) = \frac{1}{\omega_0\sqrt{1-D^2}} \int_0^t e^{-D\omega_0(t-t^*)} \sin\{\omega_0\sqrt{1-D^2}\,(t-t^*)\}\, f^*(t^*)\,\mathrm{d}t^* .$$

Das ist das sogenannte *Duhamel*sche Integral unseres Schwingungsproblems. Es repräsentiert eine partikuläre Lösung der inhomogenen Differentialgleichung bei beliebiger Erregungsfunktion $f^*(t)$, wie man durch Einsetzen in die Differentialgleichung leicht nachprüfen kann, und gilt auch für den Fall, daß $D = 0$ wird.

Ist der Schwinger zur Zeit $t = 0$ nicht in Ruhe, so überlagert sich der durch das *Duhamel*sche Integral gegebenen partikulären Lösung noch eine Eigenschwingung mit den zur Zeit $t = 0$ maßgeblichen Anfangswerten.

Als ein Beispiel für die Anwendung der soeben entwickelten Lösungsmethode wählen wir die Erregung eines einfachen, linearen Schwingers durch eine sprunghafte Belastung von der Größe f_0^* zur Zeit $t = 0$ (vgl. Bild 10.29). Wir können eine solche Belastung formal mit Hilfe der sogenannten *Heaviside*schen Sprungfunktion (kurz Sprungfunktion oder auch Einheitsfunktion) $1(x)$ beschreiben, die wie folgt definiert ist:

$$1(x) = \begin{cases} 0 \text{ für } x < 0 \\ 1 \text{ für } x > 0 \end{cases}, \quad (\text{Für } x = 0 \text{ ist } 1(x) \text{ nicht definiert}).$$

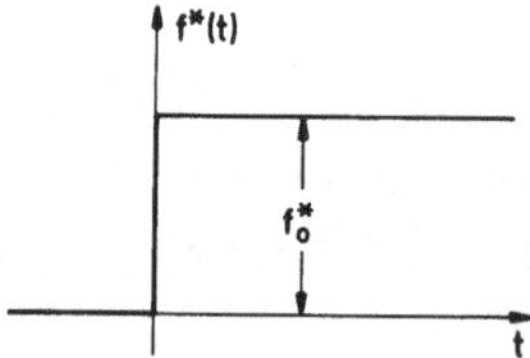

Bild 10.29
Sprungfunktion

Mit Hilfe dieser Sprungfunktion können wir nun im vorliegenden Fall schreiben:

$$\ddot{q} + 2\,D\,\omega_0\,\dot{q} + \omega_0^2\,q = f_0^* 1(t) .$$

Dabei setzen wir voraus, daß für $t < 0$ das System in Ruhe sei. Das *Duhamel*sche Integral liefert für dieses Problem die Lösung

$$\begin{aligned} q(t) &= \frac{f_0^*}{\omega_0\sqrt{1-D^2}} \int\limits_{-\infty}^{t} e^{-D\omega_0(t-t^*)} \sin\{\omega_0\sqrt{1-D^2}\,(t-t^*)\} 1(t^*)\,\mathrm{d}t^* \\ &= \frac{f_0^*}{\omega_0\sqrt{1-D^2}} \int\limits_{0}^{t} e^{-D\omega_0(t-t^*)} \sin\{\omega_0\sqrt{1-D^2}\,(t-t^*)\}\,\mathrm{d}t^* \\ &= \frac{f_0^*}{\omega_0\sqrt{1-D^2}} \int\limits_{0}^{t} e^{-D\omega_0\xi} \sin\{\omega_0\sqrt{1-D^2}\,\xi\}\,\mathrm{d}\xi \\ &= \frac{f_0^*}{\omega_0^2} \left\{1 - e^{-D\omega_0 t}\left[\cos(\omega_0\sqrt{1-D^2}\,t) + \frac{D}{\sqrt{1-D^2}}\sin(\omega_0\sqrt{1-D^2}\,t)\right]\right\}. \end{aligned}$$

Wir erhalten also als Antwort des Schwingers bei sprunghafter Erregung:

$$q(t) = \frac{f_0^*}{\omega_0^2}\left\{1 - \frac{e^{-D\omega_0 t}}{\sqrt{1-D^2}}\cos\{\omega_0\sqrt{1-D^2}\,t + \varphi\}\right\}$$

mit $\arctan\varphi = \dfrac{-D}{\sqrt{1-D^2}}$.

Dieses Ergebnis ist in Bild 10.30 (mit verschiedenen Werten von D als Parameter) angegeben. Die Größe

$$q_{st} = \frac{f_0^*}{\omega_0^2}$$

beschreibt die statische Gleichgewichtslage des Systems für $t > 0$ unter der konstanten Belastung f_0^*. Wir können deshalb auch

$$\frac{q(t)\,\omega_0^2}{f_0^*} = \frac{q(t)}{q_{st}}$$

setzen. Die in Bild 10.30 skizzierten Zeitverläufe stellen also das Verhältnis der zeitabhängigen Auslenkung $q(t)$ zur statischen Auslenkung q_{st} dar. Wir erkennen, daß bei $D \to 0$ die Ausschläge im Maximum die doppelte Größe der statischen Auslenkung q_{st} erreichen. Man bezeichnet das Verhältnis $\frac{q(t)}{q_{st}}$ im übrigen auch als Übergangsfunktion, weil es den Übergang in eine neue Gleichgewichtslage charakterisiert.

Das *Duhamel*sche Integral ist natürlich auch auf periodische Erregungen $f^*(t)$ anwendbar und liefert dann die in Abschnitt 10.3.2 gewonnenen Ergebnisse. Als Beispiel wählen wir den Resonanzfall der harmonischen Erregung bei verschwindender Dämpfung, für den wir in Abschnitt 10.3.2 nur das Ergebnis, nicht jedoch die Ableitung des Ergebnisses angegeben haben. Die Differentialgleichung lautet in diesem Fall ($D = 0, \Omega = \omega_0$)

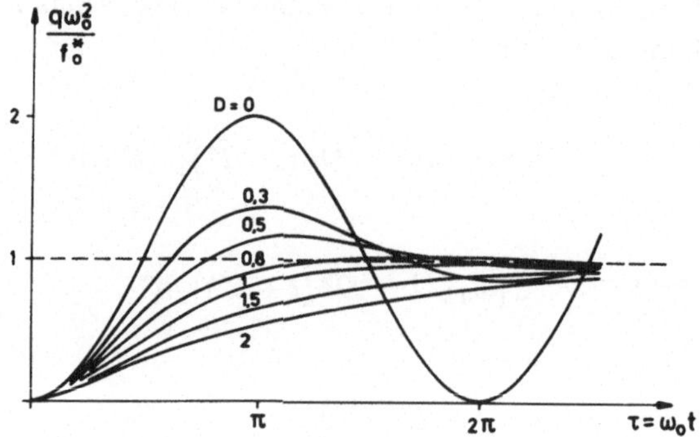

Bild 10.30 Übergangsfunktion

$$\ddot{q} + \omega_0^2 \, q = \hat{f}^* \, \cos \omega_0 t \, .$$

Das *Duhamel*sche Integral liefert dafür als Lösung

$$\begin{aligned} q(t) &= \frac{\hat{f}^*}{\omega_0} \int_0^t \sin \omega_0 (t - t^*) \, \cos \omega_0 t^* \, \mathrm{d}t^* \\ &= \frac{\hat{f}^*}{2\,\omega_0} \int_0^t \{\sin \omega_0 (t - 2t^*) + \sin \omega_0 t\} \, \mathrm{d}t^* \\ &= \frac{\hat{f}^*}{2\,\omega_0^2} \, \omega_0 t \, \sin \omega_0 t = \frac{1}{2} \, \hat{f} \, \omega_0 t \, \sin \omega_0 t \, . \end{aligned}$$

Das ist aber gerade das in Abschnitt 10.3.2 für diesen Resonanzfall angegebene Resultat.

Namen- und Sachregister